Le Bocage Bourbonnais sous l'Ancien Régime

site : www.librairieharmattan.com
diffusion.harmattan@wanadoo.fr
e.mail : harmattan1@wanadoo.fr

ISBN : 2-296-00421-0
EAN : 9782296004214

Jacques LELONG

Le Bocage Bourbonnais sous l'Ancien Régime

Seigneurs, propriétaires, métayers

L'Harmattan
5-7, rue de l'École-Polytechnique ; 75005 Paris
FRANCE

L'Harmattan Hongrie
Könyvesbolt
Kossuth L. u. 14-16
1053 Budapest

Espace L'Harmattan Kinshasa
Fac..des Sc. Sociales, Pol. et Adm. ; BP243, KIN XI
Université de Kinshasa – RDC

L'Harmattan Italia
Via Degli Artisti, 15
10124 Torino
ITALIE

L'Harmattan Burkina Faso
1200 logements villa 96
12B2260
Ouagadougou 12

Logiques historiques

Collection dirigée par Dominique Poulot

La collection s'attache à la conscience historique des cultures contemporaines. Elle accueille des travaux consacrés au poids de la durée, au legs d'événements-clés, au façonnement de modèles ou de sources historiques, à l'invention de la tradition ou à la construction de généalogies. Les analyses de la mémoire et de la commémoration, de l'historiographie et de la patrimonialisation sont privilégiées, qui montrent comment des représentations du passé peuvent faire figures de logiques historiques.

Déjà parus

Robert PROT, *Jean Tardieu et la nouvelle radio*, 2006.

Frédérique VALENTIN-McLEAN, *Dissidents du Parti Communiste Français*, 2006.

Jacques DUVAL, *Moulins à papier de Bretagne du XVIe au XIXe siècle*, 2006.

Charles MERCIER, *La Société de Saint-Vincent-de-Paul. Une mémoire des origines en mouvement (1833-1914*, 2006.

Abdelhakim CHARIF, Frédéric DUHART , *Anthropologie historique du corps*, 2005.

Bernard LUTUN, *1814-1817 ou L'épuration dans la marine*, 2005.

Simone GOUGEAUD-ARNAUDEAU, *La vie du chevalier de Bonnard. 1744 – 1784*, 2005.

Raymonde MONNIER, *Républicanisme, patriotisme et Révolution française*, 2005.

Jacques CUVILLIER, *Famille et patrimoine de la haute noblesse française XVIIIe siècle. Le cas des Phélyteaux, Gouffier, Choiseul*, 2005.

Frédéric MAGNIN, *Mottin de la Balme*, 2005.

André URBAN, *Les Etats-Unis face au Tiers Monde à l'ONU de 1953 à 1960* (2 tomes), 2005.

C. L. VALLADARES DE OLIVEIRA, *Histoire de la psychanalyse au Brésil: São Paulo (1920-1969)*, 2004.

Pierre GIOLITTO, *HENRI FRENAY, premier résistant de France et rival du Général de Gaulle*, 2004.

Jean-Yves BOURSIER, *Un camp d'internement vichyste. Le sanatorium surveillé de La Guiche*, 2004.

Travaux du même auteur

Publication de textes et documents pédagogiques pour le Service Educatif des AD de l'Allier, pour le CRDP de Clermont et pour la rubrique « Documents sur un thème » dans les *Etudes Boubonnaises.*

Participation à *Nouvelle Histoire du Bourbonnais* (pour la tranche chronologique 1527-1789)
Participation à *Histoire des communes de l'Allier* (pour partie du chapitre sur Montluçon)
Participation à un choix de textes et à leur commentaire pour *Textes d'Histoire bourbonnaise.*
Ces trois ouvrages sont sous la direction d'André Leguai.

Participation à l'ouvrage collectif *Yseure, 2000 ans d'Histoire* (pour la partie sur l'Ancien Régime) .

Participation au site Internet du Musée E.Guillaumin.

Le syndicalisme rural en Bourbonnais-1885-1914, 2004 (en collaboration avec J.N. Dutheil)

Rédaction de nombreux articles dans *Etudes bourbonnaises* et dans *Les Cahiers bourbonnais*, sur la société d'Ancien Régime et sur les idéologies et la presse de 1880 à 1920.

Introduction

Au Bourbonnais traditionnel, s'attache l'image d'une société rurale profondément divisée en deux classes : les grands propriétaires et les métayers, dans une structure agraire de grands « domaines », complétée par des « locateries », micro exploitations de journaliers et de métayers à la retraite, et par de rares exploitations paysannes en FVD.

Très symboliquement, on oppose ainsi le château et la chaumière, le « biziau » et le « bounhoume ». C'est le monde des notables ruraux et des nobles, relayés par leurs régisseurs ou leurs « fermiers généraux ». D'où le fameux tableau tracé en 1910 par un journaliste parisien du *Matin* :

« Des châteaux altiers se dressent de loin en loin, constructions neuves, imitation Chambord, ou vieux castels avec mâchicoulis et pont-levis. C'est là qu'habite la noblesse du Bourbonnais. Aux alentours, se distinguent des maisons cossues avec jardins fleuris et parcs immenses. C'est là qu'habite la bourgeoisie du Bourbonnais : les fermiers généraux. Plus loin, cachés par les bois ou les replis du terrain, se laissent deviner de petits villages discrets, faits de maisons boiteuses ou de cabanes en terre battue. C'est là qu'habite l'ouvrier agricole du Bourbonnais : petits propriétaires, métayers et domestiques de ferme. »

Ce texte, avec ses outrances et ses erreurs, a l'avantage d'un dessin appuyé et clair. Il fut ressenti à l'époque comme « globalement exact ». On interprétait couramment cette situation comme un héritage direct de la seigneurie médiévale, le métayer étant le successeur direct de son ancêtre le serf et le métayage résultant d'une lente dérive du servage. Quant au propriétaire, noble, il descendait évidemment des seigneurs médiévaux, bourgeois, il avait profité de la Révolution pour prendre la place du noble émigré.

Le socialiste Pierre Brizon, figure politique centrale du Bocage bourbonnais, dédie son opuscule *Le Blé rouge* (1909) « Aux serfs du Bourbonnais, du Nivernais, du Berry et d'ailleurs ». Il précise : «Les serfs d'aujourd'hui se souviennent des serfs d'autrefois, des Jacques-Sans-Terre qui levaient la fourche contre les châteaux seigneuriaux ». Il cite en fourre-tout ce qui « rappelle la féodalité : les châteaux et les parcs… les barons, marquis et leurs larbins et toute la valetaille rasée… les grandes chasses de l'automne… la rente, la dîme, la corvée… et les fameux charrois pour le maître… »

On évoquait le souvenir des Jacques, tant à droite comme un horrible repoussoir (Léopold Bernard, 1911) qu'à gauche comme une référence : Léon Thivrier (1904) présente la grève réglée d'aujourd'hui comme la suite du « chaos des anciens mouvements paysans, des anciennes Jacqueries, farouches, délirantes, mais incoordonnées ».

Les progrès sociaux du XXe siècle furent alors vécus comme la revanche d'une situation multi-séculaire, sur laquelle le capitalisme avait seulement apporté une couche supplémentaire de badigeon.

Pendant longtemps, les historiens locaux n'ont pas touché à cette imagerie. L'historien du Moyen Age rappelait ce qu'était le servage et signalait son abolition dans les châtellenies ducales par Henri II. Le contemporanéiste reprenait à son compte les thèmes populaires, non seulement pour justifier les idéologies de révolte du début du XXe siècle, mais pour présenter la réalité du métayage. Les textes littéraires d'Emile Guillaumin, les exemples fournis par *le Travailleur rural*, journal du syndicat de Bourbon, la caution de Daniel Halévy (*Voyage chez les paysans du Centre*) illustraient la réalité statistique des cadastres. La période de l'Ancien Régime était mal connue parce que mal explorée : quelques mémoires de maîtrise démontraient l'existence de la grande propriété, l'utilisation généralisée du métayage, sans chercher à raccorder l'un et l'autre à la situation médiévale. Les synthèses reprenaient les thèmes inspirés de l'histoire nationale : organisation administrative, démographie, « crises nobiliaires », atonie des villes, etc… J'avoue en avoir commis une il y a de nombreuses années… Le Bourbonnais vit donc sur une historiographie lacunaire, propice à la mythification. C'est le thème doloriste du métayer, héritier du serf médiéval, et c'est le thème exaltant de la révolte métayère des années 1905-1910, glorieusement éclairée par un écrivain d'envergure nationale, Emile Guillaumin, auteur de *La vie d'un simple* (1904). Aux côtés de quelques sujets plus secondaires, comme la défense de la personnalité du Connétable de Bourbon, et d'une tradition ouvrière illustrée par Christophe Thivrier, Jean Dormoy ou Pierre Brizon, « le métayer » symbolise la personnalité provinciale. On peut dire qu'il est devenu depuis un siècle le mythe intégrateur du Bourbonnais.

Aujourd'hui encore, il est délicat de paraître y toucher. Mettre en doute la misère du métayer, c'est, pour certains, mettre en doute la qualité littéraire d'Emile Guillaumin (voir la polémique à propos d'un article de S. Hug, dans les *Cahiers bourbonnais* en 2004). Pour d'autres, il est satisfaisant que l'ancrage politique traditionnel à gauche provienne d'une attitude de révolte de paysans écrasés par la grande propriété « féodale », alliée au capitalisme (« A la féodalité qui se survit, s'ajoute l'oppression du gros capital bancaire et industriel ». E. Montusès *Les ennemis du paysan*, 1927). Tout cela est le thème obligé du discours des notables culturels et politiques, d'autant que propriété et métayage, ce couple infernal, sont désormais du passé.

L'historien n'a pas pour mission de s'attaquer aux idéologies de son temps. Il a à connaître des faits exacts dont elles se nourrissent. L'idée du métayer-serf surexploité ancre les réalités du début XXe dans les profondeurs de l'Histoire et dans la réprobation de la féodalité. L'historiographie ne s'est pas attaquée sérieusement à ce problème d'une continuité entre servage et métayage, entre seigneur féodal et « biziau » ; elle a traité du servage du XIVe siècle, puis du métayage de 1890, en laissant entre eux un fossé béant.

C'est cette question que se propose d'étudier le présent ouvrage. On excusera ici quelques considérations un peu théoriques, mais nécessaires.

Le concept de « mode de production » apporte sur notre sujet des interrogations fondamentales. Il a d'abord le mérite de fournir une formule intégratrice de la société : « les instances » économiques, sociales, politiques, idéologiques quelle qu'en soit leur relative autonomie, ne peuvent être que compatibles au sein d'une vaste structure sociale. La société n'est pas un tableau où on pourrait changer tel ou tel élément, mais une sorte de mécanique dont les pièces doivent s'ajuster les unes aux autres. Le terme moderne de « structure » se serait accordé à cette conception des choses s'il n'avait impliqué, dans l'esprit des structuralistes stricts un fixisme fondamental, un refus de toute historicité. Mais si l'on conçoit des structures évolutives, l'historien trouve là un outil intéressant.

C'est à partir de ce concept de mode de production que ce travail peut proposer, du Bourbonnais rural, une étude sociale qui se démarquera du tableau classique et aura vocation à relier l'époque du servage à celle du métayage.

La première remarque directrice de ce travail est la conjonction, du XVIe au XVIIIe siècle, de deux modes de production en Bourbonnais : le mode seigneurial et le mode rentier. Le premier met en rapport des seigneurs et des tenanciers, supposés paysans, dans le cadre des seigneuries et de ce qu'on appelle « féodalité ». Dans ce système, le seigneur est un chef plutôt qu'un propriétaire, il prélève des « impôts locaux » sur les habitants qui lui sont soumis et qui possèdent des terres dans sa seigneurie. On sait que ce système perdure au-delà du Moyen Age, et qu'il ne fut officiellement supprimé qu'en 1793. Le fait que les historiens en parlent comme s'il n'était qu'une relique secondaire sous l'Ancien Régime n'exclut pas son existence, et la nécessité de sa prise en compte.

Le second système met en rapport des propriétaires fonciers et des métayers. C'est le système bien connu au XIXe siècle, qu'il n'est pas nécessaire de détailler davantage maintenant.

L'existence conjointe, dans le même espace, des deux systèmes, pose au moins un problème : celui du contact entre les deux. Ce problème se posait peu dans l'historiographie classique parce qu'on supposait que les propriétaires étaient pour l'essentiel les seigneurs, et que les classes dominées étaient de toute façon la paysannerie, qu'elle soit serve ou métayère. On retrouvait un système simpliste opposant seulement deux classes : les seigneurs fonciers/la paysannerie, écrasée tant par les droits seigneuriaux que par le nouveau système métayer.

Cette façon de voir les choses est une simplification parfaitement mythique. Outre que chacun des deux modes repose sur des bases différentes (le Pouvoir, pour l'un, la Propriété, pour l'autre), une connaissance même légère de sociologie historique rappelle que le tenancier, dominé dans le système seigneurial, est propriétaire de la terre. Le métayer, non propriétaire, est nécessairement en dehors du système seigneurial, quel que soit le statut de son maître. Le contact entre les deux modes s'opère au niveau du propriétaire foncier : celui-ci est assurément le dominant à l'encontre de son métayer (mode rentier) ; mais il est logiquement le dominé du système seigneurial. Dans ce cas, où sont passés les paysans tenanciers du Moyen Age classique ? Il faut envisager une évolution du seigneurial (dans sa dimension sociologique), et le passage du paysan du statut de dominé en seigneurial (tenancier libre ou tenancier serf) à celui de dominé en rentier (métayer).

Les deux modes, donc, s'articulent l'un sur l'autre par le propriétaire ; et ils évoluent.

C'est sur ce schéma général qu'est construite cette étude. Elle visera d'abord à montrer l'exactitude du dessin et sa capacité à rendre compte d'une société rurale complexe, puisque deux systèmes radicalement différents s'y côtoient. Elle visera aussi à dater les évolutions.

L'étude de l'évolution du système seigneurial, dans ses aspects sociologiques d'abord, et, secondairement, dans ses expressions juridiques, doit permettre de vérifier le fait fondamental : les dominés ne sont plus les paysans travailleurs, mais, de plus en plus, des notables propriétaires. Cette hypothèse suppose que les paysans auraient perdu leur propriété foncière au profit de notables. C'est le thème de la dépossession paysanne qu'on a commencé à rencontrer timidement dans quelques synthèses historiques des années 80, comme étant le grand mouvement sociologique des XVIe et XVIIe siècles. Malheureusement, les travaux de Jacquart, dans cet axe sociologique, n'ont guère été repris, l'orientation historiographique actuelle négligeant le global socio-économique au profit de thèmes culturels ou secondaires. Le concept de société intégrée, qui faisait l'intérêt des modes de production, a tendance à disparaître de l'horizon individualiste-libéral des recherches actuelles. Eric Hobsbawm vient de dénoncer à nouveau ces dérives (*Le Monde Diplomatique* ; décembre 2004).

Le passage d'une domination seigneuriale sur des paysans à une domination sur des notables, parfois seigneurs eux-mêmes ailleurs dans le pays, ne peut manquer d'avoir des retentissements sur le système seigneurial lui-même. En outre, la monétarisation croissante de la société d'Ancien Régime, qui forme la toile de fond de la période, doit en être le moteur.

Le système rentier (rapport propriétaire / métayer) apparaîtra comme un mode nouveau, successeur peut-être logique du seigneurial, mais en tout cas coexistant avec lui. Il suppose des stratégies de conquête de la propriété par les notables. La monétarisation laisse penser que l'achat de terres, plutôt qu'une violence politique, en est la condition première. Ce thème du « rassemblement » de terres n'est pas nouveau : repéré et étudié par Merle, Raveau, Roupnel, dans les années 1920, il a été minimisé, voire nié, avant d'être passé sous silence.

Roupnel, dans sa thèse de 1922, avait pourtant fortement souligné ce phénomène en Bourgogne, où il voyait la terre littéralement conquise par les grands parlementaires de Dijon, et écrivait cette phrase célèbre : « L'histoire économique des campagnes bourguignonnes aux XVIe et XVIIe siècles est celle d'une desexpropriation ». Phrase que contesta formellement Goubert, comme « excessive »... mais Goubert décrit le Beauvaisis. Quand il rédige sa part de synthèse dans *l'Histoire économique et sociale de la France*, de Braudel et Labrousse (1970), il reconnaît bien la part importante des métayages et fermages dans l'exploitation, mais n'en conclut pas qu'il a dû y avoir, quelque part, une dépossession paysanne. A la même époque (1971), le tome 2 de *l'Histoire de France* publiée chez Larousse sous la direction de G. Duby, connaît le phénomène : deux ou trois phrases éparses le mentionnent. Mais, pris entre les thèmes religieux et artistiques (qui font « nouveau ») et ceux de l'organisation de l'Etat (qui sont classiques), on ne trouve aucun paragraphe sur la dépossession paysanne.

Les travaux de Merle et Raveau paraissent alors de simples exemples régionaux, de qualité certes, des « must » de bibliographies, mais sans plus.

Après Philippe de Saint-Jacob, c'est surtout la thèse de Jean Jacquart (*Société et vie rurale dans le sud de la région parisienne* - 1973) qui pose la question. L'auteur lui donne toute son ampleur de problème extra régional dans les pages qu'il lui consacre lors de sa participation à de grandes synthèses :

- *Histoire de la France rurale* - 1975 : « l'ampleur de l'expropriation séculaire de la paysannerie ne peut être mesurée que localement... Mais trop de signes concordants attestent vigoureusement ce grand fait de l'histoire économique et sociale ». « Le mouvement des structures de la propriété foncière recouvre un immense phénomène de translation de la terre des mains de ceux qui la cultivent entre les mains de ceux qui en jouissent ».
- *Histoire économique et sociale du monde* sous la direction de P. Léon) - 1978 : où il confirme l'importance de « constitution de patrimoines fonciers sur les terres roturières au profit de nouveaux tenanciers issus de tous les groupes sociaux, mais particulièrement de la bourgeoisie ». On appréciera la justesse du vocabulaire...

Mais ces travaux, de style économico-social, n'ont pas examiné la conséquence du passage de la propriété à des notables sur le fonctionnement du système seigneurial. Aujourd'hui, ils ne sont même plus « à la mode ». D'où la surprise d'Annie Antoine (2004) constatant, comme une nouveauté, la présence prépondérante de tenanciers notables, au lieu des paysans bien classiques, dans les terriers seigneuriaux... Mais elle passe très vite à autre chose. Les terres ainsi « rassemblées » ont été réorganisées en exploitations vastes, « métairies » ou « domaines », confiées à des travailleurs paysans dans le cadre d'un nouveau contrat qui est le bail « à mi-fruits ». Toute cette démarche devra évidemment être prouvée, datée et étudiée selon au moins trois axes : modalités du rassemblement des terres, autre face de l'étude de la dépossession ; caractérisation sociologique des nouveaux propriétaires (problème à prendre par les deux bouts : personnages repérables par les terriers seigneuriaux, personnages repérables par les baux de métayage) ; naissance et évolution des domaines et du nouveau bail.

Le travail s'inscrit donc, non pas comme un tableau d'une société complexe en voie de « transition », mais comme l'étude du jeu de deux modes de production, en complète restructuration sous la pression de la monétarisation et des luttes de classes : nouveaux tenanciers contre seigneurs ; paysans ruinés contre acquéreurs de leurs propriétés.

Distinguant clairement mode seigneurial (MPS) et mode rentier (MPR), l'étude renvoie le métayage à la période de monétarisation et d'emprise de la notion de propriété foncière, qui ne sont pas des éléments de la féodalité. Nobles ou non, les grands propriétaires de 1890 ne sont pas des seigneurs et n'héritent pas des institutions de la seigneurie. Ils sont bel et bien des propriétaires fonciers que la Révolution a débarrassés de la charge des droits seigneuriaux, et à qui elle a accordé une nouvelle forme de puissance politique, par le vote censitaire. Les notables qui gouvernent la République, même avec le Suffrage Universel, viennent de ce milieu et s'appuient sur une idéologie de la Propriété monétarisée qui est une construction des XVIIIe et XIXe siècles. La formation de cette propriété foncière, accessoirement celle de l'idéologie concomitante, constitue l'un des sujets centraux de cette étude.

La misère du métayer est une valeur d'appréciation plus qu'une valeur statistique. On sait le mal que se sont donné les auteurs « bourgeois » du XIXe siècle pour établir, à coups de comptes et de budgets, la « réalité » d'une prospérité généralisée des métayers (au moins, des «bons »). Evidemment, les syndicalistes, utilisant le même type de documents, accompagnés d'anecdotes « significatives », prouvaient l'inverse. On n'entrera pas ici dans cette polémique, propre au XIXe siècle, ni d'ailleurs dans la question, fort gênante, des rapports exacts du métayer avec ses domestiques et avec les journaliers saisonniers. On ne touchera que secondairement au personnage du fermier général. Ces thèmes, fondamentaux pour une étude sociale concrète, et limitée dans le temps, n'entrent qu'indirectement dans la problématique, en temps long, qu'on mettra en œuvre ici.

Cette problématique imposera donc, pour résumer, une étude de l'évolution sociologique de chacun des systèmes :

- un rapport seigneurs/propriétaires, propre au mode seigneurial, en évolution sous le coup de la monétarisation et du renouvellement sociologique de la population dominée (dépossession paysanne) ;
- un rapport propriétaires/métayers, propre au mode rentier, ce rapport restant seul en selle après 1793, suppression par voie législative du système seigneurial.

D'où le titre : SEIGNEURS, PROPRIETAIRES, METAYERS, comme étant les trois situations de classes fondamentales de la société rurale bourbonnaise des siècles de l'Ancien Régime.

La recherche prendra pour cadre géo-historique principal le Bocage bourbonnais. C'est rencontrer là le mythe central du pays : l'imagerie classique rassemble autour de Bourbon l'Archambault la structure agricole en domaines, l'épicentre des luttes syndicales des métayers, avec E. Guillaumin et M. Bernard entre 1904 et 1912, la personnalité sulfureuse de Pierre Brizon, député de Moulins-Ouest en

1910 et 1914, le meilleur exemple de paysage de bocage, etc... Ailleurs, on est, ou bien en zone de petite propriété (sud du département), ou dans la « Petite Vendée » (nord-est), ou en montagne, ou en zone céréalière ou en zone viticole. Les insuffisances des Archives et du chercheur obligeront parfois à déborder les limites de la grande châtellenie de Bourbon, mais on y reviendra le plus souvent possible.

Ce travail se présente comme la reprise en forme de synthèse d'un certain nombre d'articles généralement inédits. Il s'appuie sur des dossiers d'archives choisis pour leur capacité d'alimenter une histoire sérielle et statistique : séries de terriers échelonnés du XVe au XVIIIe ; séries de baux de métayage et de fermage de 1500 à 1825 ; dossiers familiaux continus sur les rassemblements fonciers (actes d'achat et documents annexes). Rédigés originellement sous forme d'études de cas, ces articles ont été, soit résumés, soit synthétisés. Quatre d'entre eux sont publiés ici quasi in-extenso : ils présentent des cas de pratiques jugées significatives. Ils permettent d'éclairer l'argumentation statistique d'images plus personnalisées et donc plus concrètes. On n'aura donc pas un ouvrage bien clos et bien complet.

Je ne me suis pas senti obligé de me soumettre aux canons de la recherche universitaire dans ce qu'elle a de formel : je ne suis qu'un amateur, peut-être éclairé, intéressé par une problématique provinciale. Je ne me suis senti tenu d'aucune révérence, ni acrimonie, envers quelque école que ce soit. Et je laisse à d'autres le soin de rattacher mes conclusions à d'autres cas provinciaux, et à des thèmes plus vastes, tels que la monétarisation de l'Europe occidentale ou les Révolutions des XVIIe et XVIIIe siècles. Je propose simplement quelques constructions historiographiques que je laisse en débat.

Note concernant les catégories sociales

J'utiliserai couramment dans ce travail des classements par catégories sociales. Pour ne pas répéter à chaque fois des considérations sur la définition et les limites des catégories, je voudrais présenter maintenant les critères que j'ai utilisés.

Le découpage d'une société en catégories sociales est un exercice hautement périlleux et discutable.

L'analyse et la caractérisation d'une société se font, dans un premier temps, à partir de la notion de classes. On est alors dans la logique des modes de production, et au niveau de la société globale. Mais il faut établir une distinction claire entre « classes » et « catégories ».

On sait que Roland Mousnier, dans des articles célèbres et qui se voulaient destructeurs d'une historiographie dite marxiste, articles repris dans une réédition de 1970 *La Plume, la faucille et le marteau*, Roland Mousnier, donc, a cantonné l'usage des « classes » à l'historiographie du XIXe siècle, et en a récusé l'utilisation dans les études de l'Ancien Régime. L'Ancien Régime n'aurait connu que des statuts, des ordres, des réseaux, où chacun se situait dans une hiérarchie. La thèse de Mousnier est trop positiviste : l'historien n'a pas à recopier le passé mais à en construire une image scientifique, un modèle à la fois discutable et opérationnel, c'est-à-dire capable de fournir des explications. L'historien travaille dans le langage de son temps, pas dans celui du temps passé, nonobstant son goût pour les citations et la chair fraîche du « concret ».

Les termes, évoqués dans l'introduction, de seigneurs et tenanciers, de propriétaires rentiers, fermiers, métayers, exploitants familiaux sont des termes de classes, les uns et les autres caractérisent le Mode de Production Seigneurial (MPS) et le Mode Rentier (MPR). Ils servent de base à l'explication des systèmes politiques et idéologiques dominant de vastes périodes : réalité de l'organisme « seigneurie », idéologies de la Propriété, de l'Etat-Nation, etc...

Mais ce sont des classifications trop globales et trop grossières pour fonctionner au niveau du temps court, du groupe local, encore moins pour expliciter les comportements d'un individu. C'est un marxisme sommaire, et intellectuellement terroriste, qui a prétendu expliquer totalement des motivations personnelles par le recours fondamental à une « situation de classe » (laquelle, en outre, peut différer de la *conscience* de classe).

On a appris depuis longtemps que, à l'échelle de l'individu ou du petit groupe, la situation de classe était médiatisée par les idéologies régnantes, parmi lesquelles la religion (interprétant globalement le Monde et l'Histoire) et les consciences sociales (place que l'individu se reconnaît dans une image sociale globale).

Les catégories sont alors des groupes à la fois conscients d'eux-mêmes, concrètement visibles et reconnus. On ne peut les réduire, ni à un niveau de fortune (contrairement au positivisme anglo-saxon, qui semble ne connaître que des bourgeoisies monétarisées), ni à des métiers ou professions, ni à des associations ou réseaux d'action. Comment les hommes se qualifient-ils socialement eux-mêmes ? On utilise beaucoup aujourd'hui des agrégats statistiques fondés sur la profession (Catégories Socio-Professionnelles, CSP). Ces agrégats ne sauraient être projetés sur les temps anciens, dont la structure professionnelle était largement différente de la nôtre. L'expérience montre qu'on a d'ailleurs tendance à distinguer et à nuancer, si bien qu'on arrive à des catégories si fines qu'elles n'ont pas d'intérêt statistique.

Les qualifications anciennes sont pourtant, la plupart du temps, *la seule accroche de l'historien sur l'individu* : non pas un « exploitant agricole » par exemple, mais un « laboureur », « un journalier », un « locataire », un « manouvrier ». C'est à partir de là que l'historien doit construire des catégories qui soient à la fois plausibles et statistiquement utilisables, c'est-à-dire historiquement significatives. Elles doivent avoir un sens dans le temps long, être repérables par l'historien... et par son lecteur, être intérieurement homogènes. Elles peuvent cependant être construites différemment selon le projet de l'historien. Une étude sur les privilèges ou les statuts rencontrera obligatoirement la catégorie « noblesse ». Une étude plus sociologique pourra avoir intérêt à distinguer une noblesse militaire d'épée d'une noblesse de robe et à regrouper cette dernière avec des « officiers » de bon rang, de même mode de vie, mais qui n'auraient pas, juridiquement, la qualité de « nobles ». Il paraît évident, en tout cas, de ne pas utiliser ici, ni les Trois Ordres (vu l'hétérogénéité du Tiers et la non-signification du Premier Ordre en termes de sociologie rurale) ni les constructions trop vagues du type « bourgeoisie » ou « peuple ».

Les catégories que j'utiliserai dans cette étude n'ont pas été définies a priori ; elles découlent de l'expérience de la recherche elle-même, comme paraissant les mieux à même de traduire la société bourbonnaise *telle qu'elle apparaît à travers l'étude de la propriété foncière.* On n'y retrouvera donc pas, en tant que tels, les métiers du commerce ou de l'artisanat, par exemple.

Les grandes divisions suivantes seront utilisées

1) *Grands notables* – Compte-tenu qu'il n'y a pas en Bourbonnais de véritable aristocratie au sens national du terme, on regroupe sous ce titre de « grands notables » : les nobles classiques ; les principaux officiers, résidant souvent en ville, qui prétendent « vivre noblement », s'intitulent « seigneur », possèdent un château (désigné comme tel) ; le clergé haut et moyen, c'est-à-dire ici les monastères ou canonicats. Toute cette catégorie est habituellement possessionnée en seigneuries et en grandes terres. Elle est instruite, possède un « pouvoir » certain, parfois même politique, a un horizon culturel et géographique large.
2) *Notables locaux* – Personnages ne travaillant pas eux-mêmes la terre : marchands, professions libérales, officiers secondaires ; ils ne visent pas au niveau châtelain et ne sont que très rarement « seigneurs » : procureurs, avocats, médecins ; bourgeois ruraux, c'est-à-dire petits notables des bourgs et des villages. Certains se retrouvent à partir du

XVIIe sous le titre de « sieur de... ». Cette catégorie est roturière, mais constitue une élite locale, alphabétisée et relativement riche. On en discutera un peu plus loin la légitimité historiographique.

3) *Les marchands-fermiers* – ils constituent un groupe intermédiaire ; certains sont manifestement des notables locaux, quand ils gèrent une grande seigneurie ou une multiplicité de « domaines » (fermiers « généraux »), ils sont alors bien alphabétisés et se hissent au « titre » de « sieur de... ». D'autres sont seulement des paysans aventureux, et seront classés comme tels.
4) *Les villageois* – Ce terme est particulièrement vague. Il est introduit pour mieux délimiter la catégorie 5, paysanne. Ici, il s'agira de ruraux de petite envergure sociale, travaillant manuellement : artisans, meuniers, ou membres de la petite fonction publique comme les sergents. Au XVIe siècle, les prêtres, presque toujours mal détachés des communautés paysannes, y seront également intégrés.
5) *Les paysans* – Terme clair, quoi qu'on en dise, une fois distingués de la catégorie 4. Ce sont les laboureurs, journaliers, domestiques, etc... Seuls les laboureurs interviennent à l'occasion parmi les propriétaires rentiers. Nombre de « fermiers » (marchands-fermiers) sont aussi paysans. L'organisation en communauté, qui autorise une relative puissance foncière, permet aux paysans de jouer un rôle important. En tout état de cause, ils sont la catégorie « fondamentale » du raisonnement.

Il faut traiter souplement de ces catégories. Les 3e, 4e et 5e sont à l'occasion regroupables ; la 3e peut s'agréger à la 5e, donc s'éliminer. Dans un exposé nourri d'exemples, on conservera les 5 catégories. Dans une statistique globale, on distinguera en fait grands notables / notables locaux / paysannerie et catégories voisines.

La distinction entre deux catégories de notables, parfois délicate au niveau individuel, s'impose cependant pour au moins deux raisons.

La première est qu'elle correspond à un clivage bien réel. Les « locaux » vivent dans les bourgs et les villages, sont généralement issus de la paysannerie, encadrent de près une population qu'ils connaissent en détail, ont une ambition politique. Les « châtelains » sont plus détachés de la population, même s'ils connaissent familièrement deux ou trois métayers de leurs domaines les plus proches. Leur mode de vie, leurs ambitions, les tournent vers la ville ;

ils ont un statut social reconnu et respecté même s'ils ne sont pas nobles. Ce sont les « Elites ».

La seconde raison est plus utilitaire. Il s'agit de les reconnaître au-delà de la Révolution, tout repère « noble » évacué. Eliminons ici l'appellation de « bourgeois » qui pourrait réunir le Président-Trésorier de France, l'honorable marchand moulinois et le petit rentier de village. En outre, le mot a toujours pour le lecteur une connotation argent + urbain, laissant supposer que le « noble » est quant à lui insoucieux de la monnaie et seulement préoccupé de statut et d'honneur.

La pertinence de cette distinction grands notables/notables locaux est reconnue par deux historiens de renom.

Goubert fait intervenir le terme de « bourgeoisie rurale », repris à Georges Lefebvre, mais il l'applique prioritairement aux grands fermiers (de domaines ou de seigneuries) ; mais dans cette même synthèse *(Histoire économique et sociale de la France)*, Pierre Léon étend la notion aux « hommes de loi – notaires surtout – et à la foule des officiers seigneuriaux » (p. 606) ; et Goubert constate (p. 518) que ces propriétaires fonciers « restèrent ou devinrent les cadres administratifs et les notables cantonaux », en regrettant « l'insuffisance des monographies qui leur ont été consacrées ».

Plus clair encore est Maurice Agulhon (*Histoire de la France rurale,* tome 3) qui décrit, pour la période de la Restauration, deux grandes couches de propriétaires rentiers (p. 93 à 96) : le « grand propriétaire », noble ou bourgeois, mais toujours châtelain, mi-rural, mi-urbain ; et une « autre couche de propriétaires non exploitants », bourgeoisie « moyenne » ou « bourgeoisie de village », souvent appelés « les Messieurs ». « Ils sont dans la commune une aristocratie, mais une aristocratie familière, considérée comme faisant partie de plein droit du village ». Comme Goubert, Agulhon regrette que « l'analyse sous toutes ses formes de cette couche de bourgeois de village » n'ait pas été faite. Ce texte date de 1976.

On s'attachera donc, dans les analyses suivantes, à respecter ces distinctions, fort éclairantes, en effet.

Les statistiques qui seront avancées dans ce travail doivent être considérées comme des valeurs approximatives, discutables, des fourchettes, car les personnes seront souvent médiocrement qualifiées. Les évolutions qu'on croira lire n'auront de signification que si les chiffres sont clairement différents : il sera inutile de pinailler sur des décimales, peut-être même sur des unités.

Il est temps maintenant d'entrer dans le vif du sujet.

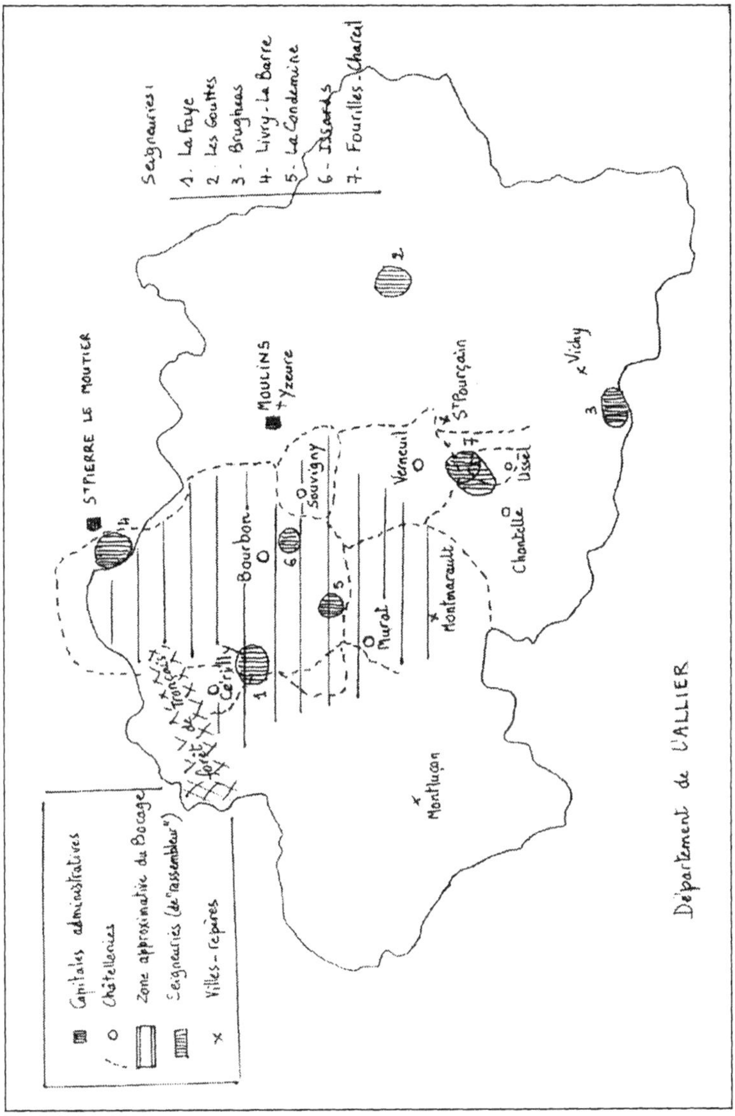
Capitales administratives
Châtellenies
Zone approximative du Bocage
Seigneuries (de "rassembleur")
Villes - repères
Seigneuries :
1. La Faye
2. Les Gouttes
3. Brugheas
4. Livry-La Barre
5. La Condemine
6. Issards
7. Fourilles-Chareil
St PIERRE LE MOUTIER
MOULINS
Yzeure
Bourbon
Souvigny
Verneuil
St Pourçain
Ussel
Chantelle
Murat
Montmarault
Montluçon
Vichy
Cérilly
forêt de Tronçais
Département de L'ALLIER

PREMIERE PARTIE

Seigneurs et tenanciers
L'évolution du mode seigneurial

1 - Position du problème

La première partie de ce travail portera sur la structure seigneuriale. Il ne s'agira pas d'une description du système supposé connu dans ses grandes lignes ni de l'énumération des droits seigneuriaux. On rappelle que, pour le bas Moyen Age, on dispose de l'excellent travail de René Germain *les Campagnes bourbonnaises à la fin du Moyen Age.*

Pour la bonne compréhension des raisonnements, il faut cependant rappeler les principes de base du mode seigneurial.

Le seigneur doit être compris comme un *chef* local plutôt que comme un *propriétaire.* Certes le seigneur est bien propriétaire de son château et de quelques terres autour. Mais au moins si l'on se situe au bas Moyen Age, cette propriété, appelée « *réserve* » a une fonction ludique accentuée : bois pour la chasse, étangs, parcs et jardins. Une petite exploitation agricole, la basse-cour, fournit aux besoins immédiats de la maisonnée : verger, potager, vaches laitières, entretien des chevaux. Il est plus rare d'y trouver un véritable domaine agricole. Originellement, disons au XIe siècle, ce domaine possédé directement pouvait être vaste, il était cultivé par les corvées imposées aux habitants de la seigneurie. Au bas Moyen Age, le seigneur a renoncé à la plupart des corvées et a loti sa réserve sous le mode seigneurial de domination.

Ce mode doit être compris comme la perception de droits par le chef (le seigneur), lequel assure, en échange, le gouvernement du village, l'ordre local, grâce à son droit de Justice, et bien entendu la défense militaire, grâce au château. Reconnu comme dominant d'un certain territoire, la seigneurie, le seigneur impose à chaque habitant diverses redevances et diverses obligations (les banalités). La théorie juridique de l'Ancien Régime suppose que le seigneur a concédé à chaque famille paysanne des terres, et en reçoit, en échange, une redevance annuelle, perpétuelle, fixe, souvent appelée cens. Le paiement d'un cens implique, de la part du débiteur, la reconnaissance du pouvoir seigneurial, symbolisé par la formule « avec tous droits de directe seigneurie ».

Il faut bien comprendre que cette concession était, originellement, gratuite ; il ne s'agissait pas de vendre un lot de terre, mais d'assurer à la seigneurie des habitants en plus. Une « terre » n'avait de valeur que garnie, c'est-à-dire habitée. La concession étant à perpétuité, le preneur en devenait un véritable propriétaire.

Evidemment, il transmettait l'héritage à ses enfants, même s'il fallait une « autorisation » seigneuriale. Au bas Moyen Age, en période de lente monétarisation, le *tenancier* (= celui qui a reçu la concession seigneuriale) est un véritable propriétaire, avec droit de vendre, de louer, d'hériter etc... Les théoriciens juristes inventent alors la notion de double propriété : au tenancier, la propriété *utile* ; au seigneur la propriété *éminente*, c'est-à-dire la reconnaissance que la tenure fait partie de la seigneurie et, donc, qu'elle lui doit des droits seigneuriaux : la propriété éminente se réduit en fait à la propriété du droit de percevoir des redevances. L'ensemble des tenures, assujetties à redevance, prend le nom, trompeur pour nous, de *directe.*

La seigneurie comporte donc, outre un noyau immobilier et foncier réduit, un vaste ensemble de terres, la directe, sur laquelle le seigneur n'a aucun droit de propriété au sens actuel du terme, sauf le droit de faire reconnaître son pouvoir local, en particulier celui de percevoir des redevances. L'émiettement des seigneuries, les progrès du pouvoir royal, ne laissent plus au seigneur qu'un pouvoir de plus en plus symbolique, révérenciel, marqué par des gestes et des préséances. C'est cette seigneurie, avec son fondement politique (le Pouvoir) et non pas économique (la Propriété), que nous rencontrons sous l'Ancien Régime.

Le MPS (mode de production seigneurial) est, avec le MPR (mode de production rentier) la construction historiologique qui permet de rendre compte de la société bourbonnaise d'Ancien Régime. Les deux modes sont concomitants, soit complémentaires, soit concurrents. On cherchera à en retracer l'évolution, à travers l'emprise qu'ils ont sur la population. La paysannerie est-elle tenancière ? Est-elle métayère ? Voilà le fond de la question. Dans le premier cas, la société rurale fonctionne en MPS, dans le second, en MPR.

Le MPS est le mode dominant au XVe siècle en Bourbonnais comme dans toute l'Europe occidentale. La seigneurie est la structure territoriale et juridique où s'exerce le pouvoir seigneurial, tout comme l'entreprise est aujourd'hui la structure de base du capitalisme. Les actes qui rendent compte de son fonctionnement seront donc les révélateurs de son évolution. Ces actes sont les *terriers* et les *lièves.* La problématique ici proposée visera à savoir quelles populations et quelles catégories de personnes vivaient sous l'emprise directe du MPS, comme exploiteurs et comme exploités ; elle s'appuiera sur une étude méthodique des terriers et des lièves.

Le *terrier* est l'élément de base du système juridique de la seigneurie. C'est une collection d'actes notariés, actes dits « reconnaissances », par lesquels les tenanciers « reconnaissent » les droits seigneuriaux qui pèsent sur les terres qu'ils possèdent. Cette collection, qui prend souvent la forme d'un registre et affecte une présentation solennelle et soignée constitue, pour le seigneur, la preuve de ses droits. Elle est donc particulièrement précieuse.

Dans les habitudes locales, chaque acte, introduit par le nom du tenancier, se rapporte à une seule parcelle, ou regroupe plusieurs parcelles possédées par le même déclarant. A l'intérieur du registre, les actes sont regroupés en petites zones géographiques, les terroirs (ou terroux). Grâce à un index des noms des tenanciers et, parfois, à un index des terroirs, le terrier permet de connaître le total de ce que doit chaque tenancier et de balayer l'ensemble du territoire de la directe (zone soumise au paiement des droits seigneuriaux).

Dans la suite des temps, le seigneur se trouve dans la même position que l'historien : il doit repérer exactement chaque parcelle (il n'y a pas de carte) et, surtout, déterminer à qui elle appartient. Le terrier est un document essentiellement statique : il n'enregistre ni les mutations, ni les décès, si bien que, vingt ou trente ans après sa rédaction, il est en grande partie obsolète pour ce qui concerne le nom des tenanciers. Quant aux redevances, elles sont fixes, étant reconnues « à perpétuité ». Comme la rédaction d'un nouveau terrier est une opération difficile et onéreuse (on en donnera un exemple), on ne s'y lance qu'avec circonspection et en dernière extrémité : un intervalle de 60 à 120 ans entre deux « éditions » peut être considéré comme normal. Si l'on dépasse le siècle, l'opération est franchement difficile.

Il existe heureusement un document plus évolutif que le terrier, c'est la liève. La *liève* est un livre de comptes, sans vraie valeur juridique, qui enregistre les paiements du tenancier (d'autant que ces règlements, théoriquement annuels, ne se font que loin en loin, disons tous les cinq ou dix ans). La liève se présente comme un fichier ; chaque fiche renvoie à un article de terrier, en signalant généralement la parcelle, le nom du déclarant, le montant de la redevance, la place dans le terrier (folio ou numéro d'article). En dessous de cet en-tête, s'alignent les indications des paiements successifs. L'ensemble des fiches s'organise, comme les terriers, en registre ou cahier.

Mais autant le terrier, document officiel, souvent sur parchemin, reste majestueux, autant la liève (sur papier), registre de paiements irréguliers et multiples, est souvent elliptique, peu lisible, embrouillée et raturée. On y fait figurer tout ce qui change et qu'il faut mémoriser. Le nom du déclarant est barré et remplacé par celui du nouvel acquéreur ou de l'héritier. La parcelle (ou l'article) peut avoir été partagée, entraînant le partage de la redevance. Celle-ci, quoique fixe, peut être modifiée par arrangement entre le seigneur et un tenancier entreprenant, par exemple à la suite d'une « nouvelle baille ». La liève devient en quelques années un gribouillis difficile mais combien riche d'informations ! Cependant, la rature n'est pas forcément datée, c'est, dans le cours de la page, l'apparition du nom nouveau qui signale le paiement par un autre redevable. Quand le registre est décidément trop embrouillé ou la page terminée, il suffit d'en ouvrir un autre. Et le sort du précédent n'est pas, logiquement, d'être conservé... Heureusement, quelques scrupuleux gardent au moins une partie de leur collection de lièves, ce qui peut pallier l'absence d'un terrier récent.

L'ensemble terrier + liève devrait donc permettre de suivre exactement chaque parcelle de la directe, et d'en connaître le propriétaire à partir de quoi on peut étudier l'évolution sociale de la population des tenanciers. Qui possède ? Le paysan (supposé travailleur), ou le notable (supposé rentier) ? Quand et au profit de qui la parcelle a-t-elle changé de main ?

Il faut, pour travailler ce problème, disposer d'un ensemble suivi sur plusieurs siècles de terriers et de lièves. N'espérons jamais en une collection parfaite : des registres sont perdus, des documents sont incomplets. Les directes elles-mêmes ont changé : des seigneuries sont démembrées, ou recomposées, sans que les terriers anciens aient suivi. De terrier à liève, la succession est en principe facile puisque chaque fiche de la liève correspond à un acte du terrier. Mais ceci n'est valable que pour des gestionnaires soigneux. On en connaît qui ont arraché des pages de terrier qui les gênaient. D'autres tiennent leurs lièves comme un agenda et non comme un fichier. La rédaction d'un nouveau terrier oblige à des raccords difficiles avec l'ancien. Théoriquement, le reconnaissant donne la référence datée des reconnaissances antérieures ; le seigneur y tient, car il prouve ainsi l'ancienneté de son droit, ce qui, en jurisprudence d'Ancien Régime, est un élément favorable. Mais ce n'est pas toujours fait. Et surtout, pour un suivi par parcelle, on constate que le plan du nouveau terrier diffère de l'ancien : de ce fait, les parcelles sont difficiles à superposer.

Le travail sera mené de la manière suivante.

On a cherché des seigneuries pour lesquelles on possède une bonne série de terriers, s'échelonnant du XVe au XVIIIe siècles. Il s'agit de suivre le sort de chacune des parcelles décrites dans le terrier le plus ancien, de manière à voir, d'une part si elle sort du système seigneurial (par affranchissement, réunion à la réserve, échange, passage au statut de fief, etc...), d'autre part quelle est la position sociale des tenanciers successifs. Il faut donc que les déclarants soient bien caractérisés, que les parcelles soient bien repérées et que les terriers les plus récents renvoient à des reconnaissances antérieures. Les terriers sont utilement complétés par des lièves qui confirment les données et les complètent en cas de grand écart chronologique entre deux terriers.

C'est un travail minutieux et parfois décourageant du fait qu'au cours de trois siècles un certain nombre de parcelles sortent d'observation. Cette constatation ne met pas en cause seulement les insuffisances de l'historien : elle était déjà le souci des feudistes du XVIIIe siècle, qui constataient que le corpus qu'ils avaient en main était bien léger par rapport aux terriers du XVe siècle ; ils s'en désolaient... mais ils n'y pouvaient rien. C'était simplement le constat des pertes d'emprise territoriale du MPS.

Une autre solution aurait consisté à partir de bons terriers du XVIIIe siècle, à repérer, par l'indication des reconnaissances antérieures, la qualité sociale des tenanciers successifs. Cette démarche, plus facile, avait le gros inconvénient de ne faire connaître que les parcelles inscrites au XVIIIe siècle, et de laisser dans l'ombre les affranchissements, pertes ou réunions de parcelles à la réserve, faits qui sont essentiels à la problématique posée et qu'on ne retrouve, sériellement, que par la méthode ci-dessus.

Je proposerai donc quatre exemples. Issards et La Condemine (à Buxières) sont deux seigneuries laïques en milieu rural profond, 25 à 30 km à l'Ouest de Moulins. La Barre, à Livry (Nièvre), seigneurie plus importante et d'histoire mouvementée, se situe à la limite du Bourbonnais et du Nivernais ; la directe comporte à la fois une bonne zone viticole (Riousse), des terres agricoles et des prés. En outre, une seigneurie ecclésiastique, celle des Jésuites de Moulins dans leur prieuré de Chantelle, zone plus méridionale dans laquelle je n'ai retenu que deux paroisses, Fourilles et Chareil, cette dernière en partie viticole. Issards et La Barre sont aux mains de nobles d'épée, La Condemine passe de l'épée à la robe, Chantelle est aux mains des moines de St-Vincent avant de passer aux Jésuites. Quelques allusions seront faites à une recherche antérieure sur quelques parcelles de la seigneurie de Pouzeux, à Yzeure, en banlieue immédiate de Moulins, où s'exerce à plein la pression de notables urbains, essentiellement officiers, et à une pré-synthèse déjà publiée sur Yzeure *(Yzeure, 2000 ans d'Histoire).*

2 - La dépossession paysanne : étude de cas

2a - La seigneurie de La Condemine

La Condemine est une seigneurie centrée sur le château de ce nom, à Buxières, au centre du Bocage. On dispose d'une série de documents renseignant sur quatre étapes :

- un terrier de 1561-63, divisé en chapitres, certains très proches du château (La Condemine, La Chassagne, Les Nais), les autres très dispersés, de Rocles à St-Aubin ;
- un terrier de 1622, mais limité aux trois premiers chapitres du précédent ;
- des notes marginales sur le terrier de 1561, datables des années 1675-80 ;
- une liève de 1694 à 1710 environ, qui prend pour base les libellés de 1561 et de 1622. 22 articles, dits des Grésillons, n'apparaissent pas dans les documents précédents : ils concernent sans doute une acquisition récente.

Des notes datables de 1750, dans les marges du terrier de 1622 paraissent concerner un partage des droits entre Madame Héron, nièce du précédent seigneur et M. de Villaines, plutôt que des indications de propriété.

Les deux terriers sont au nom de la famille de La Brosse, honorable famille de noblesse militaire (Jacques de La Brosse, tué à la bataille de Dreux en 1562). La liève du XVIIe siècle est tenue de façon minutieuse par Nicolas de Villaines, mort en 1716, Président Trésorier de France à Moulins et co-seigneur de La Condemine. Les descendants des Villaines s'intègrent au XVIIIe siècle à la noblesse militaire.

Les trois premiers chapitres, les mieux suivis, totalisent environ 1000 boisselées de Moulins et 30 « chars », soit environ 80 ha. L'ensemble peut aller à 3000 boisselées et 118 chars, environ 250 ha.

La situation en 1561

En dehors de deux articles tenus par des écuyers, pour seulement 16 boisselées (1ha), toute la directe est aux mains de paysans et de villageois.

Les villageois sont un boucher (Butaud), un sergent royal, un tixier, un « marchand », et, au niveau des intellectuels, deux prêtres, quelques clercs et « notaires », insérés dans des communautés (Gilbert Butaud, Archambault Chailho, Jean Roux).

Les plus notables de ces personnages se partagent des surfaces importantes. Huit grosses tenures occupent 45 % de la surface totale. Les « communautés » s'y taillent la part du lion : 160 boisselées pour une communauté de La Vye, avec Antoine, prêtre ; 260 pour la communauté des Ardz et des Philippards ; aujourd'hui au lieu-dit Dar. Des « ténements » massifs apparaissent aux mains d'un seul déclarant (Jean Monceau, 200 boisselées), ou de plusieurs, comme le ténement des Brosses ou celui de Maltaverne. Enfin des séries importantes de parcelles, sans doute plus ou moins séparées, sont aux mains de Péronelle de La Vye, avec Jean Paulmier. Une grosse unité de 220 boisselées a été péréquée entre Jean de La Roche, prêtre, « Maître » Gilbert Auvergnat, bourgeois du Montet, et un non qualifié, Jean Alliot.

La multiplicité des co-tenanciers sur la même unité rend délicate la distinction entre paysans purs, villageois et petits notables (habitant Ygrande et Le Montet). On reste de toute façon à un niveau inférieur de la hiérarchie sociale de l'époque : pas de nobles, pas d'officiers urbains. Les co-tenanciers déclarent de grands « ténements » de type médiéval, en un territoire délimité et non comme une énumération de parcelles. L'entête spécifie « ténement de maisons, granges… jardins… terres, prés, bois… tenant ensemble » et en définit les limites : bois, ruisseaux, chemins, lignes de haies (« buissons »). Il est en ainsi du ténement de La Condemine, de celui de Landonnières, à Gipcy, de celui de La Motte, à Rocles, ce dernier séparé avec une grande précision (lignes de haies) du « Maix d'Ardz », mouvant du prieuré du Montet. Les redevances y sont lourdes et anciennes, on y trouve des charrois, un majuzal.

J'insiste sur la tonalité « villageoise » de ce terroir. Sur 400 confins bien repérés, aux trois premiers chapitres et à Rocles, je n'ai relevé que 14 terres seigneuriales (prés, étangs, bois). 9 limites renvoient à d'autres directes, dont le Roi (Duc de Bourbon), le prieur de Souvigny, celui du Montet, le seigneur de St-Aubin.

Aucune notation de « domaine ». Mais on devine l'existence de métairies seigneuriales ; certains actes sont datés « audit lieu et métairie de La Condemine ». Trois déclarants sont par ailleurs

« mistiers », dont l'un « au seigneur des Nais » et l'autre «au sieur de Sainct-Hillaire » à Ygrande. Par ailleurs, quelques déclarants bien possessionnés comme Archambault Chailho ne sont probablement pas des exploitants directs ; mais le vaste cadre des communautés peut éviter la location en fermage ou métayage.

La situation en 1622

La base de travail ne concerne que le millier de boisselées des trois chapitres centraux. Les 58 articles de ce terrier de 1622 correspondent aux 56 de 1561, plus trois petits articles achetés sur Claire d'Aguette et tenus par des Devaux et Butaud.

La situation sociale des tenanciers est plus précisément indiquée, mais sans changement fondamental. Cependant des nobles et officiers figurent maintenant pour 200 boisselées (François de St-Hilaire, seigneur des Biottieres ; Jacques de St-Aubin, seigneur de Saragousse ; Gilbert Delaloere, lieutenant aux Eaux et Forêts). St-Hilaire a repris un gros article précèdemment déclaré par les de La Vye.

Les quarante personnages qui restent sont du même milieu social qu'en 1561, avec une part mieux marquée des petits notables : 5 « hommes de labeur », 7 artisans, 4 notaires, 11 « clercs », deux sergents, deux prêtres. Les de La Vye ont disparu, mais les lignées locales restent les mêmes : Butaud, Devaux, Buxerolles, Petitjean, etc...Une lente mobilité ascendante a fonctionné pour certains. C'est le cas des Devaux, ou Desvaux, patronyme si répandu qu'une copie du terrier de 1561 porte un essai d'arbre généalogique (quasi illisible) sur six générations ; en 1622 un Desvaux est notaire et un Gilbert Desvaux, « clerc praticien », se dit « sieur de Bonnefond ». Le titre suppose la constitution d'un « domaine » : le terme est attesté pour un certain Pasquet Bonne Journée, propriétaire d'une parcelle faisant partie de « son domaine de Surières ». Delaloere est « sieur de Brosse ». Les artisans contrôlent 456 boisselées, presque la moitié du total ; davantage que les notaires qui n'ont que 150 boisselées à ce terrier.

On peut d'autant mieux avancer, pour cette date, l'existence de domaines métayers dans cette région que le notaire Fallier, à Bourbon, enregistre des baux de métayage en 1613-1625, dont, comme bailleur, celui d'un Bastien Butaud en 1616.

Le seigneur de La Condemine semble avoir acquis deux ou trois parcelles dans sa propre directe, mais la formulation est peu claire. Par contre, en limite, un de ses prés est dit « de la censive de Souvigny ».

En définitive, la situation de 1622 marque un relatif décalage vers la propriété rentière, bien que la paysannerie et les petits villageois continuent à contrôler les 2/3 des surfaces. Sur 1000 boisselées, on aurait à peu près : 200 boisselées pour les nobles (20 %), 150 boisselées pour les notables locaux (15 %), le reste (65 %) allant aux villageois et paysans. Les surfaces acquises par les notables ont évidemment été prises sur d'anciennes propriétés paysannes-villageoises puisqu'elles occupaient la quasi-totalité de la directe en 1561.

La situation vers 1675-1700

Elle est connue par la liève tenue à partir de 1694 par Nicolas de Villaines qui mourut en 1716 : l'ecriture est très fine, tremblée, une écriture de vieillard, mal lisible. Le personnage est méticuleux, attaché à ses intérêts. Nicolas, né vers 1640 est seigneur de La Condemine depuis au moins 1665 ; depuis 1660, il est Président-Trésorier de France. En fait, c'est plutôt sa mère, Charlotte du Buysson, qui vit à La Condemine, sans doute depuis la mort de son époux, avant 1663. Des actes notariés nombreux signalent son activité comme « dame de La Condemine ». Nicolas tient sans doute cette liève en tant que co-seigneur avec sa nièce Marie-Jeanne, épouse (1690) de Lambert Héron, Président-Trésorier de France et constructeur d'un bel hôtel rue de Paris à Moulins, toujours visible aujourd'hui.

La liève est en mauvais état ; une douzaine de feuillets défectueux sont responsables de lacunes dans le suivi. Quelques articles sont sortis du MPS avant 1695 de diverses manières. Le seigneur de La Condemine a acheté trois articles paysans, 52 boisselées et quelques chars, et les a réunis à sa réserve. Le seigneur de Saragousse, acquéreur d'une quarantaine de boisselées a racheté le devoir le 14 mars 1661. Seize boisselées suivies depuis 1561 et tenues en dernier lieu par le seigneur de La Salle ne portent aucune trace de payement, ni de reconnaissance récente. Au total, la directe est « abrégée » d'une bonne centaine de boisselées (9 ou 10 ha avec les prés).

Compte-tenu de la lacune mentionnée ci-dessus, on peut suivre 2730 boisselées, soit 80 % de la surface de 1561, y compris une quarantaine dont les droits ont été donnés à l'église de Buxières.

Les nobles ou grands notables tiennent désormais 800 à 900 boisselées, soit 30 % de la surface. St-Hilaire, seigneur de Biottieres a acquis la grosse tenure Monceau de 200 boisselées et 15 chars. M. de Dreuille, seigneur de La Lande est inscrit en 1694 pour plusieurs articles situés à La Mothe de Rocles. Il a réuni à ses terres un total de

276 boisselées : 208 contre la communauté des Ardz, 24 sur un Virlogeux et des parcelles éparses. Il intervient plusieurs fois comme co-tenancier. Faute de précisions sur ces co-tenures, de Dreuille dispose sans doute de 4 à 500 boisselées. Ces personnages ont organisé leurs possessions en « domaines ». De Dreuille a un fermier sur ses 208 boisselées des Ardz : une « madame » Claude Sirot, qui sait signer, puis Henri Blancheton. On trouve aussi dans la liève trace d'un « domaine des Philippards » dont les parcelles viennent des anciennes reconnaissances Philippards.

Les notables locaux se taillent une part substantielle ; on y retrouve Gilbert Desvaux, avec 200 boisselées ; Marie Dubouys, veuve de notaire (72 boisselées) ; 180 boisselées pour deux personnages non qualifiés, mais dont les redevances sont payées par des fermiers. Enfin, il faut faire place à deux marchands-fermiers : Gilbert Barathon, possesseur du domaine Mesglin et acquéreur du domaine de Bonnefont ; et François Billaud ; au total, quelque 500 boisselées. Les grosses unités excentrées sont maintenant aux mains de ces notables : Augère est passé d'un groupe de co-tenanciers à une « dame » Jeanne Peret ; Landonnières permet à Claude Petitjean, lieutenant en la prévôté de Moulins de s'intituler « Sieur de Landonnières » (on le rencontre aussi au terrier d'Issards) ; Maltaverne est à François Billaud, aubergiste et marchand-fermier ; au Courtioux, le regroupement des articles profite à Barathon, sieur de Nodonnières et à Gilles Magnenat, non qualifié, mais doté d'une belle signature. Ces notables, malgré quelques ambiguités ne peuvent avoir ici moins de 1300 boisselées.

Quelques personnages nettement caractérisés comme « laboureurs » tirent leur épingle du jeu, mais pour de petites surfaces. Claude de Buxerolles, métayer à Couzon, possède ici une vingtaine de boisselées, qu'il fait exploiter par un fermier. Denis Michoux a acheté dans la directe 15 boisselées et 3 « chars » : au payement des lods et ventes, il paraît comme propriétaire de deux domaines, dits Saffières, l'un « d'ancienneté », l'autre par des acquisitions récentes. Louis Dubost, qualifié de « laboureur » paye la moitié des redevances d'un gros article dont l'autre moitié est possédée par de Dreuille. Un « valet domestique », deux autres « laboureurs » déclarent aussi des unités de 70 et 80 boisselées. L'ensemble de ces personnages possède un minimum de 270 boisselées.

Une récapitulation sommaire donnerait sur les 2680 boisselées encore dans la directe de La Condemine :

- environ 800 (30 à 35 %) aux nobles,
- environ 1000 (40 %) aux notables locaux et officiers,
- environ 300 (10 %) aux marchands fermiers,
- environ 270/300 à des « laboureurs » (10 %).

Le reste se retrouve sur des personnages non situés et sur les non correspondances inévitables.

Conclusion

La dépossession paysanne est ici évidente ; assez peu sensible en 1622, elle est quasiment achevée en 1694. Un examen rapide des transactions passées chez les notaires de Buxières de 1643 à 1686 confirme les données du terrier. Sur 36 transactions, on note 10 vendeurs laboureurs, contre 4 acheteurs, et 13 acheteurs nobles (plusieurs fois les Villaines, mais aussi le seigneur de Saragousse et la dame Anne de La Trollière) celle-ci achète par exemple en 1645 à Gilbert et Jean de Bonnefond, « laboureurs », le « lieu et domaine des dits Bonnefond » ; et le nom de l'acheteuse apparaît 10 fois dans les confronts. Le repérage en « domaines » est alors courant, et l'on constate que les ventes des laboureurs, loin de ne porter que sur des parcelles, concernent souvent des « lieux et domaines » (1649, 1675, 1682). Les notables figurent aussi parmi les acheteurs : Gilbert Desvaux, notaire, Jean Peret, procureur au Présidial.

Le XVIe siècle reste caractérisé par les tenures paysannes intégrées au MPS. Ces tenures sont souvent des blocs de bonne taille, possédées souvent par des communautés, mais aussi par quelques personnages en limite de notabilité. Le métayage n'est pas inexistant (à la réserve de La Condemine), mais on ne voit pas apparaître au terrier la notion de domaine.

Au XVIIe, les seigneurs locaux se sont beaucoup intéressés à la propriété foncière. Il s'agit d'acquisitions onéreuses, menées par des voisins dans la directe de La Condemine, si bien que ces petits nobles sont tenanciers les uns des autres. La situation ne satisfait pas tout le monde : ou bien l'on s'en affranchit à l'amiable (Saragousse 1661) ou bien l'on mène procès (mais de Dreuille de La Lande perd le sien contre Nicolas de Villaines), ou bien on refuse de payer (cas vraisemblable d'articles du seigneur de La Salle).

Mais ce sont les notables qui ont absorbé la majeure partie de la propriété paysanne. D'après les patronymes, ces notables du XVIIe, les Desvaux, Barathon, Péret, viennent des lignées paysannes du XVIe siècle. Même officiers à Moulins, la plupart de nos personnages sont d'origine locale. Les notables des bourgs proches, Bourbon, Ygrande, comme les Petitjean rentrent bien dans la même catégorie.

Un peu à part, il faut souligner la place prise par les marchands-fermiers, parfois illettrés : Barathon (« de Nodonnières »), Gilbert Desvaux, fermier de Saragousse et de Fradonnières, Noël

Bergerolles, fermier général de La Condemine, Claude Desvaux, fermier de Bouis.

Les officiers moulinois apparaissent très peu. On serait à Buxières dans les conditions d'une campagne profonde. On voit encore moins la fameuse « classe marchande bourgeoise » des classiques marxistes. La notion de « bourgeoisie d'Ancien Régime », proposée par R. Robin, semble ici beaucoup plus pertinente.

Enfin, le texte de 1694 porte témoignage de la structuration du paysage en « domaines ». Grosses tenures paysannes anciennes, « lieux et petits domaines » visibles dans les actes de vente du XVIIe, entrent comme noyaux des domaines rentiers qui se construisent à cette époque.

Le sort des huit grosses tenures

Tenure	Déclarant en 1560	Propriétaire en 1694
Ténement de La Mothe	La communauté des Ardz	208 bo. à de Dreuille : 24 à Gaumin (non qualif.) 28 sort inconnu
Ensemble de parcelles à La Mothe de Meillers - 220 bo.	Péréquées à un prêtre, un bourgeois un non qualifié	Moitié à de Dreuille ; moitié à Dubost, laboureur
Ténement Ch Piaud 200 bo. 15 chars	Jean Monceau	St-Hilaire, seigneur de Biottières
Ténement d'Augère Surface inconnue	Groupe Darnières/ Butaud / Desvaux, etc	Dame Jean Péret
Ténement de Landonnières 69 bo. 14 chars	Groupe Dissonys / Mallet / Bouchaut	Petitjean de Landonnières
Le Courtioux 96 bo. 4 chars	Groupe Ragot / Demercières, clerc.	Gilles Magnenat
Ténement de La Condemine 160 bo.	La communauté de La Vye, dont Antoine, prêtre.	St-Hilaire, seigneur de Biottières
Ensemble de parcelles La Condemine 110 bo. 6 chars	Péronnelle de La Vye et J. Paulmier	Eclatement avant 1624 entre des Bizet, Piaud, Darnières, etc.

Total de 1115 boisselées et 42 chars, soit 45 % de la surface totale.
1 tenure éclatée ; 3 à des notables (Péret, Petitjean, Magnenat), 3,5 à des nobles, 0,5 à un laboureur.

2b - La seigneurie d'Issards (1530-1780)

La seigneurie d'Issards se situe dans le Bocage (essentiellement sur les communes d'Autry-Issards et de Gipcy), région vallonnée entre 300 et 400 m d'altitude, ponctuée de forêts. On est à 15/25 km de Moulins et à proximité de deux sièges de châtellenies, Souvigny et Bourbon l'Archambault.

On peut suivre, pour cette seigneurie, une série de terriers : 1531 ; 1564-68 ; lièves suppléant un terrier perdu de 1688-89 ; liève de 1732 ; terrier de 1775 (avec références à 1564 et 1689).

La seigneurie est aux mains de nobles militaires classiques : Jean, puis Archambaud de Murat au XVIe siècle ; puis, par mariage (1586), la lignée bien connue en Bourbonnais des de Dreuille, jusqu'à François-Sénectaire de Dreuille en 1775.

L'ensemble des documents permet le suivi complet d'une soixantaine d' « articles » (unité de prise en compte dans les terriers), regroupant environ 150 parcelles pour une surface de 900 boisselées, soit 60 ha sur le pied canonique de 638 m^2 la boisselée de Moulins. Le terrier de 1775, qui conçoit la seigneurie au sens moderne (*in concretto*) fait état de 1228 boisselées possédées, en outre, par le seigneur d'Issards. Mais le statut seigneurial de ces 1228 boisselées (réserve d'Issards ou directes d'autres seigneuries) n'est pas connu. Conservons l'idée que la seigneurie d'Issards conservait en 1775 une part non négligeable de terres en directe.

Le terrier de 1531

Les 2 terriers du XVIe siècle sont organisés par paroisse.

a) La directe située sur la paroisse de Gipcy comporte, en 1531, 248 boisselées de terres arables et 15 « chars de foin » en prés. Pour 28 articles, on trouve 21 noms de personnes, généralement un seul nom par article ; donc des tenanciers nombreux. Deux familles sont particulièrement bien représentées, pour 94 boisselées, les Barraveau et les Mynard. Les Mynard, aux Ternes, ont 3 gros articles, groupés, pour 56 boisselées. Ils constituent une communauté, parmi laquelle on note Antoine, prêtre et procureur du seigneur. Les Barraveau, non qualifiés ici, doivent vraisemblablement être rapprochés d'un François, sergent royal en 1564. L'érudit des Gozis cite des Barraveau comme détenteurs de micro-seigneuries à Gipcy et Meillers en fin XVe.

Les autres articles se partagent entre personnages, soit non qualifiés, soit « laboureurs ».

Une seule personne porte une qualification « notable » : Faulconnier, « bourgeois de Bourbon », mais il ne déclare qu'une grange. Les confins de parcelles citent minoritairement des « écuyers », ainsi que le « seigneur de Noyant » et le « seigneur de Bourt ». Aucune de ces qualifications n'intervenant parmi les déclarants de ce terrier, on doit en conclure qu'on se trouve massivement en présence de paysans, au mieux de micro-notables (« villageois »), encadrés ou non en communautés.

Il subsiste encore dans ce terrier deux articles tenus « à taille doublant et tierçant », avec charrois ; le reste porte des cens.

b) A Autry, on relève 325 boisselées et 34 chars, en 21 articles. La directe apparaît bien groupée autour des châteaux d'Issards et de Villeban. Elle porte des articles de grande taille, les quatre plus grands couvrant à eux seuls 50 % de la directe. Les gros articles sont déclarés par des co-tenanciers, collectivement responsables de la redevance, ce qui ne suppose ni co-propriété, ni co-résidence.

Quatre familles participent à l'essentiel des articles :

- les Henry, pour 13 articles, dont 8 fois en co-tenure sur deux noms : Jean, clerc, et Denis, maréchal, cousins et parsonniers,
- les Namys, avec 6 articles, parfois avec des Henry et des Mynard,
- Jean Mynard, avec ses parsonniers, tient 3 articles totalisant 106 boisselées,
- Jean Mycault a 50 boisselées en deux articles

Mycault et Namys sont expressément qualifiés de « laboureurs ». Les Henry sont des villageois. Les autres noms (9 personnages) ne sont pas qualifiés, sauf Jean de Pringé, « écuyer » qui n'est que co-tenancier sur 4 boisselées seulement.

c) Une 3e partie du terrier couvre des terres situées à Cressanges et à Noyant, qu'on ne retrouve plus par la suite, les droits ayant été vendus à un « Maître Blaise Condonier ». Il s'agit, à Montcoin, de gros articles, tenus par quelques lignées seulement : Rothon, Gallay, Taques, avec leurs parsonniers. Les confins montrent la présence d'un « seigneur de Noyant », mais il peut aussi bien s'agir de terres « nobles » (réserves) que de terres en directe.

La situation de 1531 semble donc caractérisée par l'absence de tenanciers « notables ». On serait en présence soit de vrais paysans, soit de villageois (prêtres, artisans, petits praticiens), apparaissant la plupart du temps en communautés ou au moins en parsonneries simples. La taille des articles laisse supposer une structure proche des grosses tenures paysannes du Moyen Age ; une indication un peu claire justifie cette impression : à Montcoin, un « lieu, thénement et bourdelaige appelé l'ancien bourdelaige Melicot ».

Le terrier de 1564

Ce terrier permet de suivre 480 boisselées et 48 chars, soit la quasi totalité des articles de Gipcy et d'Autry. Il s'y ajoute 400 boisselées supplémentaires, que je prendrai en compte car on les retrouve par la suite. Une petite partie provient de l'acquisition de droits à l'encontre des religieux du Montet en 1568, suite à l'aliénation du 1/4 du temporel des moines décidée par le Roi. Une autre partie résulte d'un échange. On se retrouve donc avec 880 boisselées et quelques dizaines de « chars ».

On constate toujours l'existence des grosses tenures possédées par 9 familles pour 65 % des surfaces : Barraveau, Mynard, Namys, Henry, une parsonnerie Taques de Surières, une co-tenure Margot-Rodillon, Mycaud, Chazay. Tous sont « laboureurs » ou simples villageois.

Une cinquantaine de boisselées sont passées à quatre petits nobles, dans le terrier de Gipcy, dont un Antoine des Boyaux ; ils succèdent à des paysans.

Le reste, environ 200 boisselées est, en petites unités, aux mains de laboureurs.

Enfin le terrier décrit une grosse unité « tenue à rente ». Il s'agit d'une rente constituée en 1545 et achetée par M. d'Issards le 10 juillet 1563 sur un barbier-chirurgien de Souvigny, Guillaume Cochon. On est là en dehors du système seigneurial, mais le texte permet de repérer une propriété villageoise de bonne taille : maison, grange et jardin, des terres « tenant ensemble », des prés, le tout d'environ 220 boisselées et 10 « chars ». Les propriétaires de cet ensemble sont les frères Marchant, qui ne savent pas signer. Leur propriété est dite « lieu, domayne, ténement », le mot « domayne » apparaissant pour la première fois dans ce document. Mais on ignore, et le mode d'exploitation (faire-valoir direct ? métayage ?) et le statut seigneurial de cette unité.

Si l'on peut donc noter un léger glissement vers la propriété « rentière » (pour 50 boisselées ; et témoignage de quelques confins), le mouvement reste discret ; il se produit, en tout cas, avant les guerres de Religion.

Les lièves de la fin du XVIIe siècle

A la fin du XVIIe siècle, Jacques de Dreuille a voulu reprendre en main personnellement la gestion de sa seigneurie d'Issards. On reconnaît sa petite écriture fine sur les lièves et surtout dans les notes marginales de l'ancien terrier. La formule « A moy » justifie que les mots sont bien de la main du Seigneur. Ces lièves constituent un ensemble disparate de documents, enregistrant des payements entre 1680 et 1710. Il faut les confronter aux notes marginales du terrier de 1564, lesquelles montrent qu'aucun terrier nouveau n'a été fait début XVIIe siècle, et que le scripteur de ces notes avait déjà quelque peine à situer certaines parcelles. De nombreux articles anciens ont été démembrés, mais on suit à peu près l'ensemble.

A Gipcy, pour les 28 articles, il ne reste plus que 12 noms de tenanciers. Quelques gros rassemblements ont été opérés par des notables :

- une veuve Roux gère en 1690 l'héritage d'un Roux, sieur de la Croux et d'un Roux, sieur de Mérolles, soit une centaine de boisselées, le 1/3 de cette partie de terroir. Il s'agit des héritiers d'un notaire connu en 1603 ; Roux de la Croux est médecin à Bourbon en 1684. Les parcelles viennent du laboureur Chazay, d'un lieutenant de la châtellenie de Bourbon et de multiples tenanciers.
- Charles Barraveau, notaire vers 1672-80, reprend 4 articles déjà tenus par des Barraveau.
- un autre notaire, Antoine Simonin déclare 80 boisselées venues pour l'essentiel de l'ensemble Margot/Rodillon.
- Jacques Petitjean, lieutenant de prévôté (1683) a repris la tenure paysanne des Jouhannet ; son frère Claude, sieur de Landonnières acquiert en 1712 les terres venues d'un marchand-fermier et quelques parcelles Barraveau. C'est un personnage teigneux, qui plaide contre Barraveau... et contre M. de Dreuille, qui, « pour éviter procès » préfère lui vendre ses droits seigneuriaux, affranchissant ainsi la tenure. L'héritage des Petitjean passe en 1721 au gendre de Claude, le sieur Michel, qui se dit « des Salles », lieutenant en la châtellenie.

A Autry, le rassemblement des terres profite au seigneur lui-même : il note, dans les marges de 1564, la formule « A moy », sans que l'on puisse dater ces acquisitions. Une douzaine d'articles sont concernés, venant surtout des Namys (120 boisselées). En outre, de Dreuille a acquis les grosses tenures Taques et Mynard, pour 192 boisselées.

Mais d'autres ont participé à la curée : Voisin du Rozet, sieur de Rancy et surtout Martin de Villars en co-tenure pour 88 boisselées avec les Aubery, lesquels déclarent par ailleurs 74 boisselées. Ces Aubery sont des officiers moulinois de bonne volée, lieutenants et procureurs au Présidial, Antoine, Président en l'Election. Ils sont sieurs du Goutet, du Plessis, de La Trollière. Ils touchent presque à la noblesse par leurs alliances avec les Semin ; Jean-François, né en 1672, accomplit la mutation en passant de la robe à l'épée.

Enfin, la grosse tenure « à rente » des Marchant est passée à un échevin moulinois, Farjonel, lequel rachète la rente : l'article sort de notre observation.

Une cinquantaine de boisselées restent en co-tenures à dominante paysanne ou villageoise, dont un Colas (sur 32 boisselées), un Charlet « marchand » à Ygrande, un Fleuriat, métayer.

La directe est donc désormais aux mains du seigneur lui-même et de quelques notables de rang divers, « montant » jusqu'aux Aubery. Les personnages sont « sieurs de... », du nom des domaines qu'ils ont constitués ou dont ils ont hérité, et qui ont maintenant une existence tangible dans le terroir.

Le terrier de 1775

Le terrier rédigé de 1775 à 1777 est caractéristique des ouvrages soignés du XVIIIe siècle : superbe reliure, calligraphie impeccable, titre, table des censitaires. L'ouvrage a été préparé par des spécialistes : Guipon, commissaire aux droits seigneuriaux ; procès-verbal par Grangier, notaire à Moulins. Et surtout, la description des articles intervient à la suite d'un arpentage.

Ce terrier a été commandé par François-Sénétaire de Dreuille, « écuyer, seigneur d'Issards et de Bloux, chevalier de l'Ordre royal et militaire de Saint-Louis, chef de bataillon au régiment de Chartres-Infanterie ». C'est le petit neveu de Jacques V, l'homme des lièves du XVIIe siècle. Il commande cet ouvrage pour mieux connaître ses propriétés (foncières) et ses droits (seigneuriaux), jusque là exploités par des fermiers, « mais n'aïant jamais joui par lui-même et par conséquent n'en aïant qu'une faible connaissance ».

De fait le terrier décrit une seigneurie *in concretto*, c'est-à-dire un ensemble de domaines en propriété de type moderne et des droits seigneuriaux sur une directe. La propriété « utile » s'organise autour du château, centre d'une « réserve et basse cour » de 337 boisselées. Total 1228 boisselées, quelque chose comme 80 hectares, au moins 120 avec les prés. Les confins renvoient à d'autres domaines, ceux de La Fouletière et des Milles, à Mme de La Goutte, ceux des Pezeriaux, celui des Meschatins.

Le terrier n'indique évidemment pas si quelques parcelles de cette propriété se trouvent chargées de droits envers un tiers : de Dreuille justifie ses propriétés, pas les droits des voisins. Mais on notera qu'il est inscrit au terrier de la châtellenie ducale de Bourbon en 1790, pour un « devoir de taille » (AD Allier, A 43, f 108)

Des 580 boisselées environ enregistrées vers 1700, il ne manque en 1775 que 130 boisselées environ. Il s'agit d'articles qui ont été affranchis par le rachat des droits seigneuriaux, au profit du curé de Gipcy, Delan (1714), de Petitjean de Landonnières (1717) et de Farjonel.

Le reste de la directe (450 boisselées + 50 nouvellement accensées) a subi d'importantes mutations de propriété. Les tenures des Aubery et des Roux se sont trouvées partagées avant de recomposer de nouvelles unités. Le tout reste aux mains de

- officiers : Tiersonnier, receveur des tailles à Moulins ; Royer des Salles, lieutenant de châtellenie ; un fils Aubery.
- notables locaux : Mauguin, médecin à Ygrande ; Fallier, notaire, qui a un gros ensemble de 98 boisselées.
- marchands-fermiers : Méténier, dit « de Montiffaud », marchand à Meillers et qui s'intitule « propriétaire » (73 bo) ; Daguet en co-tenure avec un sabotier (79 bo) ; Claude Berthet, lui aussi dit « propriétaire » (43 bo) ; Janty, sur des terres venues des Aubery (62 bo).

Il reste des petites parcelles aux mains de villageois et d'artisans : un maître-maréchal, un meunier, un tailleur d'habits, un laboureur, comme curateur de deux enfants habitant Moulins.

Tous les notables ont organisé leurs propriétés en domaines, dont, vraisemblablement, les terres reconnues au terrier de Dreuille ne sont qu'une fraction. Royer des Salles possède le domaine de Bouchon ; Mauguin est le maître de La Reau (qui était à un Roux au XVIIe) ; Méténier tient les domaines des Petites Ternes et de La Croix. Tiersonnier, qui n'a à Issards que 10 boisselées, apparaît en confins comme propriétaire du domaine de Mailletières. Le sabotier Boucheron est, avec son co-tenancier Daguet, propriétaire indivis de La Cigogne. Parmi les confins, toujours repérés par leur domaine d'appartenance, un seul domaine, celui de Goiniere est « aux Henrys », vraisemblablement de la lignée paysanne rencontrée au XVIe siècle. On retrouve Michel de Royer, Méténier, Tiersonnier et Mauguin au terrier ducal de Bourbon (A43) : comme on pouvait le prévoir, ils possédaient *aussi* dans la directe ducale.

Le fait essentiel, dans cette directe d'Issards, est ici le retour en force d'éléments proches du peuple, dans la personne des marchands-fermiers, qui ont absorbé des propriétés de notables comme les Roux et Aubery. Ils n'en paraissent pas moins comme propriétaires « rentiers », maîtres de domaines.

Le bilan de la directe est le suivant :

576 boisselées observées vers 1700 ; 132 affranchies ; à l'inverse, 50 nouvellement accensées.

Reste environ 500 boisselées possédées par

- nobles et grands officiers	0	0 %
- officiers et notables locaux	206	41 %
- marchands-fermiers	257	52 %
- villageois, artisans	32	7 %

Les accensements, tels qu'ils sont décrits ici, sont bien différents de ceux du Moyen Age. Il s'agissait alors d'une concession de terres, moyennant la reconnaissance de droits seigneuriaux. Il s'y est ajouté au XVe siècle la pratique du payement d'un « intrage ». Mais en 1775, il s'agit d'une véritable vente (de la propriété utile), laissant au seigneur la propriété éminente, c'est-à-dire la perception des droits seigneuriaux : le moulin de la Pirouette a été ainsi vendu pour 3200 livres ; et 56 boisselées, par ailleurs, sont vendus pour une rente de 28 francs, soit un capital de 560 livres.

Voilà un système seigneurial qui s'est bien adapté à la monétarisation !

Conclusion

Sur les deux directions de recherches envisagées : l'évolution de l'emprise du MPS ; la répartition sociale de la propriété foncière ; l'étude apporte quelques réponses claires. Il faut cependant insister sur le fait que l'espace étudié, la directe de la seigneurie d'Issards, ne correspond pas à une fraction d'un terroir, celui-ci étant composé, outre cette directe, de terres en réserve seigneuriale et de terres « libres ». Le but n'était pas d'obtenir une image de la propriété foncière sur une certaine surface, mais de mesurer la dépossession paysanne sur un territoire où le type de documents rend cette recherche possible, c'est-à-dire une série de terriers.

Ceci étant posé, il apparaît que l'emprise du MPS s'est restreinte de 45 % entre 1560 et 1775 par suite de l'action de deux phénomènes. D'une part, l'achat de terres par le seigneur dans sa propre directe, ici pour 312 boisselées. D'autre part, l'acceptation de quelques affranchissements (environ 132 bo). Les pertes par prescription ou par négligence apparaissent ici négligeables, bien que les réaccensements de 1726 brouillent peut-être un peu la comptabilité. La conséquence sociale de cette évolution, c'est de faire du seigneur de moins en moins un seigneur et de plus en plus un propriétaire terrien, comme le manifeste clairement le terrier de 1775. M. de Dreuille dispose de domaines de même type que ceux de ses tenanciers. D'autre part, les affranchissements aboutissent à créer une propriété de type « moderne », même si, théoriquement, les terres affranchies devenaient des fiefs tenus du Roi-Duc.

Le fait pour le seigneur d'avoir face à lui, comme tenanciers, des notables et non plus des paysans n'a pu qu'avoir des conséquences importantes sur le rapport essentiel du MPS. Les nouveaux tenanciers sont des « puissances », ils ont de l'argent et de l'entregent. On a vu de Dreuille affranchir les terres de Claude Petitjean de Landonnières pour s'éviter les tracas de procès à répétition. Par ailleurs, la pratique de l'accensement se rapproche beaucoup d'une véritable vente onéreuse, vente de la propriété utile avec retenue de la propriété éminente, ce qui pervertit totalement le rapport seigneurial médiéval, qui s'apparentait à une concession (quasi) gratuite. Ainsi voit-on évoluer le MPS en des sens différents : restriction de son emprise spatiale, mais durcissement de certaines pratiques, par l'intrusion de la logique monétaire.

La dépossession paysanne est tout à fait vérifiée par cet exemple de la seigneurie d'Issards. Les paysans du XVIe siècle possèdent l'essentiel des terres de la directe. On est encore dans une société quasi médiévale, où régne le rapport seigneur/tenancier. Les paysans semblent d'ailleurs organisés en une société solide, où la même lignée peut compter des paysans purs et de petits notables de village, comme les prêtres... Sans qu'on puisse retrouver ici l'exemple des grandes communautés visibles à l'est de l'Allier, dès Moulins-Yzeure, la communauté familiale est présente.

Fin XVIIIe, cette situation a complètement disparu. La paysannerie n'apparaît plus au terrier. A un point même assez surprenant : pas le moindre lopin de journalier, pas la plus petite exploitation avec maison, jardin et quelques parcelles. Cette étude ne permet pas une chronologie précise du mouvement : on ne peut que se borner à constater que le moment de dépossession se situe entre 1560 et 1680. En 1680 / 1700, les non-paysans représentent 78 % de la directe, 86 % si l'on y ajoute les terres reprises en réserve par de Dreuille. Les nobles (hors cette reprise) ne jouent aucun rôle dans ce mouvement, qui est l'apanage des notables et petits officiers locaux, bien caractérisés par la nouvelle appellation de « sieur de ». En cette fin XVIIe, l'organisation en « domaines » est bien réalisée ; elle s'impose dans la localisation des parcelles.

Un aspect intéressant du phénomène est l'importance prise dans cette directe (plus de la moitié des surfaces) à la fin du XVIIIe siècle par les marchands-fermiers. Ceux-ci réduisent la part des vrais notables à 41 %. Proches de la paysannerie par leurs origines, ces fermiers (qui ne s'intitulent pas « sieurs de », mais « propriétaires du lieu de... ») sont le résultat de l'essor du système métayer , modifié par le fermage intermédiaire. Ils apportent dans la composition sociale de la propriété une relative nouveauté. En très gros, des quelques 900 boisselées observées ici, on en trouve 1/3 à M. de Dreuille, 1/4 aux notables classiques (sieurs de ...) 1/3 aux marchands-fermiers, le reste revenant à quelques artisans locaux. La propriété foncière présente désormais une structure qui s'apparente à celle du XIXe siècle, et qui suppose que, du noble au marchand-fermier, se vit une situation comparable, celle de propriétaire de domaine. Nous sommes alors dans le MPR.

Schéma simplifié des principales mutations de propriété

1564	Vers 1700	1775
Chazay et autres paysans	Roux de la Croix médecin (66 bo)	Méténier, md-fermier (73 bo.)
P. de Fontys	Roux de Mérolles (29 bo.)	Mauguin, médecin (13 bo.)
Margot / Rodillon lab,	Simonin, notaire (80 bo.)	Daguet, md-fermier, Boucheron (79 bo.)
Divers	Barraveau, notaire (46 bo.)	Affranchi pour Cl. Petitjean (env. 60 bo.)
3 laboureurs	Jacques Petitjean de Landonnières (43 bo.)	Michel Royer des Salles (53 bo.)
Mynard, Namys, Henry	Martin de Villars souvent en co-tenure avec Aubery (162 bo.)	Fallier, not. (98) Héritiers Aubery (32) Méténier, Henry et Janty
Carteron, lab.	M. de Colombières, écuyer (12 bo.)	Tiersonnier (10 bo.)
Mynard, lab.	Colas, lab. (32 bo.)	Affanchi pour le curé Delan (40 bo.)
Marchant, non qualifié	Farjonel, rachat de la rente (250 bo.)	
Divers	M. de Dreuille (120 bo.)	
Tacques, Minard	M. de Dreuille (192 bo.)	

2c - Les paroisses de Fourilles et de Chareil (1446-1765)

Le prieuré Saint-Vincent de Chantelle possédait au bas Moyen Age une importante seigneurie dont témoignent de gros terriers de 1446 et 1493. Début XVIIe, le prieuré passe aux mains des Jésuites de Moulins. Ils en entreprennent aussitôt l'inventaire et la remise en état (Terrier Chareil de 1618). Par la suite, ils gèrent leur bien avec soin, ce dont témoigne la bonne conservation de leurs archives (terrier de 1618, lième de 1765, diverses lièves intermédiaires). Toutefois, il n'y a pas de terrier formalisé au XVIIIe siècle. Deux paroisses seulement ont été étudiées : Chareil et Fourilles, l'ensemble de la directe étant trop lourde pour un chercheur artisanal. Fourilles a fourni 156 articles exploitables, Chareil 76, soit un total de 232 articles.

A Chareil, les articles sont de faible taille, quelques coupées (à raison de 1,5 coupée pour un équivalent-boisselée de Moulins) : au total 612 coupées, 55 œuvres de vignes et 7 chars de pré. La vigne n'est pas négligeable sans être très importante dans cette directe ; par contre la réserve de Blanzat comprenait 183 œuvres, en parcelles de plusieurs dizaines d'œuvres, en grande partie à Chareil.

Fourilles est un terroir plus franchement agricole, en parcelles plus grandes, pouvant dépasser la séterée (de 24 coupées). On arrive dans cette paroisse à une directe de 3387 coupées, 41 œuvres et 9 chars.

L'ensemble des deux paroisses sera compté pour 4100 coupées, ce qui avec la vigne et les prés, pourrait représenter 2900 boisselées moulinoises, environ 200 ha.

Chaque article ne porte que sur une parcelle, ce qui nous prive de toute mention de « mas », de « tènement », et ne permet pas de saisir de grosses unités d'exploitation. Les mentions de parsonneries et de communautés sont rarissimes.

Fourilles est de la châtellenie d'Ussel, alors que Chareil fait partie de la châtellenie « serve » de Chantelle. La distinction n'apparaît pas dans les terriers du XVIIe. Les redevances sont qualifiées de cens, et rédigées le plus souvent en nature. Elles sont plutôt lourdes. La directe entière de St-Vincent rapporte 1615 livres en 1742 ; dans ces conditions, les arrérages montent très vite.

Situation en 1545

A partir de quatre terriers successifs, de 1446 à 1545, la situation est caractérisée par la relative domination de la propriété paysanne.

A *Chareil*, cette domination est quasi sans partage, en intégrant à la paysannerie les quelques coupées reconnues par des prêtres. Un seul notable : « noble » Christophe Rolland, sieur du Coudray.

A *Fourilles*, nobles et notables interviennent pour 26 % de surfaces avec 894 coupées, les villageois pour 21 %, les paysans pour 49 % et il reste 4 % de situations peu claires. Les quatre personnages classés comme nobles sont inscrits en 1545, mais on ne retrouve pas leur patronyme auparavant. Quand leurs parcelles sont référencées, leur origine se révèle paysanne (Blain, Amouret, Ogier, etc...). Il s'agit de petite noblesse : les Blanc, seigneurs du Saulzet, écuyers ; Vonel, seigneur de La Vauvre ; Chaumejean, seigneur de Fourilles. Christophe Lapelin, seulement « Honorable Homme » est d'une famille de robe moulinoise, installée à Chareil, et qui « vit noblement ».

Les « villageois », catégorie toujours discutable, sont représentés par plusieurs personnages, dont des prêtres (Tizat, Aubert, curé de Randan). « Honorable Homme » Jacques Mentin est dit « clerc », Gabriel Doize et Guillaume Yvet sont sergents royaux. Ces deux derniers sont déjà des rassembleurs ; ils reconnaissent de nombreuses parcelles en 1545 ; celles de Gabriel Doize viennent en partie de son père Hilaire, en partie de patronymes divers. Un autre, Jean Coque, dit parfois « fermier », succède à un Hélion Coque.

J'ai hésité pour situer les onze articles de Jean Bordes, succédant à un Antoine. Paysans prospères ou semi-notables ? Des Bord, à Chantelle, auraient animé la défense de la ville pendant les guerres de Religion, bien que, selon l'érudit Des Gozis, n'étant pas « nobles hommes ».

Les paysans figurent sous de nombreux patronymes, dont une dizaine revient constamment et se retrouve au XVIIe siècle avec la qualification de « laboureur » : les Vaday, Tarin, Amouret, Limozin, de Fourneux, etc... Cette tonalité paysanne pour une moitié des parcelles est confirmée par les confronts : sur 160 utilisables, j'ai relevé 102 patronymes paysans ou villageois et 58 nobles (les Chaumejean, Lapelin, Blanc, et un seigneur de Chenillat). On ne rencontre pas de parcelles ducales, ce qui peut surprendre vu la proximité de Verneuil, chef-lieu de châtellenie.

De 1545 à 1618

Le terrier dit Chareil, daté de 1618, constitue ici la base de la recherche. Il est manifestement incomplet : n'y figurent ni les parcelles que le marquis de Fourilles devra reconnaître, suite à une longue procédure, en 1679, ni celles que les Jésuites affranchiront au profit du seigneur de Blanzat en 1639. Une mauvaise liève, tenue entre 1545 et 1618, souvent mal datée, complète la documentation. Ces documents ont l'avantage de qualifier les déclarants.

A *Chareil*, 288 coupées sur près de 700 sont passées aux mains des seigneurs de Fourilles et de Blanzat. Je ne suis pas très sûr de la datation : avant, ou très peu après 1618. Antoine Lapelin, seigneur de Molles, écuyer, hérite de rassemblements opérés au XVIe par Blaise Lapelin, dont j'ignore la relation avec le Christophe de 1545. On voit apparaître également Louis Morin, seigneur de Chareil, héritier de Claude Morin, contrôleur ordinaire des guerres et constructeur, au XVIe siècle, du château de Chareil. Le reste est aux mains de paysans et de villageois comme Jean Cottet, sergent, Lozet, meunier et un André Gobert, tantôt laboureur, tantôt clerc ; ces deux derniers patronymes se retrouvent comme propriétaires de quelques droits seigneuriaux.

A *Fourilles*, on est alors en plein bouleversement des deux grosses « seigneuries » construites au XVIe, Fourilles et Blanzat.

Les Chaumejean ont connu une brillante carrière militaire (Blaise est maréchal de camp en 1607 ; alliances avec les Cheverny et les Montesquiou) : on touche avec eux à la moyenne noblesse de Cour. Ils sont marquis en 1610. Leurs terres proviennent de différents reconnaissants de 1560, à chercher parmi les notables ou les nobles : un Jean de la Borde, dit aussi « le sieur de la Borde », Martin Blanc du Saulzet, Claude Lapelin, Jacques Blanc des Clodis et un Gilbert de Chaumejean. J'ignore à quelle date exacte s'est achevée la construction foncière, qui sera avalisée par la reconnaissance de 1679. Peu importe que ce soit avant ou après 1618, dans une visée statistique, puisque les déclarants antérieurs se situent dans la catégorie noble. Il s'agit d'un bel ensemble d'environ 630 coupées.

Quant aux Rouher de Blanzat, inconnus en 1545, ils apparaissent sur la liève par les payements de leurs préposés, fermiers ou régisseurs. C'est une lignée d'officiers moulinois (grenier à sel de Moulins ; châtelains de Chantelle en 1612). Fortement endettée, cette lignée voit ses terres saisies en 1615 et reprises en 1622 par François Chrestien, capitaine du château de Chantelle. Des Gozis ne considère pas les Rouher comme vraiment nobles ; le moins qu'on puisse en dire est qu'il s'agit d'officiers « vivant noblement ». Ces terres proviennent de diverses familles paysannes et de quelques parcelles Chaumejean. Leur total arrive à 628 coupées.

Par ailleurs, les Lapelin, seigneurs d'Artanges ont fait un échange avec le prieuré en 1585, correspondant à un affranchissement de leurs terres. Cet échange réglait un procès de contestation de droits seigneriaux. A ces personnages, il faut ajouter Péronnelle de Chaumejean, et Anne Lapelin. Les nobles et grands notables détiendraient ainsi environ 1600 coupées à Fourilles.

Une couche de notables « locaux », pas toujours très distincte de la petite noblesse, s'individualise avec les Lebel, qui sont sieurs de La Vauvre après les Vonel, un Chrestien de La Rivière, un Etienne Rouher, les uns et les autres, « Sieurs ». On peut leur adjoindre un « M. » Charles Chartier, « d'une lignée de juristes de Verneuil », dit des Gozis. L'imbrication des co-détentions de tenures ne permet pas un calcul bien précis. On peut les créditer d'environ 500 coupées, dont 250 pour Gervaise de Troussebois, veuve de François Lebel.

La part des villageois n'est pas très significative : un sergent royal, qui est aussi fermier de Blanzat, un maître-chirurgien. La part détenue par les Doize est désormais à Péronnelle de Chaumejean.

Les paysans sont les grands perdants. Beaucoup de patronymes anciens disparaissent du terrier ; de nombreuses parcelles sont déclarées par Toussaint Coux (pour les Blanzat), Blanc du Sauzet, Lapelin, Chartier. Ceux qui restent, des de Fourneux, Martel, Yvet, sont bien qualifés de « laboureurs ».

Le bilan, sur les deux paroisses, avec les approximations propres aux co-tenures, serait alors le suivant, en admettant que les ensembles Blanzat et Fourilles soient bien constitués en 1618.

	Chareil	**Fourilles**	**Total**	**Pourcentage**
Nobles	330	1600	1930	51
Notables		500	500	13
Villageois	50	120	170	5
Paysans	310	600	910	24
Co-tenures		300	300	7
(en coupées)	**690**	**3120**	**3810**	**100**

Il a été perdu 162 coupées par l'affranchissement Lapelin de 1585, et il nous « manque » une centaine de coupées, « sorties d'observation ».

La situation du début du XVIIe reste donc caractérisée par deux faits contradictoires :

- à Chareil, maintien d'une forte propriété paysanne ;
- à Fourilles, forte dépossession paysanne au profit des nobles et de quelques lignées de notables locaux. Cette dépossession paraît effective dès 1560-80.

De 1620 à 1680

Le terrier Barnier de 1676 constitue la base de la documentation, avec les « accords » passés entre les Jésuites, d'une part, le marquis de Fourilles et Gilbert Lebel, d'autre part, et avec une liève allant de 1620 à 1670. La directe a perdu la grosse série des parcelles des Blanzat, pour laquelle François Chrestien obtient un affranchissement en deux temps : 1639 et 1661 : l'affaire porte sur 508 coupées. Les Jésuites reprennent en réserve un article Chartier, déguerpi en 1645 et procèdent à trois autres achats dans leur directe : 114 coupées.

A *Chareil*, il reste 665 coupées observables.

Les paysans et vignerons ne disposent plus que de 75 coupées. Seules quelques familles de vignerons (Bardin, Cottet, Meschin) ont bien résisté.

Les nobles gardent leurs fortes positions avec Antoine Cluzel, successeur des Lapelin et châtelain de Blanzat ; les Monamy, seigneurs du Mas et de Chareil, succèdent à Morin et à quelques paysans ; et avec le marquis de Fourilles, qui reconnaît officiellement 120 coupées en 1679. Mais s'y ajoute un bloc de 168 coupées que Claude Chrestien, seigneur de Blanzat, est contraint de reconnaître en 1676. Fourilles et Chrestien détiennent désormais 40 % de la directe à Chareil.

On voit surtout apparaître en ce XVIIe siècle une série de personnages qui sont des rassembleurs typiques, au détriment de la paysannerie : Louis Marmion, avocat en Parlement, sieur de La Montée (60 coupées) ; Jacques et Gilbert Tamisier, marchands-fermiers, qui recueillent et complètent le rassemblement opéré vers 1655 par Pierre Quarre, prieur de Fourilles (50 coupées). J'y ai joint, après hésitation, l'héritage des Gobert (40 coupées), classés « villageois » en 1618, parce que le propriétaire est en 1676 une Agnès Esbaudy, certes analphabète… mais résidant à Moulins.

A *Fourilles*, on perd 206 coupées sortant d'observation par insuffisance de documents, 508 coupées par l'affranchissement

Blanzat et 114 coupées achetées par les Jésuites. Reste en directe observable environ 2300 coupées.

Les paysans, explicitement qualifiés de « laboureurs » (Peyrard, Yvet, de Fourneux, Martel) tiennent au moins 486 coupées.

Les villageois, c'est-à-dire quelques artisans, dont deux Moulinois, comptent pour 80 coupées.

En ce qui concerne les nobles, Blanzat étant affranchi, il reste 680 coupées au marquis de Fourilles qui a largement amélioré ses positions ; Chrestien de Briailles (72 coupées), Marie Richard, veuve de Jacques Chrestien, Anne de Chambon et quelques autres n'ont que des parcelles. Le marquisat de Fourilles est passé des Chaumejan, endettés, à Thomas Le Lièvre (1600-1669), Président au Grand Conseil : on arrive avec lui à la haute noblesse de robe. Néanmoins, ce haut personnage a dû reconnaître, après procès, les droits dus aux Jésuites tant à Chareil qu'à Fourilles.

Les notables se sont acquis de bonnes positions dans cette tenure, avec quelques personnages caractéristiques. Une lignée de Tamisier, dits « sieurs de Marcassat », venue de la marchandise, et marchands-fermiers, ont constitué ici un fort rassemblement de 320 coupées, venu de Péronnelle de Chaumejean, de Gervaise de Troussebois et de quelques autres. Un Tamisier épouse Marie Monamy en 1702, la fille du seigneur de Chareil. C'est en somme le Georges Dandin local. Les autres sont déjà connus : deux Lebel (un procureur en châtellenie, un « sieur de La Vauvre »), pour 180 coupées ; les Chartier avec 170 coupées. Un certain « M. » Gilbert Merle, avec 250 coupées, intervient aussi, parfois en co-tenure avec un Lebel ; il a repris des parcelles déclarées par Gervaise de Troussebois, de Rouher de la Ruau et de quelques paysans.

Les deux paroisses présentent vers 1680 le bilan suivant (en coupées).

	Chareil	**Fourilles**	**Total**	**%**
(Rappel 1620)	690	3120	3810	
Sort inconnu		200		
Affranchi ou repris en réserve	25	620		
Reste connu en MPS	665	2300	2965	100
nobles	440	800	1240	42
notables	150	920	1070	36
villageois et paysans	75	580	655	22

La situation a finalement assez peu évolué au cours du XVIIe siècle. La part des nobles a diminué, mais l'affranchissement Blanzat pèse dans la balance. La paysannerie recule encore légèrement, mais ne disparaît pas. Ceux qui ont le plus amélioré leur position sont une couche de notables locaux, certainement pas nobles, certainement pas travailleurs manuels, les Marmion, Lebel, Chartier, Tamisier. Outre un marchand-fermier, ce sont des lignées de procureurs ou notaires de Chantelle, St Pourçain, Verneuil, bien connues des érudits locaux. Par eux, on a l'indication d'une « mestairie de la Jonchère ».

La situation en 1765-1775

Une liève soignée, tenue entre 1765 et 1770, avec des références aux terriers précédents, nous renseigne sur la situation en cette fin de XVIIIe siècle, malgré des lacunes à Fourilles.

A *Chareil* la situation des paysans a peu évolué. La liève fait allusion à la pauvreté de certains (Robert, « pauvre vigneron », Pierre Des Chaises, « misérable »). Les patronymes ont quelque peu évolué, mais le suivi des parcelles est bon. Solidité également de la part des nobles : le marquis de Fourilles, M. de Ramentieres gendre de Monamy, la veuve du « marquis » d'Ussel, succédant à Chrestien de Blanzat.

Chez les notables il y a eu des décompositions, recompositions, à l'intérieur du même groupe social. Les Marmion, Tamisier, Gobert disparaissent au profit de deux frères Chevalier (l'un, « de La Montée », l'autre « du Verney »), fils d'un procureur et fermiers du marquisat, qui mordent également sur les parcelles d'Antoine Cluzel. Les Chevalier ont rassemblé 180 coupées.

A *Fourilles*, on ne retrouve pas à la liève un « paquet » de 680 coupées, en particulier les tenures des Merle et des Lebel. On peut évidemment penser à un affranchissement, mais qu'aucune indication ne vient appuyer.

La part des paysans s'est au moins maintenue, malgré des changements de nom : Chasseret, Raymond, Chavenon ; les uns et les autres sont sans doute à l'aise, un Chavenon, connu par une autre autre recherche (généalogique), se qualifiant de « propriétaire ». Certaines parcelles inscrites en 1765 et tenues par des paysans, ne se retrouvent pas en 1676 ; on ne les prendra pas en compte puisqu'on n'en connaît pas le suivi. Mais on garde le fait comme indication d'une certaine prospérité paysanne. Les nobles se réduisent aux personnages connus à Chareil.

Du côté des notables, un certain Chauveau de Marcy, succédant à un « sieur » Manceau, a repris toutes les parcelles Tamisier et Chartier, et figure en co-tenure avec des paysans. Les érudits locaux les ignorent, ils s'inscrivent pourtant pour 630 coupées. Un autre « sieur », Bontemps, qui paye par l'intermédiaire de son fermier, détient une trentaine de coupées.

Le bilan s'établit ainsi en 1770.

	Chareil	**Fourilles**	**Total**	**%**
(rappel 1680)	665	2300	2965	
Pertes ou gains	+ 5	-680		
Reste connu	**670**	**1620**	**2290**	**100**
nobles	410	660	1070	47
notables	180	660	840	37
paysans	80	300 (+150 ?)	380	16

L'ensemble aurait donc peu bougé au XVIIIe siècle. La part paysanne a pu se maintenir si l'on tient compte des 150 coupées d'origine douteuse. Mais la « grande propriété » tient tout de même plus de 80 % du territoire de la directe, pour un nombre très restreint de noms : les trois nobles, les Chevalier à Chareil, Chauveau de Marcy à Fourilles.

Conclusion

L'emprise seigneuriale a constamment diminué sur la directe. On a pu enregistrer de gros affanchissements *de jure* pour Lapelin au XVIe siècle, Blanzat au XVIIe, sans compter l'affranchissement présumé des tenures Lebel et Merle. Avec les 114 coupées reprises en réserve, ce sont environ 800 coupées qui sont officiellement sorties du système, soit environ 530 boisselées. Ces opérations ont été négociées par de gros tenanciers. Mais la politique des Jésuites de Moulins, pour ce qu'on en devine, allait probablement dans le sens d'une préférence pour le foncier « utile ».

L'évolution sociale est claire, bien que, dans le détail, le système des co-tenures ait obligé à des approximations. Au XVIe siècle, on avait une majorité de terres paysannes. Les indications fournies par la description des parcelles concernées par le procès entre les Jésuites et le marquis sont tout aussi nettes : les reconnaissants anciens sont une poussière de noms divers, et, en 1679, tout est au marquis... En 1770, il ne reste plus que 16 % des surfaces aux paysans, sur une directe amoindrie, alors que dominent une demi douzaine de grands propriétaires.

Deux autres calculs : sur les 2000 coupées qui sont aux grands propriétaires en 1770, 1750 étaient à coup sûr paysannes, 130 déjà à des notables, 120 inconnues ou douteuses au XVIe siècle. Ou encore : de 2050 coupées paysannes de sort bien connu, 350 environ sont restées paysannes, soit 15 %. Les paysans ont perdu 85 % de leurs terres dont le suivi est assuré.

Dès 1618, les jeux semblent faits. Les lièves du XVIe, malgré leur médiocrité, montrent que c'est avant 1560/1580 que se situe l'intervention massive des rassembleurs. Entre 1500 et 1560 les paysans perdent environ 1400 coupées, essentiellement à Fourilles. Or nous ne sommes ni pendant les guerres de religion, ni pendant la Fronde. La paix règne dans le pays. Faut-il supposer alors une paupérisation par pression démographique (phénomène national, mais non prouvé pour le Bourbonnais) ? On doit dépasser l'impact « événementiel » de l'action de quelques personnalités, Thomas Coux, les Chartier, les sieurs de La Vauvre et Antoine de Chaumejean, entre autres. De 1560 à 1676 les pertes se sont poursuivies régulièrement. Si l'on en croit les qualifications, les « survivants » de 1676 sont surtout des vignerons. Pourtant, c'est à Fourilles que, proportionnellement, les lignées paysannes ont le mieux résisté. On hésite à proposer, à cause des lacunes de la liève de 1765, une quasi stabilisation au XVIIIe siècle, autour de lignées paysannes un peu moins nombreuses, les unes très misérables, les autres relativement riches.

On aura facilement repéré au cours de ce texte l'activité de quelques rassembleurs, souvent nobles, parfois simples notables. Une lignée comme les Chaumejean, futurs marquis de Fourilles, a su constituer son domaine à partir de constructions foncières déjà faites avant 1630 ; certaines étaient des petites seigneuries à « maison noble » (Le Saulzet, Artanges), qui ajoutaient à leur noyau des acquisitions au détriment des parcelles paysannes de la directe de St-Vincent ; d'autres étaient des rassemblements « roturiers » comme celui des Bord. Lors d'une saisie du marquisat en 1647, on retrouve cette histoire dans son organisation en « domaines ». On énumère en effet :

- « le grand domaine du Chasteau », près du château « apelé de Saulzat » ;
- un « domaine de Fourilles », près de l'église de Chenilat ;

- la « maison et seigneurie du Couldray, avec tour, motte et cens » ;
- une maison avec colombier, dite métairie des Brosses ;
- « la maison et seigneurie d'Artanges » avec trois tours et des bâtiments, enclos de murailles ;
- un domaine dit domaine de Lapelin.

Il en était de même pour la seigneurie de Blanzat.

Ces deux ensembles seigneuriaux, en partie édifiés sur la directe de St-Vincent, apparaissent bien regroupés, si l'on en croit les confins. Sur 98 limites « utiles », 57 sont sur des parcelles appartenant au marquis. A l'inverse, les propriétés Manceau et Chevalier, au XVIIIe siècle, construites plus tardivement, après décomposition recompostion d'autres tenures de notables, apparaissent beaucoup plus dispersées.

2d - La seigneurie de La Barre (1491-1783)

La seigneurie de La Barre a été constituée par le rassemblement d'organismes divers, domaines-fiefs, « terriers » (droits seigneuriaux épars, sans véritable noyau immobilier), autour d'une seigneurie classique, comportant château, réserve, directe. Pour éviter un événementiel pesant, les épisodes essentiels de la constitution de la seigneurie ont été résumés dans le tableau p. 55.

Le territoire concerné est centré sur la paroisse de Livry (Nièvre) et sur les terroirs viticoles de Riousse et de Talou ; il va au Nord jusqu'à St-Pierre-le-Moûtier, au Sud Est vers Chantenay, en restant limité à l'Ouest par l'Allier. Ce territoire était à cheval sur les limites Bourbonnais-Nivernais. La seigneurie était vassale du duché de Bourbon, mais quelques terres relevaient du prieuré des Bénédictins de St-Pierre, et de la baronnie de La Ferté-Chauderon. Quelques domaines-fiefs, excentrés vers Avril-sur-Loire, et qui ne nous concernent pas, sont entièrement de mouvance nivernaise.

En fait, cette seigneurie n'a pas de nom précis. Les La Barre se contentent d'énumérer les seigneuries composantes ; les Escorailles disent « La Barre » ou « Villelume » ; les gestionnaires utilisent plutôt La Barre pour désigner terriers et lièves. La seigneurie ne porte pas de titre de dignité. Les détenteurs sont donc désignés par leur titre patronymique : comte ou marquis d'Escorailles, comte de Dreuille. Une occurrence « seigneur comte de Villelume » (1708) est isolée et sans doute fautive.

Les lignées qui possèdent la seigneurie, Boishaut, La Perrine, La Barre, Escorailles, de Dreuille sont de noblesse militaire classique. Mais certains des terriers réunis viennent d'officiers roturiers (Bergeron) ou de simples notables ruraux (Bureteau, Mousnier). L'exemple des Bergeron, mieux suivi, montre que ces personnages achetaient, au XVIe siècle, autant des droits seigneuriaux que des biens fonciers ; et, pour ces derniers, qu'ils en recherchaient l'affranchissement (rachat sur Paraize, 1550, sur les Bénédictins, 1548, sur l'hôpital de Chambon, 1566).

L'état de la documentation permettra de faire le point vers 1570, vers 1650, vers 1690-1715, en 1783, et, partiellement, vers 1620.

Situation vers 1570

On dispose pour le début XVIe siècle (1491-1544) des terriers de six organismes venus de personnages divers : nobles classiques : Chevigny et La Perrine, auxquels on peut joindre les Pierrepont, grands officiers du duché de Bourbonnais (pour Baleine) ; officiers locaux (Godard et Bergeron) ; communauté paysanne (les Bureteau). Boishault et la Perrine ont été rassemblés de 1560 à 1573 par Philibert de La Barre qui donne son nom à la nouvelle seigneurie.

Pour un total de 420 articles, on peut observer la situation de 74 maisons, 456 « chars » de pré, 4268 boisselées de terre et 708 œuvres de vigne, soit un équivalent très approximatif de 6600 boisselées moulinoises (500 ha ?)

Presque tous les articles sont reconnus par des familles paysannes. Les très rares notables ou nobles qui apparaissent sont Claude Bourdoiseau, Conseiller au bailliage, pour un bon ensemble de 150 boisselées, Nicolas de Cocaigne, seigneur de Chastellier, et Honorable Homme Antoine Douaigne, seigneur de Chaumes, qui ont à eux deux 50 boisselées. On reste donc sur 97 % de terres paysannes dans la directe.

Les confins confirment cette situation ; l'étude menée par sondage sur le terrier Bureteau, sur Villelume et partiellement sur Boishaut donne 303 confins sur d'autres villageois ou paysans et 42 confins sur des notables (y compris sans doute sur des réserves) : les Bergeron, Godard (détenteur du terrier Villelume), Boishaut, La Perrine…

Il reste à nuancer les situations à l'intérieur de la paysannerie. De très nombreux articles (surtout au terrier Bureteau) concernent des micro-parcelles, 3 boisselées en moyenne. Quelques autres montrent l'existence d'exploitations complètes : maison, prés, terres, quelques vignes, sans être vraiment très grands : 50 à 100 boisselées (4 à 8 ha). Elles sont aux mains des Bureteau, de Benat, de Fontverne, et de communautés où l'on trouve des prêtres : Facier, Bérille, Delaprée. A plus de 100 boisselées sont quelques domaines de plateau agricole : un Jean Limoges, les Bouer, les Gillet, un Brun, dit Beaucorps, les Billon. Quelques-uns portent des marques d'honorabilité féodale : un « ancien hôtel de Villelume » pour les Bouer, maison entourée de fossés pour un Rappin, maison et colombier pour Benat. Les indications ultérieures permettent de confirmer que ces patronymes sont pourtant bien ceux des paysans. Ces tenures sont des exploitations complètes, essentiellement composées de terres labourables.

Situation vers 1600-1630

A cette date, on peut faire un point partiel à partir de deux documents. L'un est le terrier de Baleine, qui permet un suivi satisfaisant de 1525 à 1603 sur 397 boisselées, toutes paysannes en 1527. Le XVIe siècle n'a rien bouleversé : aucune perte d'emprise du MPS ; et seules 30 boisselées sont passées de paysans à un noble (Jean de Breschard) et à une association de deux marchands dont l'un est dit « marchand et laboureur ».

Le second est un autre terrier de Baleine, auquel on peut adjoindre un petit terrier Mousnier (1590 à 1637), portant sur la vignoble de St-Pierre-le-Moûtier. L'ensemble de ces trois terriers présente un ensemble de 1460 boisselées.

Les paysans en détiennent 95 % ; vignerons et artisans comptent pour 2 % et il reste 3 % pour des notables (Breschard, la dame de Mauboux, un grenetier = officier du grenier à sel, un conseiller au bailliage). Parmi les paysans, 12 tenanciers détiennent à eux seuls 65 % des terres et prés, avec des noms connus au XVIe siècle. Martin Bérille, qualifié de « prudent homme », mène une grosse opération de réméré entre 1599 et 1604 pour 128 boisselées. Une contestation de 1622 l'accuse d'avoir accaparé indûment 120 arpents des communaux de Paraize.

HISTORIQUE DE LA BARRE

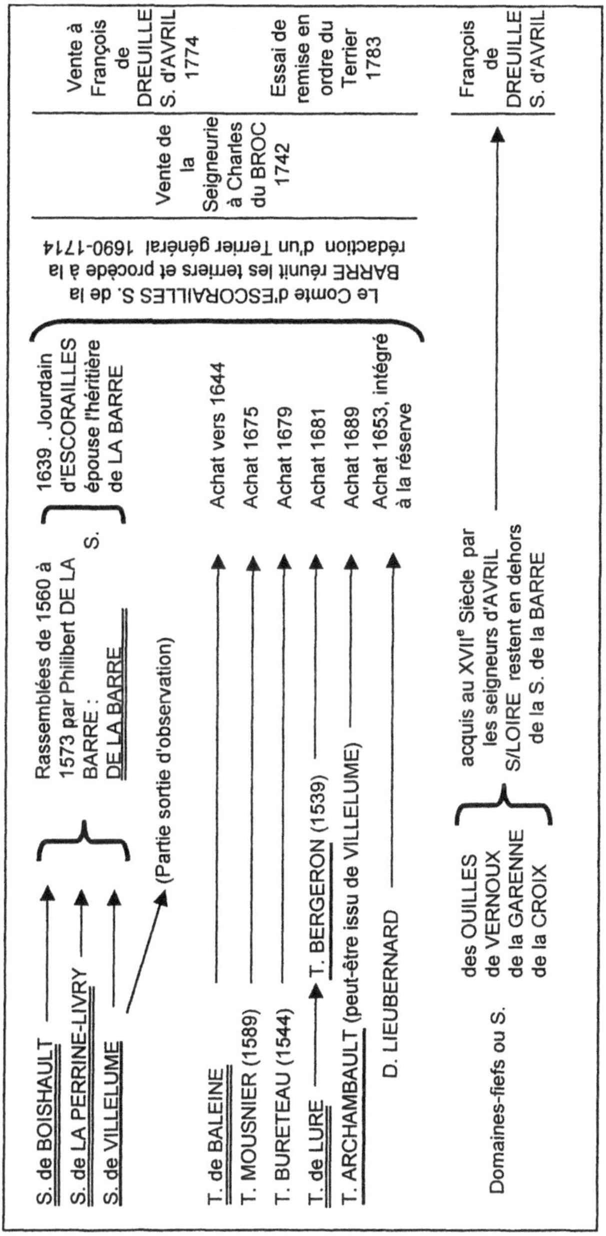

S : Seigneurie ou Seigneur **T** : Terrier **D** : Domaine-fief

possédés par : une lignée noble, des officiers, des paysans ou artisans (au XVIe Siècle)

Situation vers 1650

On peut faire alors un point à peu près complet grâce à la conjonction de trois gros terriers : l'ensemble La Barre-Baleine, unifié en 1644 sous la signature du notaire Chevrier ; la série Bureteau (« terrier Maître »-1644) ; la série Bergeron (« terrier Garnault »-1655). Une petite partie des données du XVIe nous échappe : la majeure partie de la seigneurie de Villelume ne figure plus dans nos documents (elle a été partagée vers 1560) ; le terrier Bergeron a été amputé d'un « legs Sarrazin » ; et 150 boisselées de Baleine sont passées aux mains du seigneur de Langeron. On perd ainsi environ 1500 à 1600 boisselées ; il s'agit manifestement de passage à d'autres seigneuries, et non d'une perte pour le MPS lui-même (Villelume ; Sarrazin ; Langeron).

En outre, 800 autres boisselées manquent à notre bilan : une partie du terrier de Lure (Bergeron) ne se retrouve pas, et il est vraisemblable que la tenure Bourdoiseau est affranchie *de facto*, comme un feudiste du XVIIIe siècle le suppose explicitement. Le suivi ne portera donc en fait que sur 4300 équivalent-boisselées (avec prés et maisons).

Globalement, le MPS reste solide. Il est à noter d'ailleurs que l'activité des Escorailles se porte en bonne partie à l'achat de droits seigneuriaux (terrier de Baleine 1644 ; d'autres, on le verra, après 1675). Il n'y a pas d'achats dans la directe. Mais un chevalier d'Escorailles s'empare d'un gros domaine-fief tenu par des paysans, les Robelin : le « lieu Bernard » ne couvre pas moins de 540 boisselées de terres, 64 de taillis, 43 œuvres de vignes, 35 « chars » de pré. Cette grosse acquisition foncière n'intervient pas dans nos calculs de directes, puisqu'on est là au niveau du fief.

En ce qui concerne la répartition sociale de la propriété, un mouvement de dépossession paysanne se fait nettement sentir. Quelques grosses tenures ont été perdues : les Varennes de Marcigny, les tenures Vauvrille, Billon, Bullier. Mais la paysannerie tient toujours les 210 boisselées de la tenure Brun et le gros ensemble Delaprée. Les micro-parcelles viticoles restent également aux lignées connues : Bureteau, Facier, Gillet, Bérille. En tout, on peut chiffrer les pertes dûment enregistrées à 256 boisselées et 75 « chars », soit 28 % des prés, secteur le plus touché.

Les bénéficiaires de l'évolution ne sont pas les nobles classiques, toujours très discrets ici. Il s'agit plutôt des officiers de St-Pierre-le-Moûtier et parfois de Nevers. Citons parmi les noms qu'on retrouvera le conseiller Claude Maslin, les avocats ou procureurs Garilland, Douet, Alixand, Caruchet, des notaires dont un Baudrion qui gérera le terrier de La Barre en fin de siècle, le chirurgien Chevalier. Un seul s'intitule « sieur » : il s'agit de Jean David, fermier, qui se dit « sieur de Paraize ». Parmi ces vainqueurs, peu de « marchands », un Presleau, un Alixand. Les confronts renvoient aux mêmes noms, ainsi qu'à Bourdoiseau, tenancier du XVIe siècle et à quelques rares noms nobles, les seigneurs d'Alligny et de Beaumont.

Le bilan, assez grossier, s'établirait donc ainsi, sur les 6600 boisselées de 1570

- Sorties connues mais restant en MPS : 1500
- Sorties d'observation : 800
- Reste connu : 4300, aux mains de nobles et clercs pour 1 %, de notables locaux pour 21 %, de paysans pour 78 % (mais beaucoup moins sur les prés).

Fin du XVIIe siècle 1690-1714

La seconde moitié du siècle a été cruciale pour la seigneurie de La Barre. Dans les années 1680, le comte d'Escorailles a rassemblé, non pas des propriétés foncières, mais des paquets de droits seigneuriaux sous forme des terriers Bureteau, Mousnier, Archambault et surtout Bergeron (1681). Dans les années 1690, il entreprend une refonte générale de tous ces documents hétérogénes, en rassemblant le tout en un seul terrier. La réfection d'un terrier est toujours délicate ; combien davantage lorsqu'il s'agit de partir de situations différentes. Quelques liasses de papiers « informes » témoignent des difficultés auxquelles se heurta le comte. Le chercheur moderne est dans la même situation quand il lui faut retrouver des parcelles désormais présentées dans un ordre différent.

Nous disposons pour les années 1690-1714 d'un ensemble de quatre registres, trois volumes de terriers et une liève qui pallie la perte d'un volume de terrier, le tout sous la signature du notaire Baudrion. Sur les 240 articles alors réunis, moins d'une vingtaine n'ont pas été retrouvés dans les documents précédents ; l'absence du petit terrier Archambault l'explique vraisemblablement. Par contre, les 240 articles ne couvrent pas la totalité des pièces reconnues auparavant : à partir de la mise au point de 1650, il nous manque environ 1400 boisselées sur les 4300 alors bien repérées. Une toute petite partie, 50 boisselées, est passée par scission du terrier Bureteau au Conseiller Claude Maslin. Par contre, le comte d'Escorailles a obtenu de nouvelles reconnaissances de la part de l'avocat Meure et de Louis Alixand, sieur de Paraize, à la suite d'accords sur des arrérages et des lods et ventes contestées : le comte y renonçait en échange de ces nouvelles reconnaissances, sacrifiant ainsi le passé au futur. La directe aurait donc perdu 35 % de sa surface en un demi- siècle.

On ne peut que constater la confirmation du recul des terres paysannes. Trois opérations portant sur les dernières grosses tenures font perdre 464 boisselées de terre arable. On trouve encore quelques tenures moyennes (autour de 60 boisselées) ; mais il subsiste surtout, entre les mains paysannes, de nombreuses parcelles de vignes, avec des lignées ou des réseaux Camp/Facier et Bureteau/Tartarin : 78 % des vignes restent déclarées par des paysans.

Les notables, par contre, occupent maintenant une place considérable avec la moitié des terres et des prés, mais un petit quart des vignes seulement. On voit apparaître dans leurs déclarations le terme « domaine » : Grand Domaine Meure, domaine Couétoux, domaine Delaprée. Le maître de poste Chevalier déclare 210 boisselées ; Alixand (de Paraize) en a 125 ; Meure, 94. Ce sont bien le même type de personnages qu'en 1650 : avocats, notaires, huissiers, maître de poste ; les Garilland sont successivement procureur, « garde du Roi », « bourgeois de St-Pierre » ; les Alixand, avocat, médecin, bourgeois, et « sieur de Paraize ». Certains touchent la grande notabilité et s'approchent du mode de vie noble : le Président-Trésorier de France à Moulins Pierre Escure, sieur de Frasnay, ou le conseiller au Présidial Jean Aladane, à l'origine d'une belle lignée qui sera « aristocratique » fin XVIIIe et au XIXe. Des alliances unissent ce beau monde, les Chevalier aux Alixand et aux Garilland. On n'hésite pas, à ce niveau, à engager des instances judiciaires contre le seigneur à propos de redevances contestées.

Les nobles et le clergé comptent toujours aussi peu ; il est vrai que les Bénédictins ont refusé de reconnaître au nouveau terrier Baudrion.

Le bilan peut se présenter ainsi en fin de XVIIe siècle :

- pertes d'observation : 1400 boisselées
- reste en directe connue : 2900 boisselées, pour 4 % à la noblesse et au clergé, 39 % aux notables, 57 % aux paysans et à quelques tenures indécises.

Le XVIIIe siècle

Ce siècle n'a pas été favorable à la seigneurie de La Barre. Deux changements de propriétaire en 1742 et en 1775 se sont accompagnés de ventes de droits, qui amputent la directe d'environ 400 boisselées. Aucun terrier n'a été entrepris avant un essai, qui n'aboutit pas, en 1783, et, peut-être une ébauche en 1730. Fort heureusement pour le chercheur, on dispose d'une bonne liève pour

1738-1772, et d'un récolement des reconnaissances passées après 1742. On peut donc suivre tous les articles du début du siècle, à 100 boisselées près.

Les sorties de directes correspondent, pour 376 boisselées et 21 chars à quatre gros affranchissements pour l'huissier Huet et les avocats Rousset et Martin.

En prenant en compte l'ensemble des documents, sans pouvoir retenir une date précise d'observation, on observe seulement une trentaine de mutations de « paysans » vers « notables », essentiellement des Aladane, dont on suit ici la fortune (sociale) grandissante : un conseiller au Présidial et un chanoine, puis un caissier des Fermes Générales à Paris. Par le mariage avec Anne, héritière des Alixand de Paraize, les Aladane deviennent « Aladane de Paraize » et jouent aux châtelains.

Les paysans conservent cependant 53 % des vignes, 45 % des terres et 34 % des prés. En dehors d'une tenure agricole moyenne, celle des Dary (mais qui doit 163 livres d'arrérages en 1783), la relative richesse de certains s'exprime par la propriété d'articles divers, avec prédominance des vignes. Des lignées nouvelles, outre les Bureteau et les Facier, paraissent avoir prospéré comme les Preslier et les Saget (dont l'un est peut être marchand-fermier)

En ce qui concerne les notables, noms et qualités se sont multipliés, laissant supposer une ouverture au-delà de la petite société saint-pierraise. On peut en détacher, pour les classer avec les « Grands notables », des personnages comme Philippe Moquot, sieur de Roussy, Président au Grenier à sel de Nevers, ou Laurent-Claude Aladane, Président-Trésorier de France à Moulins (mais pour de petites surfaces). Compte tenu de cette remarque, le bilan avant la Révolution se présente ainsi.

- pertes par affranchissement et articles non retrouvés : 600 boisselées ; compensées par 300 boisselées d'articles nouveaux ou « retrouvés » par l'enquête de 1783 ;
- reste en directe 2600 boisselées pour 6 % aux nobles, grands notables et clergé, 51 % aux notables, 43 % aux paysans et villageois.

Conclusion

La seigneurie « de La Barre » est en fait un rassemblement de seigneuries classiques et de « droits » (terriers) dont la gestion est apparue de plus en plus difficile au fur et à mesure que s'ajoutaient les terriers les plus hétérogènes. Le chercheur n'est pas en meilleure position que l'enquêteur de 1783 qui, même en ne remontant qu'à

1700, constate l'évaporation de la directe, comme l'avait déjà fait le comte d'Escorailles à la fin du règne de Louis XIV. On ne connaît plus en 1783 que 2600 équivalent-boisselées, chiffre rond, au lieu des 6600 de l'origine.

Par contre, le MPS a perdu environ 450 boisselées d'affranchissements *de jure* et de quelques échanges, aboutissant à annuler des droits. Les reprises en réserve ne font jamais partie de la stratégie des seigneurs de La Barre : elles sont négligeables. Un arrangement familial de 1764 chiffre la réserve à 2746 boisselées auxquelles les de Dreuille ajouteront les domaines fiefs d'Avril-sur-Loire. La réserve de La Barre équilibre donc en surface sa directe *effective,* que j'ai estimée à 2600 boisselées. Les grosses pertes, de l'ordre de 2000 boisselées, viennent de refus de paiements et des difficultés de gérer un espace non cadastré et mal repéré. « Faut chercher cet article, attendu que Pierre Grenot a dit ne posséder », « Faut faire reconnaître les possesseurs », « Il faut chercher le tiltre des terres de Gratesalle », « Lhonestehome Lorent Robin m'a volé la rente et les arérages échus de plusieurs années », « Il est à présumer que cet article est le 7e de la transaction de Louis Alixand », « Attention à la prescription de 30 ans »... Telles sont les remarques et plaintes qui remplissent les brouillons du comte d'Escorailles autour de 1700... ou de ses gérants du XVIIIe siècle.

La période 1570-1770 a vu un important transfert de propriété de la paysannerie vers les notables. Vigoureuse pendant tout le XVIe siècle, la propriété paysanne a perdu l'essentiel de ses terres labourables et de ses prés ; elle a mieux résisté dans le vignoble. La période cruciale paraît se situer de 1620 à 1740.

Les bénéficiaires du mouvement ont été les officiers et quelques membres des professions libérales de St-Pierre-le-Moûtier. Petite ville sans grosse activité marchande, St-Pierre a reçu un bailliage, un présidial et un grenier à sel. Comme partout, les officiers locaux ont investi dans la terre. Certains sont vraisemblablement d'origine marchande, mais il est remarquable que cette qualification apparaît très peu dans nos documents : il faut attendre d'être devenu un avocat ou procureur pour avoir les moyens d'acheter du foncier... De même, les artisans se bornent à la propriété de maisons de faubourg et de micro parcelles, sans poids statistique.

Il y a eu une importante mutation sociale entre le XVIe et le XVIIIe siècle, réalisée sans doute entre 1620 et 1690. On devine au XVIe siècle une société qui rappelle le Moyen Age. De grosses surfaces, « max et ténements », ou des domaines-fiefs, appartiennent à de solides lignées paysannes ou villageois. Certaines communautés, comme les Bureteau, possèdent des droits seigneuriaux (qu'ils ont acquis au XVIe siècle d'un seigneur de Baudreuil).

Les nobles classiques disposent de directes importantes, mais on trouve dans la réserve l'indication d'une organisation en métairie : c'est Bois-Rousseau pour la seigneurie de Boishault (1569), c'est « la métairie de Villelume » (1567) pour la seigneurie de ce nom.

Il faut constater ici le rôle des Bergeron. Cette courte lignée d'officiers saint-pierrais est un exemple de « rassembleurs ». Mais au XVIe siècle les Bergeron s'intéressent autant aux droits seigneuriaux qu'aux acquisitions foncières. Sans avoir réalisé une véritable seigneurie au sens classique, avec château, ils ont un énorme terrier dont la puissance, 2000 boisselées, dépasse les seigneuries nobles, du voisinage, telle que Philibert de la Barre les réunira en 1573.

Au XVIIIe siècle, la paysannerie apparaît encore bien vivante, mais fort diminuée et réduite à des collections de micro-parcelles. L'essentiel de la terre est désormais organisé en domaines, indifférents aux limites des seigneuries, et même à l'ancien réseau des chemins : en 1772, Bois-Rousseau s'est étendu sur « d'anciens chemins où à présent il n'y a que les divisions des terres ». Ces domaines permettent aux notables de se dire « sieur de... » Ce sont eux, désormais, les principaux tenanciers de la directe et des tenanciers revendicatifs. A peu près aucun noble du voisinage ne déclare dans le terrier de La Barre, contrairement à ce qu'on voit à La Condemine ou à Fourilles. La terre roturière est restée roturière.

2e - Le cas d'Yzeure

Yzeure couvre le voisinage oriental immédiat de Moulins. Des études diverses permettent d'avoir une vue globale, mais argumentée, de la dépossession paysanne en zone très proche d'une ville. Il faut rappeler que Moulins, capitale du duché, puis chef-lieu de généralité (mais sans Parlement) comprend une forte population d'officiers dont la couche supérieure atteint facilement le train de vie châtelain. Par contre, c'est, du point de vue économique, une ville sans grand rayonnement ; il y existe certes une bourgeoisie marchande, mais qui place plutôt ses ambitions dans l'achat d'un office. Marchands classiques et petits officiers sont nombreux, mais pas très argentés.

Les terres très proches de la ville sont plutôt en jardins et vignes. Dès la fin du Moyen Age la propriété urbaine domine largement, sans exclure une paysannerie classique et des jardiniers ; les artisans et petits marchands y ont quelques parcelles. Les officiers y disposent aussi de petits fiefs : Foulet, Arizolles, Plaisance. Et il ne faut pas négliger la forte présence du Prieuré des Bénédictines, et de la commanderie de Bardon.

L'évolution est plus violente sur les terres agricoles du « plateau », dès une distance de 2 ou 3 kms des remparts de la ville. Le terrier ducal de 1460, les petits terriers seigneuriaux des années 1490-1510, montrent une propriété massivement aux mains de grandes communautés paysannes, comme les Saladins ou les Vergers. Les notables y mordent à peine, à l'occasion de munificences des ducs, et de la transformation de minces censives en fiefs, l'exemple habituel étant celui des Cadier, depuis 1425, et qui y ont une métairie en 1453.

La marque des officiers s'y impose dès la fin XVe. On peut suivre ainsi les achats des Billonat, lignée d'officiers ducaux, de 1490 à 1530, proches de l'église d'Yzeure. Ils se constituent un bon domaine foncier, acquis sur des paysans et des commerçants moulinois : on connaît le bail de métayage de leur domaine de l'Eperon de 1566. Ils ont aussi acquis une autre métairie, connue sous le nom de Bonitat, autre officier, dès 1490. Cet ensemble foncier passera en 1617 aux Genin, avocats en la Sénéchaussée, puis aux Dames Bénédictines d'Yzeure en 1689, lesquelles absorbent de 1613 à 1724 les terres des anciennes communautés des Vergers et des Davids.

L'effondrement paysan est manifeste entre 1570 et 1660. Deux exemples suffiront. La dîmerie de La Bruyère Marteau, majoritairement paysanne en 1560 (38 ha sur 50 connus), est passée entièrement aux notables avant 1675 (officiers, Dames d'Yzeure, professions libérales). A la limite orientale de la paroisse, donc « loin » de la ville, une contestation sur les droits en forêt de Tiremanche permet de connaître les propriétaires riverains. Ce sont, en 1520, une dizaine de communautés paysannes. En 1759, il n'en reste qu'une seule, sur la paroisse voisine de Lusigny. Le démantèlement a commencé dès le XVIe siècle : les Judets vendent à un « bourgeois », Bodinat, en 1582 etc... En 1759, tout cela est organisé en « domaines » aux mains d'officiers (de haut vol comme Heuillard-Fabrice ; plus minces comme Peronnin, procureur), de marchands (un épicier, un tanneur), des Dames d'Yzeure, d'un grand fermier, Antoine Lacoste qui s'intitule « laboureur propriétaire ».

Vers le sud de la paroisse, la grosse communauté des Vergers est partagée en 1608, les morceaux acquis par des notables et finalement à nouveau réunis par « les Dames » entre 1613 et 1712.

La mince directe des Jésuites, en seigneurie de Pouzeux, très près de la ville, montre une évolution plus nuancée. Les tenanciers, à cette courte distance, sont d'emblée des artisans et quelques paysans (terrier de 1555). Le XVIIe siècle voit s'y glisser des notables (les Gaulmin, officiers et « seigneurs ») et témoigne de l'évolution sociale ascendante de quelques lignées, passant de la paysannerie à l'artisanat et aux petits officiers urbains. Surtout, peut-être, on note la volonté des Jésuites d'arrondir leur réserve en achetant dans leur propre directe et en s'affranchissant de la directe des autres. Il faut dire que le « château » de Pouzeux leur sert de maison de repos et de maison de campagne : c'est une agréable bâtisse avec jardins, charmilles, vergers et vignes. Les obligations seigneuriales y paraissent secondaires et archaïques.

Ces considérations peuvent nous éloigner de la situation des zones purement rurales du Bocage. Elles témoignent tout de même, sous des formes propres à la proximité de la ville, du même mouvement de dépossession paysanne et de la constitution de domaines rentiers.

2f - Conclusion : emprise territoriale du mode seigneurial et évolution de la population tenancière

Les quatre seigneuries qui viennent d'être présentées sont hétérogènes de par leur localisation comme de par leur structure et leur surface. L'exercice de totalisation serait artificiel si l'on négligeait, pour chaque problème, les nuances nécessaires. Mais il est utile de rassembler les résultats pour prendre conscience de cette variété comme de leurs points communs.

Pour fixer les idées, je proposerai d'abord le total le plus immédiat, celui des surfaces, qui sera donné en équivalent boisselées. Fourilles Chareil mesure 2900 bo, La Barre de Livry, 6600, Issards, 900, et La Condemine, 3500, soit 13900 bo, lesquelles, sous le multiplicateur canonique de 6,35 ares pour une boisselée, représentent environ 875 ha. Ne soyons pas dupes des chiffres. Tant les appréciations des rédacteurs avant les arpentages de la fin XVIIIe, que les imprécisions de la recherche et la valeur du multiplicateur, ne peuvent prétendre à la moindre précision. On prendra donc tout cela comme un ordre de grandeur.

Si l'on veut apporter quelques nuances, il faudra les faire sur la répartition en terres, vignes et prés. Chareil et surtout La Barre, à cause du vignoble de Riousse, comportent un total d'environ 800 œuvres, soit une cinquantaine d'ha. Par contre, le vignoble est inexistant à Issards et à La Condemine, campagnes bocagères, sous réserve pourtant que quelques parcelles ne soient en fait des vignes isolées.

Les prés sont peu visibles à Fourilles, moyennement à La Condemine et à Issards, beaucoup plus à La Barre où ils peuvent représenter 1/4 des surfaces considérées. Mais ici tout dépend de la transcription des « chars », unité de productivité, en boisselées, unité de surface. On peut retenir pourtant que La Barre est la seule unité un peu équilibrée avec 25 % de prés, 12 % de vignes, et le reste en terres agricoles : la seigneurie englobe des prairies en bord d'Allier, le vignoble de Riousse, et de grosses exploitations agricoles sur le plateau.

L'emprise du MPS

La première question posée était la mesure de la variation de l'emprise territoriale des directes, c'est-à-dire du MPS *stricto sensu*.

Il faut rappeler que l'enquête ne porte que sur les directes quel que soit le propriétaire des terres. Ainsi, le marquis de Fourilles n'apparaît ici que comme propriétaire de terres payant droits seigneuriaux aux Jésuites de Chantelle ; les terres dont il dispose en « réserve » ne sont pas atteintes par cette étude. Territorialement parlant, les directes mesurent la puissance du MPS sur les terroirs. On ne peut cependant fournir aucune proportion de leur emprise, le terroir comportant d'autres directes, des réserves seigneuriales et des alleux. L'enquête atteint seulement la variation de cette emprise des directes.

Il est perceptible que les directes sont soumises à une érosion perpétuelle. D'une part, certaines parcelles sont affranchies officiellement. Ce sont celles que le seigneur reprend lui-même (par achat, vraisemblablement) dans sa propre directe et qu'il réunit à sa réserve. Ce sont aussi celles pour lesquelles il a accepté de vendre au tenancier les droits qu'il percevait (la propriété éminente). Dans les deux cas, la propriété utile (foncière) est libérée de droits seigneuriaux : elle est sortie du MPS.

D'autre part, les tenanciers ont la fâcheuse tendance à oublier de payer, et leur idéal est, en quelque sorte, de se faufiler hors de la directe sans se faire remarquer : affranchissement *de facto*. Ceux-là ne sont pas dans les documents, sinon en creux, ils apparaissent chaque fois que le seigneur veut « reprendre en main » l'administration de sa directe. Lui, ou son feudiste, constate alors que tel droit « ne se retrouve plus ». L'absence de cadastre empêche de repérer à coup sûr telle ou telle parcelle ; tel tenancier soutient, devant un tribunal à l'occasion, que sa terre est « libre », etc... Il n'est guère de terrier ou de document où l'on ne mette en garde contre un tel phénomène.

En sens inverse, les nouveaux accensements sont rares ; ils portent généralement sur des terres déjà en censive, et non sur des extensions. La directe ne connaît pas d'augmentation sensible de sa surface par ce moyen.

La reprise par le seigneur pour incorporation dans sa réserve est d'ampleur très différente selon les cas : une cinquantaine de boisselées à La Condemine au XVIIe et peut-être quelques micro-parcelles avant 1622 ; 114 coupées, soit environ 80 bo. par les Jésuites entre 1645 et 1680 ; à Livry, de très minces acquisitions. La seule action un peu importante est celle des de Dreuille à Issards, qui absorbent 300 bo. à Autry. Le total de ce type d'opérations peut monter à 500 bo., surface faible par rapport à l'origine, de l'ordre de 3 à 4 %. En dehors d'un cas de reversion taillablière à Livry, aucune de ces reprises n'est signalée comme conséquence d'un acte de féodalité ; mais les documents utilisés n'impliquent pas la mention de ce type de fait.

Les affranchissements *de jure* sont un peu plus importants. Si l'on n'enregistre que 40 bo. en faveur du seigneur de Sarragousse à l'encontre de la directe de La Condemine, on relève par contre 130 bo. à Issards pour divers tenanciers, dont un notable classique : Petitjean de Landonnières. A Livry, on trouve 350 bo. vers 1740 pour un huissier et deux avocats. Le plus gros morceau revient à Chrestien de Blanzat et à deux autres personnages contre les Jésuites de Chantelle, pour 450 bo. environ. Ces opérations se situent aussi bien au XVIIe qu'au XVIIIe siècle. Elles peuvent concerner un millier de boisselées, soit 7 à 8 % du total. Reprises par le seigneur et affranchissements officiels restent limités à moins de 15 % du total. Seules deux ou trois personnes ont profité un peu massivement de ces possibilités : de Dreuille dans sa directe d'Issards, Chrestien de Blanzat contre les Jésuites, Huet à La Barre de Livry.

Outre ces cas expressément signalés par nos documents, il faut ajouter des terres qui ont été transférées à d'autres directes (donc qui restent en MPS). On trouve ces opérations dans l'ensemble de La Barre : legs Sarrazin en 1587 sur le terrier Bergeron pour 41 « chars » et 435 boisselées ; 790 bo. séparées de la seigneurie de Villelume avant 1650 ; une partie du terrier de Lure perdue au XVIe par le terrier

Bergeron ; un partage du terrier Bureteau. On peut compter environ 1500 bo. qui sortent ainsi d'observation.

Mais il y a aussi les « pertes » réelles : parcelles dont on ignore le sort, et que ni le chercheur, ni le feudiste du XVIIIe n'ont pu retrouver. Le tableau suivant donnera une idée de la situation où nous mènent ces diverses considérations (chiffres en boisselées).

Seigneurie	1	2	3	4	5	6
La Condemine	3500	-	100	3400	2730	670
Issards	900	-	400	500	500	-
La Barre	6600	1500	450	4650	2600	2050
Fourilles	2900	-	530	2370	1600	770
Totaux	13900	1500	1480	10920	7430	3490
%		10,8	10,7	78,5	53,4	25,1

(1) Connu à l'origine
(2) Sortie vers d'autres directes
(3) Affranchissements légaux et reprises en réserve
(4) Reste théorique
(5) Reste réellement connu
(6) Manque

La perte d'emprise du MPS peut se chiffrer à (3) + (6), soit 35,8 % des surfaces d'origine. Ce chiffre est un maximum théorique. Il est tributaire des fortes lacunes du groupe de la Barre. Quelques manques reviennent bien entendu aux incertitudes de la recherche, c'est-à-dire aux insuffisances du chercheur. Mais celui-ci se console en constatant que les feudistes du XVIIIe connaissaient le même type d'incertitudes, faute du repérage exact des parcelles et d'un suivi suffisant des mutations de propriété. Dans ce cas, les pages de lièves restent vierges, ou les articles ne sont pas réinscrits. A Buxières, deux gros articles paysans ou villageois (La Vye et Fouet), pour 160 bo. et quelques chars, inscrits en 1561 et 1622, ne le sont plus à la liève de 1694. De même, à Fourilles, 670 coupées ne sont pas réinscrites à la liève de 1765. Mais il est certain que quelques-uns correspondent à des affranchissements *de facto*, lorsqu'il s'agit de gros ensembles déclarés précédemment par des notables : c'est le cas de l'avocat Meure et du conseiller Bourdoiseau à La Barre, de Merle et de Lebel à Fourilles. Enfin, quelques « manques » correspondent au mauvais état d'une douzaine d'en-tête à la liève de 1694 à La Condemine.

Les plus grosses difficultés de la recherche viennent de la seigneurie de La Barre. Il a déjà été signalé que, ni vers 1700, ni en

1783, la remise en ordre des terriers n'a atteint une totale efficacité. Il s'agit bien, alors, de pertes d'emprise du MPS, quelle qu'en soit la raison.

Il semble équitable de laisser un millier de bo. sur les 3490 qui manquent, à des affranchissements *de jure ou de facto* pour de gros articles de notables ; le reste revenant à de pures et simples pertes de contrôle des seigneurs sur leurs directes. Sur l'ensemble considéré ici, c'est donc sur une perte d'emprise de 30 à 35 % qu'il faut faire fond ; mais hors le cas difficile de La Barre, on tombe à 18 %. Pour ces seigneuries moyennes, choisies parmi les mieux gérées puisqu'elles ont conservé la série de leurs terriers, la perte d'emprise est donc importante, mais pas catastrophique ; les reprises en réserve, sauf cas d'espèce, sont très faibles ; les affranchissements officiels peuvent aller à 8 %, peut-être 12 si certains manques peuvent y être rattachés directement.

Il en serait sans doute autrement aux deux bouts de l'échelle des tailles. Les micro-directes (quelques cens dispersés, sans noyau immobilier) ont parfois purement et simplement disparu. Quant aux terriers ducaux, après la belle série de 1451-1530, ils ont tout simplement été pillés, comme le constatent les reprises de 1680 et de la fin XVIIIe. La 2e moitié du XVIe siècle aurait été aussi destructrice pour la directe de St-Vincent de Chantelle que les Jésuites s'obstinent à restaurer de 1600 à 1650, sans obtenir, et de loin, un succès complet. Et La Barre, seigneurie hétéroclite, est déjà proche des « grosses » seigneuries difficiles à gérer.

Chronologiquement parlant, il est plus facile de situer des périodes de « réaction seigneuriale », c'est-à-dire des périodes de reprise en main, que de détecter des périodes marquées de déclin.

Les Jésuites constatent en 1618 les pertes importantes subies au XVIe siècle ; ils mettent en cause le pillage opéré par les fermiers et par les seigneurs voisins ; le rapport avec les guerres de Religion est probable, mais indirect. Par contre, à Livry, les terriers de Baleine, remis à jour en 1603 et 1623, manifestent un bon suivi par rapport à celui de 1525 ; de même à La Condemine, entre 1561 et 1622. Rien n'existe de semblable, par contre, à Issards.

L'épisode de reprise en main le mieux indiqué est celui de 1680 – 1710. Il y a un nouveau terrier à Issards, perdu, mais sans doute incomplet puisque les lièves ultérieures renvoient plutôt au XVIè siècle. Mais le suivi est bon, si on se réfère au terrier très soigné de 1775. Les Jésuites refont leur terrier de Chantelle en 1676, mais dans une période où leurs procès avec les gros tenanciers, Blanzat et le marquis de Fourilles, ne sont pas réglés. A Livry, on assiste à l'effort du comte d'Escorailles pour organiser sa seigneurie en unifiant les terriers qu'il vient d'acquérir : il aboutit surtout à constater les lacunes importantes depuis 1650. A La Condemine, Nicolas de Villaines (mort en 1716) s'est borné à annoter soigneusement le terrier de 1561 et à tenir personnellement un liève précise ; quelques gros articles paysans lui échappent.

La fin XVIIIe n'est pas connue pour La Condemine. Les terriers ou lièves à La Barre et à Fourilles montrent qu'il est bien difficile aux feudistes de relier leur époque et le XVIe siècle. La tentative de 1783 à La Barre n'est pas menée à son terme. Les pertes sont lourdes, manifestant un nouveau recul au cours du siècle. Seul le terrier d'Issards, de 1775, est satisfaisant.

On serait donc tenté de constater que la dégradation se manifeste surtout après 1650. On ne peut manquer de mettre ce fait en rapport avec l'emprise de plus en plus forte des notables sur la propriété utile. Au XVIIIe siècle, on voit fleurir les grosses contestations devant les tribunaux. Jacques de Dreuille, seigneur d'Issards, a dû abandonner des droits face à Claude Petitjean, sieur de Landonnières « pour éviter procès » ; par contre, il a gagné contre le notaire Fallier. De même, les Jésuites ont réussi à contraindre le puissant marquis de Fourilles à « reconnaître » (1679-82) ; ils signent des arrangements avec Blanzat en 1639 et Lebel en 1674. C'est aussi ce que fait N. de Villaines face au conseiller Gaulmin (1694). Le comte d'Escorailles se heurte judiciairement à l'avocat Meure, puis à Alixand, sieur de Paraize (1717), ainsi qu'aux Chevalier et aux Garilland. La plupart de ces procès se terminent par des arrangements pas toujours au détriment du seigneur. Mais on est frappé de voir combien ces nouveaux tenanciers notables, soit seigneurs eux-mêmes, soit officiers ou gens de Justice, empoisonnent la gestion des seigneuries. On n'est plus dans le jeu inégalitaire paysan contre seigneur (modèle historiographique canonique), mais dans un jeu opposant notables entre eux, des propriétaires forts de leur propriété foncière, impatients de la libérer d'une dépendance envers des seigneurs qu'ils ne ressentent plus comme très supérieurs à eux.

Les nouveaux tenanciers

Mais le problème qui doit surtout nous retenir est justement celui de la caractérisation sociale des tenanciers, et de l'évolution que l'on constate sous l'Ancien Régime.

La statistique globale (et simpliste) permet d'opposer effectivement la situation du XVIe siècle à celle de la fin XVIIIe. Nos premiers terriers s'échelonnent de 1490 à 1570 : 1561 à La

Condemine, 1531 et 1564 à Issards, 1545 à Fourilles (reprenant les données de fin XVe), 1490 à 1570 à La Barre. A ce moment, paysans et villageois occupent environ 13 000 boisselées sur 13 900. Notables ou nobles sont réduits à 6 ou 7 % du territoire étudié. Pour éviter toute ambiguïté, il importe de rappeler, au risque de se répéter, que ce pourcentage ne porte que sur des terres en directe. Il est évident que, par leurs réserves ou alleux, ils contrôlent de plus fortes proportions des terroirs. Simplement, vers 1550, ils n'ont guère pris pied dans les directes de leurs voisins, directes qui restent donc conformes au modèle médiéval (propriété paysanne). Il est nécessaire de rappeler aussi que les chiffres données ci-dessus, volontairement arrondis, ne sont qu'un ordre de grandeur à fins de comparaison.

On peut introduire quelques nuances. D'une part, les deux petites seigneuries du Bocage « profond », La Condemine et Issards, ainsi que La Barre de Livry, sont à 97/98 % paysannes, alors que Fourilles en 1545 comporte déjà 22 % de terres nobles (env. 600 bo.). A Fourilles, quatre lignées nobles ont déjà pris nettement pied dans la directe de St-Vincent de Chantelle, avant même les guerres de Religion. Partout ailleurs, nobles et notables n'ont que des parcelles insignifiantes.

D'autre part, les terres dites paysannes sont pour une proportion importante aux mains de quelques lignées, détentrices de gros articles (100 à 200 bo.). Ces articles souvent qualifiés de « max et ténements », constituent une seule unité avec une charge globale ; ils semblent les héritiers directs des grosses tenures médiévales.

A l'opposé fin XVIIIe (sauf à La Condemine où la documentation s'arrête vers 1700), les paysans ou villageois contrôlent encore environ 1400 bo. sur 4700, soit 29 %. Encore ce chiffre est-il tiré par la grande place prise par La Barre où la paysannerie, grâce au vignoble, garde 1100 bo, soit 43 % de la directe. Sa part se réduit à 7 % à Issards (où il s'agit d'ailleurs de villageois et d'artisans et non de laboureurs) et à 15 % à Fourilles. A Livry et à Fourilles la part paysanne se concentre dans les parcelles de vignes : à Livry, 50 % des vignes sont paysannes ; à Chareil, terroir plus viticole que Fourilles, 22 % des vignes sont dans le même cas.

Cette résistance des vignerons fait ressortir la disparition des grosses tenures paysannes agricoles. Il est difficile de dire si cette différence découle d'une meilleure résistance des vignerons, moins chargés de tailles (royales) que les agriculteurs ; ou d'un moindre appétit des rassembleurs pour les vignes que pour les terres.

Les terres paysannes sont pour l'essentiel constituées d'articles isolés, de parcelles petites ou moyennes. Les villageois et artisans d'Issards déclarent des unités moyennes de 40 à 60 bo, parfois en co-détention. A Livry et Fourilles, les articles sont de petite taille, quelques boisselées ; il faut en ajouter bon nombre pour retrouver des surfaces de l'ordre de 50 bo. A Livry, seuls le Lieu Moussier et le Lieu Chéry atteignent 50 bo. en une seule unité. Les grosses tenures repérées au XVIe siècle sont passées aux notables ou ont été démembrées.

Il n'est pas exclu que les laboureurs ne possédent quelques véritables domaines. Vers 1710, à La Condemine, le laboureur Dubost contrôle encore la moitié du gros ensemble de La Mothe, pour environ 120 bo. Mais, généralement, les domaines des laboureurs ne s'inscrivent pas en bloc dans une seule directe, comme l'étaient les « max » médiévaux. Composés de parcelles dépendantes de diverses seigneuries et de parcelles franches, ils n'apparaissent pas dans les terriers comme des grosses unités. C'est par les rares rôles de tailles, par les archives notariales et par la recherche prosopographique qu'on peut être assuré de leur existence. De toute façon, ils restent très minoritaires par rapport aux domaines des notables.

A la limite de la notabilité, il faut faire maintenant une place nouvelle aux marchands-fermiers. Signalés comme tels, on peut les classer en « notables » ; mal qualifiés, on les range parmi les paysans. Ils méritent une étude à part, mais il faut rappeler ici la place qu'ils prennent à Issards où ils possèdent 52 % de la directe. On ne les distingue pas à La Barre et, à Fourilles, un seul tenancier, Chavenon, est probablement marchand-fermier ; mais, au XVIIe siècle, les Tamisier l'étaient aussi. Ces personnages construisent manifestement des domaines et ils déclarent des tenures de l'ordre de la centaine de boisselées. Aux côtés des nobles et des notables, les marchands-fermiers constituent une nouvelle couche de propriétaires rentiers.

La propriété des notables domine largement les terriers du XVIIIe siècle. Ce sont, soit des roturiers, soit des nobles que leur noblesse ne dispense pas de payer des droits seigneuriaux.

Les notables roturiers sont présents partout à hauteur de 40 à 50 % des surfaces. Ce sont des officiers à proximité des villes, comme à Livry ou à Yzeure. Mais on rencontre plutôt une masse de notables moyens d'implantation rurale, soit petits officiers de châtellenies, soit membres des professions libérales (déjà des médecins), soit des personnages mal qualifiés, comme Chauveau de Marcy à Fourilles. Les « bourgeois » ruraux se décorent souvent du titre de « sieur de ». On trouverait sans doute parmi eux les archétypes des rassembleurs opiniâtres, comme les Petitjean autour d'Issards et de La Condemine, les Chevalier, anciens fermiers du marquis de Fourilles, mais qui, en 1675, sont « sieurs de… », les Aladane (« de Paraize ») à Livry.

La présence noble est irrégulière. Importante à Fourilles et à La Condemine, elle est quasi nulle à La Barre et à Issards. Attention !

dans le terroir leur présence peut être lourde, du fait de l'existence des « réserves » seigneuriales, parfois grossies, on l'a vu, d'achats dans la directe, comme ce fut le cas à Issards. Certains seigneurs n'ont pas dédaigné d'ajouter à leurs réserves châtelaines de grosses tenures en terres roturières, chargées de droits seigneuriaux : ainsi ont fait de Dreuille de La Lande, Saint-Hilaire de Biottières ou le marquis de Fourilles. D'autres, comme les Blanzat, ont cherché l'affranchissement. Par contre les de Dreuille d'Avril (autour de Livry) paraissent avoir dirigé leur action vers les domaines-fiefs et vers l'acquisition de petites réserves seigneuriales. On retrouve aussi des débris de seigneuries médiévales dans le patrimoine du marquis de Fourilles.

Cette irrégularité de la place prise par les nobles devait être soulignée. Très globalement, on a plus de chances de rencontrer de nobles rassembleurs dans les campagnes lointaines (dès 10 km...) que dans le voisinage immédiat des villes. Mais la présence noble n'est pas systématiquement généralisée dans la campagne profonde, voir Issards. Pourquoi le marquis de Fourilles, le comte de Saint-Hilaire ont-ils acquis massivement dans les directes voisines, pourquoi le comte de Langeron, par exemple, ne l'a-t-il pas fait dans la directe de La Barre ? Les choix individuels, le dynamisme des lignées, les occasions, ont dû jouer leur rôle. Mais la coexistence de ces nobles dans les directes avec des tenanciers « bourgeois » et des marchands fermiers implique la création d'une classe de propriétaires rentiers, qui se définit hors du système médiéval du MPS.

Le suivi peut donner une idée de la chronologie de la dépossession paysanne.

Une première remarque, peut-être évidente, conduira à la constatation que, sauf exception rarissime, une terre devenue « notable » le reste au cours des siècles...

Vers 1550, nos quatre terriers montrent, comme il a été dit, l'existence massive d'une propriété paysanne ou villageoise ; seule la directe de St-Vincent de Chantelle comporte en 1545 une propriété noble non négligeable. On peut penser qu'on est encore dans un système proche du MPS traditionnel.

La conjonction chronologique de nos documents impose comme étape suivante le début du XVIIe siècle (1600-1620). Moment intéressant, qui nous place à la sortie des guerres de Religion, lesquelles ont été sensibles en Bourbonnais, et qui, de toute façon, peuvent peser par l'ambiance générale de trouble social et de désarticulations familiales.

Nous disposons de renseignements précis autour de 1620 pour Fourilles, Livry et La Condemine ; Issards nous échappe. La tonalité générale est celle d'un maintien des positions paysannes, particulièrement bien marquée à Livry. Un glissement est sensible à La Condemine. Il est mieux marqué à Fourilles. Déjà la présence noble y était sensible en 1545. Les Blanzat et le marquis de Fourilles ont, au terrier de 1618, établi des bases foncières importantes dans la directe, contrôlant alors 56 % de sa surface. Ces unités sont déjà visibles vers 1560, à travers les possessions de Rouher de Blanzat, officier au grenier à sel de Moulins ; et d'un certain Jean de La Borde pour les futures parcelles du marquis. Les uns et les autres rassemblent des parcelles qui étaient au XVe siècle à plusieurs lignées paysannes. Il y a là des rassemblements opérés dès 1560 par des semi-notables, et récupérés ensuite par les nobles que sont Chrestien de Blanzat et Blaise de Fourilles.

Pourtant, dans toutes les seigneuries, on note la décomposition des grosses tenures paysannes et des protorassemblements opérés par des villageois comme Doize ou Yvert à Fourilles. La succession décomposition-recomposition semble une caractéristique de ces mouvements.

L'étape suivante va nous mener à la fin du XVIIe siècle : lièves de 1694/1716 à La Condemine et 1680/1710 à Issards, terrier de 1676 et documents adjacents à Fourilles, terriers de 1690/1714 à La Barre. Il s'agit de la conjonction d'épisodes de reprise en main et de réorganisation.

Cette fois, la tonalité est celle d'une intense dépossession paysanne, combinée à quelques affranchissements. A La Condemine, les laboureurs ne détiennent plus que 270 bo. A Issards, ils n'ont plus que 20 % du total. A Fourilles, ils ont gardé aussi environ 20 % : leur situation n'a guère changé depuis 1620 ; mais l'appréciation dépend de la situation exacte de gens mal qualifiés, comme les Chartier et les Tamisier, qu'il faut vraisemblablement ranger parmi les marchands-fermiers. Enfin, à Livry, les paysans gardent encore 57 % des surfaces, mais ils en avaient 95 % vers 1620. Nous disposons pour Livry de terriers intermédiaires, ceux de 1640-50. Les paysans ont perdu à cette date la plupart de leurs grosses tenures, mais restent solides ailleurs avec 77 % des terres et 81 % des vignes. Fin XVIIe, ils ne contrôleront plus que la grosse tenure Berthet (150 bo. avec les prés). Cette chronologie laisse supposer que les pertes se sont échelonnées tout au long du siècle. S'il y a eu des périodes plus néfastes que d'autres, elles n'apparaissent pas dans ce type de documents.

Compte tenu des résultats cités ci-dessus pour la fin XVIIe, il apparaît qu'à Issards, La Barre et La Condemine, les pertes paysannes ont été massives au XVIIe siècle, sans doute continûment. A Fourilles, le mouvement a été plus précoce, l'essentiel étant acquis dès 1620.

Cette dépossession s'est faite au profit direct de lignées nobles comme à La Condemine et à Fourilles. Ailleurs, on voit plutôt l'action de roturiers, officiers, médecins, avocats, procureurs, « bourgeois » (sieurs...). Assez petites gens dans la hiérarchie idéologique de l'Ancien Régime ; et troublante absence des vrais marchands, commerçants et artisans, rareté des grands officiers, un ou deux Neversois ou Moulinois seulement.

Le XVIIIe siècle n'apporte pas de changements fondamentaux. A Issards, la paysannerie perd ses dernières positions, mais au profit de marchands-fermiers, d'artisans, de meuniers. A Fourilles et à La Barre, les paysans se sont à peu près maintenus, même si certains sont décrits comme misérables. Dans quelques rares cas, on observe même que quelques parcelles ont circulé des notables vers les paysans ou plutôt vers des villageois. Ces faits individuels ne contredisent pas l'évolution statistique globale.

De la tenure au domaine

Comment passe-t-on donc de la tenure paysanne au domaine rentier ?

Le vocabulaire a enregistré l'évolution par un usage de plus en plus fréquent et précis du mot « domaine ». Ce mot code la grosse exploitation agricole (de 8 à 30 ha pour cette période), généralement travaillée par un métayer, avec ou sans l'intermédiaire d'un fermier. L'utilisation, même dans les terriers, du terme « domaine » montre bien au niveau idéologique le passage des référents seigneuriaux aux référents du MP Rentier.

Dans les terriers anciens, les localisations se font dans le cadre des censives : telle parcelle en limite est « de la censive de... » ou « de cette censive » ; on localise aussi par « max » ou « bourdelages » jouant le rôle de subdivisions de la censive. A partir du XVIIe siècle, les parcelles sont de plus en plus situées dans le cadre des domaines : telle parcelle est « du domaine de ... appartenant à M... » ou « pour son domaine de... ». Le terme est évidemment plus ancien, même dans son acception d'exploitation agricole. En ce sens, il est courant dès le début XVIIe pour une description de seigneurie, par exemple celle du marquisat de Fourilles en 1647, qui apparaît composé de « domaines » et de « maisons et seigneuries », qui sont à peu près des domaines-fiefs. On trouve en 1564, à Issards, un « lieu, domayne, ténement » où l'encadrement de « domayne » par « lieu et ténement » rappelle le vocabulaire ancien. Dès 1622, on note à La Condemine que des parcelles font partie de « son domaine de Surières ». C'est d'ailleurs au même moment que l'on commence à utiliser de façon courante le titre de « sieur de… » pour désigner, non plus un seigneur, mais un propriétaire rentier : Gilbert Desvaux, « sieur de Bonnefont », comme propriétaire tenancier du domaine de Bonnefont. A Livry, le titre de « sieur » n'apparaît qu'en 1650 pour un Jean David « sieur de Paraize », qui n'est qu'un fermier devenu propriétaire : la référence aux domaines n'intervient qu'en fin de siècle. C'est à peu près ce qui se passe à Fourilles, où le terme s'applique au XVIe à des lignées seigneuriales ou nobles, et où il faut dépasser 1650 pour trouver le sens limité à propriétaire, avec un Tamisier, sieur de Marcassat, et un Louis Marmion, sieur de La Montée.

Ainsi, l'encadrement en « domaines » n'apparaît dans le langage topographico-juridique que vers 1620, et plutôt en campagne profonde. Livry et Fourilles, qui sont aussi les lieux où la paysannerie résiste quelque peu, en sont des utilisateurs moins précoces.

La réalité de l'organisation en domaines est bien attestée en Bourbonnais, dans le Bocage. Socialement (en dehors du cas des réserves seigneuriales), le phénomène est le résultat de l'action de ces personnages que nous venons de rencontrer et que les historiens appellent des « rassembleurs ».

Le terme fait imaginer une action patiente de « rassemblement » parcelle après parcelle, pour arrondir la propriété de départ. L'étude du suivi des parcelles permet de nuancer quelque peu. Plusieurs schémas de construction paraissent conjointement à l'œuvre :

- soit le rassemblement canonique, par parcelles ;
- soit la reprise, en bloc ou au moins par grandes masses, de tenures paysannes importantes, sorte de passage « direct » de la tenure au domaine ; pourtant, le domaine du XVIIIe est généralement plus grand que la tenure ;
- on passe souvent par des épisodes de décomposition/recomposition, l'intermédiaire de domaines moyens intervenant avant la création d'un domaine important.

Il est utile de rappeler que, vues à partir des terriers de la période 1520/1550, les tenures paysannes sont d'aspect très différent. Beaucoup d'articles, constituant une unité de perception sur le terrier, sont composés d'une ou deux parcelles, quitte à retrouver le même nom de tenancier en tête de plusieurs articles. La surface de tels articles n'est que de quelques boisselées. Mais on rencontre aussi des articles de 100 ou 200 bo., soit composés d'une longue énumération de parcelles sous le même titre, soit se présentant en un seul bloc, dit « lieu et ténement » ou « max ». Parfois, ces unités comportent des marques de petite notabilité : pêcherie et colombier au Lieu Meslier,: maison avec fossés au Lieu Saget, l'un et l'autre à Livry. Ces unités sont décrites par une formule du type : « ténement de maisons, granges, estableries, courtillages et jardins, prés, terres, pêcheries, bois et pâturages » (La Mothe de Rocles). Parfois s'ajoute la formule « tenant et joignant ensemble » (ténement de Landonnières) ou l'indication de limites matérialisant l'unité physique de la tenure. De telles unités sont déjà de grosses exploitations. En termes de surfaces, ces grosses tenures, évidemment peu nombreuses, peuvent couvrir 50 % d'une directe.

Le cas des « max » ou « meix » est parfois moins clair. Si le tenancier est unique, ou s'il s'agit d'une famille ou d'une communauté, on se trouve dans le cas précédent. Mais si les co-déclarants sont multiples, variés dans leur qualification sociale, la tenure n'est qu'une unité de perception, tenue par la solidarité (« solidité ») de ses membres devant le paiement des droits seigneuriaux. L'inscription comme « max » peut laisser supposer une unité paysanne antérieure, unité de défrichement peut-être, qui se serait trouvée partagée par la suite (en attendant le partage réel que constitue le péréquement).

Parmi les tenanciers des grosses unités, certaines lignées comportent à la fois, dans l'intitulé de l'article, des laboureurs et des villageois, en particulier prêtres et clercs : voir Jacques Mentin à Fourilles, Jean Henry à Autry, les Micqueraud et les Butaud à Buxières, Facier et Delaprée à Livry ; certains sont des « sergents royaux », comme Doize et Yvet à Fourilles. Tous paraissent capables d'une exploitation en faire valoir direct…

La structure du terrier est de type fiscal : elle masque donc la vérité de l'exploitation agricole. Une collection de parcelles sous un même nom est-elle une exploitation ? Par ailleurs, une exploitation ne se situera pas entièrement dans la même directe : un terrier particulier ne peut donc l'atteindre (sauf cas du max classique ?). Il faut donc prendre avec précaution cette expression « grosse tenure ». De même, la périodicité trop large des terriers ne permet pas de savoir à quelle date se font les actes de mutation. Seules quelques lièves bien suivies manifestent la date d'un changement de payeur ; encore les droits n'étaient-ils pas payés avec régularité…

A - Cas de reprise en bloc de grosses tenures.

Quelques exemples en donneront une idée.
I) 1562. Messire Antoine de La Vye, prêtre, avec deux neveux et une nièce, déclare au terrier de La Condemine deux grosses parcelles de 5 setérées chacune, 160 bo. au total. C'est une exploitation classique : « ténement de maisons, granges, court, courtillage, jardins, vignes, terres et bois de haulte futaye », plus une « terre » composée d'un champ et de bruyères. Le tout sous une charge de type taille (argent, grain, gélines, charrois). Ce gros ensemble se retrouve en 1624 : une setérée seulement est à l'une des nièces, et tout le reste est à François de St-Hilaire (champs, bois, terres) ; le partage a donné lieu à un péréquement avec « nouvelle reconnaissance ».
2) Ténement de La Mothe de Rocles, 260 bo. en deux unités déclarées par la communauté des Ardz en 1562 et 1622 ; on en retrouve 208 bo. en 1694 aux mains de de Dreuille, seigneur de La Lande, et constituant alors un domaine affermé.
3) A La Barre, voici la tenure Brun, avec 210 bo. et 2 chars en 1585 ; elle est acquise par le « marchand » Pousson avant 1676, passe au maître de poste Chevalier en 1710, et est affranchie en 1742.
4) La tenure Delaprée (148 bo. et 10 chars) est reconnue en 1538 à rente et non à cens, par Louis, Jean et Gilbert Delaprée, dont l'un est un prêtre. C'est la grosse tenure classique, dont le statut est proche du domaine-fief ou de l'alleu. Reconnue encore par un Claude Delaprée en 1650, elle s'appelle en 1686 « domaine de La Prée », sous la déclaration de Dhéré, procureur.
5) A Issards, un autre cas de tenure « à rente » : celle de Denis Marchand en 1545, « lieu, domayne et ténément » avec 220 bo. et 10 chars. Elle est passée au XVIIe à un notable moulinois, Farjonel, qui rachète la rente.
6) A Fourilles, la présentation du terrier s'organise en petits articles parcellaires. On ne trouve donc, à l'origine, avec certitude, aucune grosse tenure paysanne.

Certaines grosses tenures du XVIe siècle proviennent de toute évidence de rassemblements opérés déjà par des paysans ou des villageois. Le fait est sensible lorsque nos terriers renvoient à des déclarants du XVe siècle. Mais on se trouve alors devant des collections de parcelles, sans indication claire d'une unité « physique ».

Ainsi, Péronnelle de La Vye, veuve de Jean Mégnin, déclare en 1563 une série de 18 parcelles sous un intitulé unique, sans maison. La charge en est complexe. Il s'agit d'un rassemblement, car l'origine des parcelles renvoie à des noms divers : Aubry, Darnières, Jame,

Tillet, Laurand, de La Vye. Les parcelles sont groupées. Péronnelle se déclare parsonnière de Jean Paulmier, qui est métayer du seigneur de St-Hilaire à Ygrande. En 1624, tout cet ensemble est partagé entre 6 tenanciers différents, dont deux clercs. Seules des notes marginales laissent supposer un rassemblement partiel, début XVIIIe siècle, aux mains du seigneur lui-même, et de deux notables ruraux.

A La Barre, François Billon déclarait en 1570 et 1585 diverses parcelles totalisant une centaine de boisselées aux Chaumes de Chantenay. Vers 1640 (peut-être dès 1633), l'ensemble est aux mains de l'avocat Douet qui (lui ou son héritier) se déclare après 1655 « noble homme » et « sieur de Chaulme ».

L'existence de ces « rassemblements » précoces, intermédiaires, est très net à Fourilles. Dès 1545, on note des rassemblements, encore assez modestes, entre les mains de villageois ou de nobles : Vonel, Chaumejean, Lapelin, Doize, Yvet, Bordes. Quelques-uns serviront de noyau à des constructions plus ambitieuses : ainsi le marquis de Fourilles a réuni les « paquets » Bordes, Lapelin, Blanc du Saulzet, chacun constituant le noyau d'un domaine. Leur énumération en 1679 montre que le nom du rassembleur primitif a servi à désigner l'unité : domaine de La Borde, domaine du Saulzet, domaine de Lapelin...

B- Composition / décomposition / recomposition

A côté des exemples qui viennent d'être cités, on assiste à des phénomènes plus complexes : unités détruites, dont certains éléments sont repris dans d'autres constructions.

Ainsi, le domaine des Aubery, à Autry, est dispersé avant de servir de base à la tenure du meunier Jean Henry. La décomposition/recomposition touche à Fourilles les rassemblements Marmion, Tamisier (1650-70) et Chartier qui éclatent avant de se retrouver, en partie, dans la propriété de Chevalier de La Montée (1726), et, pour le reste, dans celle de Manceau (1765).

Résultats de ce type d'évolution, les domaines roturiers de la fin XVIIIe, à Fourilles tout au moins, sont moins compacts et moins solides que les structures nobles. Celles-ci, sans doute appuyées d'une réserve et d'un château plus ou moins ancien (Fourilles, de Dreuille, Villaines, Blanzat) sont mieux groupées et peut-être consolidées par l'idéologie traditionnelle.

La recomposition peut amener la quasi restauration de ténéments médiévaux, qui apparaissent au XVIe siècle comme partagés entre des co-détenteurs. L'ancienne unité physique, parfois matérialisée par des haies et des « bosquets », l'usage intelligent des contraintes de solidarité, justifient que de tels articles se trouvent finalement recomposés par un notable. On trouve quelques exemples dans la seigneurie de La Condemine.

C'est le cas du ténement d'Ougières, ou Chezal d'Ougières (l'expression manifeste l'ancienne unité), déclaré par plusieurs co-tenanciers en 1560, qui est en 1694 à une dame Jeanne Péret.

Le ténement de Landonnières, avec 14 chars de pré et des bois, le tout dit « tenant ensemble » est au XVIe siècle à des co-déclarants. Le regroupement se fait au XVIIe siècle par un Roux et un Barraveau (médecin et notaire), avant d'arriver à Claude Petitjean, lieutenant de prévôté à Moulins, qui prend le titre de « sieur de Landonnières » et à Angély, commis aux aides à Hérisson. L'un et l'autre y ajoutent quelques parcelles dans la même directe, Petitjean déclarant alors 129 bo. et 17 chars, et Angély, 107 bo. et 4 chars.

C- Rassemblements de parcelles

Cette forme apparaît plus difficilement dans les terriers, car elle n'opère pas forcément au sein d'une seule directe. Il faut des pointages relativement minutieux pour en trouver trace.

A La Condemine, parmi les nombreuses parcelles inscrites au nom de Butaud en 1563, 5 articles constituent une unité de 110 bo., avec maison, terre et prés, au village des Naitz. Le tenancier est alors Maître Pierre Butaud, clerc, et son frère Hugues. C'est à partir de ce noyau que l'on enregistre en 1624 un ensemble de onze parcelles : aux cinq primitives, se sont ajoutées des parcelles venues de Bizet, d'Aubouer, de Desvaux, entre les mains de quatre Desvaux dont un notaire et un prêtre. Le terme « domaine des Naitz » figure dès 1618 pour un Claude Desvaux. Ce domaine figure toujours en tant que tel en fin de XVIIe siècle.

Les rassemblements intermédiaires signalés à Fourilles sont à l'origine des rassemblements de parcelles. Quand on fait la description des domaines que le marquis possède dans la directe des Jésuites, le scripteur note la référence du propriétaire de chaque parcelle au XVe siècle : il y a 17 noms différents. C'est ce qu'on trouve, à un moindre degré, avec les rassemblements roturiers de Chevalier et de Manceau. A Issards, les Roux et les Aubery ont procédé de même, sur une plus petite surface.

Au total, la tendance à une structuration en domaines est assez impressionnante. Soit l'on part déjà de grosses tenures paysannes, soit l'on suit des rassemblements de moyenne envergure entre 1570 et 1650, qui débouchent sur de plus grosses structures au

XVIIIe, soit l'on assiste à un jeu de recomposition sur des unités démembrées.

Les rassemblements parcelle par parcelle sont masqués aux XVIIe et XVIIIe par des jeux sur des masses plus importantes. C'est entre 1450 et 1550 qu'on devine de tels rassemblements, opérés par des paysans (Péronelle de la Vye, Butaud), des villageois (Doize, Borde), plus rarement de petits nobles (Vonel, Chaumejean). Ils se poursuivent aux XVIIe sous l'action de petits notables ruraux (Roux, Aubery, Desvaux, Tamisier). Mais beaucoup de ces rassemblements sont éphémères, tel celui des Bérille au début du XVIIe à Livry.

La reprise de grosses masses paysannes concerne surtout des nobles : de Dreuille et St-Hilaire, dans le bocage profond. Certains roturiers s'y attaquent aussi : Douet, les Delaprée, Farjonel. Les nobles recherchent également les unités proto-seigneuriales, domaines-fiefs (pour les de Dreuille d'Avril), terriers (Escorailles), petites seigneuries (Artanges et Le Coudray, absorbées par le marquisat de Fourilles). Ces rassemblements en grosses masses aboutissent à ce que les textes nomment « terre », c'est-à-dire un ensemble de domaines, que l'étude des limites montrent bien groupés autour d'un château et de sa « basse-cour ».

Les rassemblements ou recompositions par des roturiers semblent plus désordonnés. Les surfaces sont importantes, et pourtant on ne saisit pas toujours si elles s'organisent en domaines-unités ou s'il s'agit de parcelles louées individuellement (cas des Chevalier et Manceau à Fourilles).

A travers ces terriers, on saisit la réalité du phénomène de dépossession, mais on n'atteint pas nombre de problèmes. Ni la chronologie fine, ni les modalités économiques, ni le rapport avec l'économie générale et la politique n'ont pu apparaître ici. Le problème de la constitution d'une classe de propriétaires rentiers transcendant les Ordres anciens est aperçu, mais non discuté. C'est pourtant ainsi, de la tenure au domaine, du paysan au notable, que se fait, dès le XVIIe siècle, l'émergence du nouveau mode de production rentier, avec son rapport central, le bail de métayage.

3 - Les actes juridiques fondamentaux de la seigneurie face à la monétarisation (1600-1620)

La période moderne voit coexister en France plusieurs systèmes sociaux, en particulier le vieux système seigneurial et le système rentier ; le premier est fondé sur le contrôle politique d'un territoire et de ses habitants, ses symboles sont le noble et l'épée ; le second, sur la propriété foncière et la location des terres à des exploitants, ses symboles seraient le bourgeois et l'argent. Le système seigneurial est généralement décrit dans son cadre médiéval, époque où il dominait largement la société. Les historiens laissent ensuite plus ou moins supposer qu'il perdure comme une sorte de fossile inefficace jusqu'à sa suppression en 1789-93.

Il a paru intéressant d'examiner ce que deviennent les pratiques découlant du système seigneurial, face à une société plus monétarisée, à une période à égale distance du Moyen Age et de la Révolution : celle du bon roi Henri (IV), disons entre 1600 et 1620. Les sources de cette présentation étant les minutes notariales, il ne saurait être question d'apprécier le poids relatif de la seigneurie dans la société globale, mais uniquement de décrire, à partir des actes juridiques, les manifestations qui la structurent.

A la base du système seigneurial est , au moins théoriquement, l'acte de concession « primitive » d'une terre par un seigneur, maître d'un territoire, à une famille de paysans travailleurs, que l'historien appelle traditionnellement « tenanciers », du verbe « tenir », qui tient lieu ici de « posséder ». Cette concession n'est pas une vente puisque le bénéficiaire ne fournit en contre-partie aucune somme d'argent, ne s'engageant qu'à reconnaître l'autorité du seigneur et à lui payer chaque année une redevance, comprise comme perpétuelle, et fixée une fois pour toutes. Juridiquement, selon la Coutume du Bourbonnais, cette concession n'est pas susceptible de retenue lignagère, alors que les ventes le sont (Berroyer, 1699, p.4). Comme à l'époque qui nous intéresse il n'y a plus guère de terres « vierges », ce contrat « primitif » n'est plus pratiqué. Par contre, on demande de loin en loin au détenteur de la terre de passer devant notaire une « reconnaissance » qui permet à chacun des contractants de voir réaffirmés ses droits, celui de posséder (« tenir ») pour l'un, celui d'exercer sa puissance supérieure (sa « directe seigneurie ») pour l'autre.

La reconnaissance

Comment se présente une « reconnaissance » vers 1610 ? Selon la Coutume (Potier, 1654, p. 361), la reconnaissance se fait par l'acquéreur de la parcelle, une fois dans sa vie quel que soit le seigneur ; mais le seigneur peut contraindre à « renouveler », à ses dépens ; la reconnaissance doit rappeler le titre primitif quand il date de plus de cent ans (Rouyer, 1779, p. 394)

Donc, Untel « reconnaît devoir » à Untel, à cause de sa seigneurie de ..., x deniers de (cens) (taille)... portant lods et ventes et tous droits de directe seigneurie, annuel et perpétuel, sur... (parcelle)... tout le temps qu'il en sera détenteur, selon les reconnaissances de Untel, passées le ....

La structure du texte présente une forte permanence à travers les époques. On y retrouve les éléments-clés théoriquement repris du contrat primitif : nom du tenancier, nom du seigneur, référence à la seigneurie-territoire, montant et nature de la redevance ; vient ensuite l'indication essentielle : « portant directe seigneurie », expression qui renvoie au système tel qu'il est codifié dans les Coutumes. La Coutume, rédigée au XVe siècle, a mis au clair les habitudes médiévales et, les fixant par écrit, les prolonge à travers toute la période moderne. Les historiens exposent volontiers tout l'attirail juridique, les nuances entre les types de rapport (cens, taille, bordelage...), les charrois, les règles de saisie (commise) en cas de non paiement, les modalités de transfert par héritage ou vente (Germain, 1987, p. 285-298). Le contrat porte sur une parcelle ou territoire défini, nommé, situé, limité, on en précise la nature (terre, pré, vigne, maison etc...) et la surface (« environ », puisque la surface est appréciée et non arpentée). C'est, en quelque sorte, la parcelle qui « doit », du fait de sa situation à l'intérieur d'une « directe » seigneuriale. Le tenancier, qui reconnaît ne s'engage que pour le temps où il est « détenteur », cela implique la possibilité de vendre, transmettre, donner, voire abandonner (« déguerpir »). Pourtant, le terme « propriétaire », qui correspond à cette situation en termes modernes n'est guère utilisé à l'époque ; les reconnaissances disent « détenteur », les actes de vente concluent parfois, mais rarement, à une disposition en « vray seigneur, propriétaire et possesseur », termes qui ne signifient que la possession.

Le terme de contrat est assez discutable pour qualifier la reconnaissance. Il s'agit plutôt de la formalisation d'un rapport qui lie les deux parties en dehors de leur volonté, l'une et l'autre comme prisonniers d'une situation ancienne qu'ils ne pourraient dénouer que d'un commun accord. En fait, la terre « en directe » met en rapport, non pas deux personnes, mais deux lignées, mieux encore, deux territoires, dont les personnes ne sont guère que les gérants temporaires. C'est pourquoi cette situation apparaît comme l'archétype du rapport « seigneurial ».

Le texte des reconnaissances, dans ses formulations traditionnelles, manifeste le côté immuable et prégnant de la seigneurie. Aucune trace de modernisation, d'évolution, ne semble y apparaître. La fixité de la redevance, les références aux reconnaissances antérieures, la minutie dans la description de la parcelle, militent en faveur d'une société immobile à la fois dans ses rapports sociaux et son parcellaire agraire.

Pourtant on peut déceler, dans un acte aussi traditionnel, un élément nouveau. Il ne concerne pas la structure de l'acte, mais les personnages en cause. Souvent, au début du XVIIe siècle, le reconnaissant porte une qualification (« Honorable Homme », « maître », « noble ») qui en fait un notable ou un semi-notable. C'est-à-dire qu'il ne sera pas personnellement l'exploitant de la parcelle. Je reviendrai plus loin sur cette question, qui ne met pas en cause la forme *juridique*, mais le sens même du rapport *social*.

La nouvelle baille (ou réaccensement)

La terre « tenue » du seigneur se transmet normalement de génération à génération selon les coutumes locales de l'héritage. Mais il peut survenir des accidents : décès sans héritiers, déguerpissement, c'est-à-dire abandon volontaire de la propriété, signifié ou non au seigneur.

La pratique normale veut que le seigneur, ayant repris la terre « en sa main », cherche un nouveau tenancier, avec qui il passera un contrat nouveau, la « nouvelle baille ». Théoriquement toujours, la situation nouvelle devrait copier l'ancienne : les habitudes de fixité impliquent que les conditions « primitives » soient reconduites malgré le changement de tenancier. En réalité, il y a négociation. Le candidat tenancier essaye d'imposer une diminution de la redevance, arguer que la terre, ayant été abandonnée et « vacque », est en mauvais état. D'autre part, le seigneur cherche à susciter une multiplicité de candidatures pour choisir le « plus offrant ». D'où la pratique de mise aux enchères après publication à l'église. Il ne faut pas confondre cet acte avec « l'estrousse » ou « accense », qui sont des fermages pour 3 ou 6 ans, eux aussi réalisés après « criées » et enchères.

La raison de la nouvelle baille est généralement rappelée dans l'acte soit par le simple terme de « tenure déguerpie », soit par le rappel du nom de l'ancien tenancier : parcelles possédées par « Gérard Meillier et sa femme décédés sans héritiers et iceux héritages estant demeurez en ruyne et vacants », soit par l'indication sèche d'une terre sans tenancier : « laquelle terre est demeurée tousjours vacque sans apporter aulcung proffict aud. (seigneur) ».

La plupart des actes se présentent comme de nouvelles reconnaissances, justifiées par l'effet d'une nouvelle baille, pour laquelle on rappelle que le reconnaissant a remporté les enchères.

Dans un autre ordre d'idées, la nouvelle baille peut porter sur un regroupement d'articles anciens. C'est le cas d'un acte de 1614 qui regroupe 4 articles. La redevance totale ancienne était de 7 sols 10 deniers et 108 boisseaux d'avoine, soit une valeur monétaire de l'ordre de 25 livres. Il s'agit d'un bel ensemble comportant un noyau immobilier à 2 maisons, 26 œuvres de vignes, 12 à 15 chars de foin et plus de 100 boisselées de terre. Baillé pour 3 livres et 4 moduriers d'avoine, soit 6 à 7 livres-monnaie, c'est une belle opération pour le preneur, qui n'est autre que le propre fermier de la seigneurie. Le regroupement d'articles facilite la perception mais, ici au moins, au détriment de son montant. Ces preneurs sont souvent des semi notables, capables de tenir tête au seigneur. Mais celui-ci peut préférer un nouveau tenancier, relativement efficace dans une entreprise de reconstruction, à des paysans impécunieux qui paieront mal des redevances, même allégées. Les nouveaux preneurs sont effectivement un sergent royal à Cressanges, un fermier seigneurial, un chirurgien de Treban, un contrôleur au grenier à sel de Moulins, l'écrivain Claude Billard de Corgenay.

La nouvelle baille reste l'une des expressions juridiques de l'évolution de la seigneurie. Car, acte négocié, elle permet d'actualiser la redevance, tout comme, socialement, elle renouvelle la population tenancière.

Depuis le bas Moyen Age, la nouvelle baille comporte une sorte de « droit d'entrée », l'intrage, dont le montant n'est pas seulement symbolique. Par ailleurs, elle peut modifier la nature de la redevance, passer par exemple de » taille » à « cens ». A travers elle, se fait jour un nouveau type de contrat : le bail à rente. Les problèmes tenant à l'intrage et à la rente seront discutés plus loin ; l'essentiel était d'indiquer ici que la nouvelle baille tend à se différencier de l'ancienne concession gratuite : par l'intrage et par la rente, elle tend vers une vente.

Le péréquement

L'acte de péréquement consiste en une sortie d'indivision. Certaines concessions médiévales portaient sur de grands blocs (les « max »), consentis à des ensembles de co-tenanciers solidaires dans le paiement de la redevance (Germain, p. 281). Ces situations ne sont plus tenables quand les co-tenanciers se sont éloignés, socialement et géographiquement, les uns et les autres, ou quand il y a litige entre eux. L'acquéreur d'une parcelle, qui se retrouve co-tenancier d'un grand max n'accepte pas toujours une situation embarrassante. On peut procéder alors au partage de la redevance, partage expressément autorisé par la Coutume (Berroyer, 1699, *Nouvelles Coutumes*, p. 219). Le même problème se posait en Basse Auvergne avec les pagésies (Poitrineau, 1965, p. 345-346). La position de chacun en sera plus claire. L'acte de partage (péréquement) sera aussi présenté comme une nouvelle reconnaissance, acte fondamental toujours recherché par le seigneur.

Mais sur quelles bases opérer le partage ? Les actes de péréquement, qui ne sont pas rares au début du XVIIe siècle, sont des textes fort longs, car l'opération est complexe, mais précise. On rassemble d'abord les différents tenanciers, à la réquisition du demandeur, sur les lieux, c'est-à-dire le max, avec des experts neutres et un notaire. On lit le terrier seigneurial qui fonde la redevance. Chacun fait constater la consistance de sa propriété, parcelle par parcelle, avec ses limites, ce qui fixe déjà les idées, et lève les ambiguïtés possibles. Rappelons l'absence de cadastre et de carte. Dans le cas le plus élaboré, les experts apprécient la valeur marchande de la part de chacun d'après la qualité de la terre (« les meilleures et les plus fertiles au plus hault prix », précise un acte de 1617), et sa surface. On partage alors la redevance proportionnellement à sa valeur. Si la redevance est une taille, elle comporte argent + avoine + gélines + corvées ; c'est chaque composant de la redevance qui doit être partagé ; cela est facile pour l'argent et même l'avoine, mais la division des gélines aboutit à de menues fractions. Ainsi, le péréquement de Villemouze descend à des demi-quarts de ... lapins, la redevance globale portant « 3 conilz ». Sur cette base de la valeur foncière sont ainsi partagés les ténements Paignon en 1609, des Bardelins, au faubourg de la Madeleine à Moulins en 1602, celui de Joye en 1617, à la redevance complexe : argent, vin, froment, seigle, avoine.

On en reste parfois à un partage plus simple, proportionnel à la surface, une fois les « chars » de foin traduits en boisselées, sur la base, semble t-il, de 8 boisselées par char. Ce type de partage, pratiqué fin XVIe, l'est encore au XVIIe à Ygrande, chez les notaires Delaloère et Cornyer, à Moulins.

Pour donner une idée du « poids » de la redevance, le péréquement des Bardelins fournit un montant de 4 deniers par écu de valeur foncière, soit 1/180 ; pour le calcul à la surface, on obtient chez Cornyer 2 deniers à la boisselée, soit, si l'on compte la boisselée à 3 livres, 1/360. Valeurs évidemment peu significatives en détail, ne prenant pas en compte les autres redevances.

L'opération n'est pas couplée avec une simplification de la redevance, ce qui va dans le sens de la pérennité du système ; elle aboutit sans doute à une perception moins sujette à contestations, mais pas forcément plus simple à cause des fractionnements. Mais ce qui retient l'attention de l'historien, c'est que le partage a pu se faire proportionnellement à la valeur et non à la surface. Cela suppose une habitude du marché foncier, les experts se montrant pointilleux sur les différences de valeur. Cela manifeste surtout que, dans les esprits, le statut de la terre n'est plus celui d'un territoire dominé par tel ou tel (notion politique), mais celui d'un capital négociable (notion économique). Les références ne sont plus celles d'une société seigneuriale, mais celles d'une société marchande monétarisée.

Remarques sur la situation sociale des tenanciers.

L'observation juridique gagne à se doubler d'une observation sociale. Dans l'Ideal-Type du système, le « preneur » est un paysan qui cherche une terre à travailler et qui, en échange de la concession, reconnaît la puissance politique du seigneur. Dans cet ordre des faits, la redevance est plutôt libellée en nature : le seigneur entretient sa fortification, sa garnison, sa domesticité, il se nourrit et « tient son rang » ; le tenancier travaille.

Les actes examinés ci-dessous nous montrent une population importante de tenanciers presque toujours situés socialement. Si l'on s'en tient à ces actes notariaux, y compris à quelques actes de vente, et sans recourir à la masse complète qui a été fournie ci-dessus par les terriers, on doit noter un fait fondamental. Une part importante (ne cherchons pas à chiffrer) est « maintenant » (1600-1620) constituée de notables, entendons par ce terme vague des personnes qui, manifestement, ne seront pas les travailleurs des parcelles concernées. On trouve parmi eux toutes les nuances de la population dite « bourgeoise » par la littérature historique, c'est-à-dire les fonctionnaires (officiers) non nobles et les marchands et sans doute même quelques nobles authentiques. Parmi les classiques moulinois, citons Marguerite de Villaines pour 12 œuvres à Bardon (1615), la veuve de Guillaume de Monformois pour 20 œuvres (1615), « noble » Pierre Geyn, avocat (1620), « noble » Pierre Vernoy, contrôleur au Grenier à Sel (1618), « noble » Claude Billard de Corgenay (1616) ; ajoutons-y des procureurs, des notaires, des huissiers, des « sieurs de... ».

De vrais nobles, je ne trouve guère que Jean-Louis de La Mousse, seigneur de Plaisance, pour 3 petites boisselées (1618), le seigneur d'Avrilly, qui est un Popillon, parmi les co-détenteurs du max de Paignon (1609), un écuyer de Saligny, Tixier, qui achète un domaine chargé de cens, pour 1000 livres, en 1611. Qui sont les seigneurs de Roddes (1602), de La Brétèche (1603), de Boudemange (1603), qui paraissent dans les péréquements ? Roddes est sans doute le seigneur d'Origny, conseiller du Roi : un officier.

Plus « bas », on trouvera des bouchers de Moulins, tel Chapelle (1601) qui, disposant de nombreuses parcelles et d'une métairie à Agonges, négocie un accord avec son seigneur, Jean de St-Aubin, seigneur de l'Epine. Tel encore Dumaignaud, partie prenante au péréquement des Bardelins. On rencontre encore un boulanger, un tanneur. Hors Moulins, voici Gilbert Gillet, chirurgien à Treban, pour 9 setérées (1615), « honorable homme » Antoine Bichon, fermier de seigneurie, pour un domaine à Pouzy. Aucun de ces personnages ne travaillera de ses mains, il aura recours à des fermiers ou à des métayers. Mais surtout, du point de vue du seigneur, il risque d'être moins docile, moins écrasé qu'un simple paysan ; les uns sont hommes de justice, habiles et bien introduits en cas de procès ; La Mousse et Avrilly sont de bonne noblesse ; tous sont alphabétisés et, à des titres divers, sauront se défendre.

Cependant, il serait erroné de penser que les paysans ont été éliminés de la propriété foncière. Autour de 1610, la propriété paysanne reste, sans doute aucun, largement attestée. Elle est présente dans le péréquement Paignon ; le péréquement de 1618 à Avermes concerne une série de laboureurs ; celui de Villemouze en présente au moins un. Parmi les reconnaissants et les nouvelles bailles, on citera la communauté des Chaddes à Gouise (1610-1613) ; Dodat, à Neuilly (1610) ; Bourdelier, pour un gros « lieu et domaine » à Aurouer (1614) ; Caron et Oriflan à Montilly (1611). A l'occasion de ventes de droits seigneuriaux, se trouvent cités les tenanciers qui les doivent : les Avisards à Lusigny (1612), une dizaine de « laboureurs » à Lucenay (1610). Il ne s'agit pas forcément de pauvres gens : les Boullé, à Trevol peuvent racheter leurs cens (1613) ; Oriflan, encore lui, est capable d'aligner 400 livres pour acheter 12 chars de pré, portant droits seigneuriaux ; François Sigault achète pour 900 l., Martin Mynard, pour 450.

Entre les notables et les paysans, « flottent » des personnages sans titre ni qualification, comme un certain Faulconnier, propriétaire pour 197 livres dans le ténément de Joye ; des Desvaux et des Mallay autour de Buxières, qui sont connus par ailleurs comme villageois riches. Et l'on sait qu'il y a laboureur et laboureur, certains allant jusqu'à prendre de gros fermages de seigneuries. Tous ceux-là sont des tenanciers de type médiéval si l'on veut, classiques partenaires de la seigneurie, souvent organisés en communautés (les Chaddes, les Boullé, les Avisards).

Finalement, on rencontre parmi les détenteurs de censives tout l'éventail social de l'époque, de « Claude Prenant, pauvre homme infirme », jusqu'aux Villaines et Popillon. Echantillonnage varié qui pose à la perception des droits seigneuriaux des problèmes de toutes sortes, de l'impécuniosité des uns à la mauvaise volonté des autres.

Cette diversification sociale se double de modifications agraires. L'organisation en domaines se précise. Les repérages territoriaux se font de plus en plus par référence à des « domaines ». L'exploitation agricole, même paysanne, se qualifie de « lieu et domaine ». L'expression « max et ténement », qui renvoie plutôt à une structure médiévale (fiscale et agraire) reste utilisée, mais plutôt dans le sens fiscal d'un gros article de terrier concernant des tenanciers solidaires. Le « domaine » casse max (unités paysannes) et directes (unités seigneuriales) dans la mesure où il regroupe des parcelles appartenant à des structures socio-territoriales variées : certaines prises dans le maillage ancien des max, d'autres appartenant à des directes différentes, ou provenant d'alleux paysans ou de réserves seigneuriales.

Cette évolution peut se lire, dans le cadre fisco-agraire, en des sens contradictoires. Soit le domaine rassemble plusieurs anciens articles de terrier, justifiant la thèse d'un regroupement agraire. C'est le cas d'un arrangement de 1615 où une nouvelle reconnaissance montre que 6 articles différents reconnus en 1565 et 1576, ont été regroupés en une seule unité, un clos de vignes de 20 œuvres. Le tenancier en est un notable, la veuve Monformois. Soit, au contraire, c'est la destruction des max par l'intermédiaire des péréquements. En tout état de cause, on glisse vers l'individualisation des articles de terrier : les reconnaissances concernent, non plus des co-tenanciers, mais des individus séparés (en considérant la communauté paysanne, très vigoureuse autour de Moulins, comme un individu collectif). Plutôt que d'un mouvement vers l'émiettement ou vers le rassemblement, il faut sans doute comprendre qu'il y a décomposition des max et tènements anciens et recomposition sur des bases différentes, celle du domaine métayer. De même, si le domaine contribue à émietter les directes, on le retrouvera comme partie intégrante de la forte unité qu'est la « terre et seigneurie » de nouveau type, qu'on étudiera plus loin.

Réduction des cens et rachats

Ces modifications sociales ne peuvent pas ne pas s'exprimer dans les pratiques contractuelles. La puissance de certains tenanciers « notables » s'exerce-t-elle dans le sens d'un affaiblissement de la seigneurie à partir de contestations et de rachats ? Décrire ces pratiques ne permettra pas d'en mesurer l'impact, ce que seule une étude quantitative pourrait réaliser.

Les droits seigneuriaux ne sont pas rachetables de droit. Mais les situations de fait conduisent parfois le seigneur à accepter le rachat ou la réduction. Le pur et simple rachat peut être compris comme une vente des droits seigneuriaux, opération courante, mais où l'acquéreur serait le tenancier. Dans les années 1609, dame Claude Aubert, veuve de M. Nicolas Geyn, sieur de Paray et ancien greffier, embarquée dans un procès qu'elle perd, cherche à liquider ses biens fonciers et seigneuriaux. Le 13 novembre 1609, elle vend son domaine des Mathés, à Neuglize, que Nicolas Geyn avait acquis en 1589. Les 240 livres qu'elle en tire serviront à régler en partie les 320 livres de dommages et intérêtes qu'elle doit à M. Jacques Febvrier par arrêt du Parlement de Paris. C'est probablement cette situation difficile qui l'amène à accepter un rachat de cens en 1611 au profit du tenancier, dame Marguerite Vincent, veuve d'un barbier-chirurgien, cens portant sur maison et jardin à Moulins. Le 14 novembre 1609, elle a aussi fait « remise, quictance et admortissement » d'une rente et cens ; elle « promet de faire rayer et descharger sur les recongnoissances dudit devoir » ; le bénéficiaire en est le tenancier, noble Jean Durual, l'aîné, par ailleurs créancier de la dame Aubert en tant que fermier de la seigneurie d'Avrilly. Cet acte est intéressant car il précise bien que l'amortissement se traduit par l'annulation des articles du terrier.

La nécessité financière n'est pas toujours perceptible dans ce genre d'opération. On ne sait pourquoi, le 10 octobre 1613, Honorable Homme Claude Deryve, notaire à Moulins, vend des cens et rentes à ses tenanciers, la communauté des Boullé à Trevol. Notons ici que les bénéficiaires sont de simples laboureurs. Cet acte est présenté comme une « vente ». Un autre amortissement de cens est consenti le 20 mars 1620 par noble Louis Aubery, avocat, en faveur de noble Pierre Geyn, aussi avocat, peut-être le fils de la dame Aubert citée ci-dessus. Si, parfois, la position du tenancier comme créancier de son seigneur explique le rachat, on aura noté la variété des situations concrètes.

Sans aller jusqu'au rachat, certains tenanciers obtiennent des allégements de leurs redevances. Ces opérations peuvent se présenter comme un arrangement dénouant une situation compliquée, ou présentée comme telle. Le 12 janvier 1601, les Religieux du St-Sépulcre-lès-Jaligny acceptent un arrangement avec M. Jean Fontenel, maître des Eaux et Forêts du Bourbonnais, qui a acquis des « lieux et ténements » portant au moins 6 articles de droits divers, cens et tailles envers les religieux. Mais, alors que ceux-ci invoquent leur terrier de 1458 (il y a donc près d'un siècle et demi) pour exiger des redevances lourdes, de type médiéval (argent, avoine, gélines, corvées), plus onze ans d'arrérages, et les lods et ventes, le nouvel acquéreur exhibe un autre contrat, beaucoup plus avantageux, du 19 janvier 1538. On transige donc « sur la réduction desdits devoirs, arrérages d'iceux, lotz et ventes » sur la base de l'acceptation de la validité de l'acte de 1538 et de la remise de tous les arrérages jusqu'en 1599, moyennant le paiement par Fontenel des doubles lods et ventes et de dommages et intérêts (frais de procès), le tout pour 120 écus sol, soit 360 livres. Il y a là une situation de puissance contre puissance : le tenancier est un fort rassembleur, le seigneur un petit monastère. On apprend que les « héritages », jusque là partagés en 6 articles de terrier ont « changé de main, vendu ou eschangés puys 20 ou 30 ans » jusqu'à un certain Jean Roux « dernier possesseur de la plupart d'iceulx ». Le procès avait traîné de la châtellenie de Moulins à la Sénéchaussée de Bourbonnais et jusqu'au Parlement de Paris, qui avait d'ailleurs tranché en faveur des Religieux. Ceci apparemment n'avait pas suffi, puisque Fontenel retrouve ensuite une pièce nouvelle, l'acte de 1538 ; sans doute a-t-il menacé les Religieux d'un nouveau procès ; et ceux-ci capitulent malgré leur succès au Parlement de Paris.

Beaucoup moins favorable apparaît l'accord obtenu par Jean Chapelle, marchand boucher, de Jean de Saint-Aubin, écuyer, seigneur de Lespine, le 3 juillet 1601. Chapelle est lui aussi un rassembleur de parcelles, reconnues à des dates diverses entre 1523 et 1574. Le litige porte sur le statut des parcelles. Transportées sur les lieux, les parties doivent en effet constater que certaines parcelles ne sont pas à Chapelle, l'une d'elles est même au seigneur lui même ! (ce qui tendrait à montrer que le seigneur avait acheté dans sa propre directe). On se met d'accord sur les parcelles qui relèvent effectivement de la directe de Lespine. Mais la transaction sur la contraction en une seule redevance et sur la composition à 10 écus des lods et ventes n'est obtenue par Chapelle qu'à la condition de faire passer une autre grosse parcelle de 30 boisselées du statut de fief à celui de censive. Saint-Aubin a dû abandonner sa prétention à la directe sur certaines parcelles, et réduire ses lods et vente, mais il y gagne une augmentation de sa directe, sous une redevance assez lourde (67 sols et 2 deniers ; 3 setiers, un boisseau 1/3 de seigle).

D'autres contestations se règlent par la pure et simple reconduction de la situation antérieure. C'est ce qui arrive à la veuve Monformois à qui les Chanoines de Moulins, seigneurs, imposent un mémorandum détaillé de son dû. Même résultat pour Jean Roy, de Treban, face au fermier de la seigneurie des Noix, et pour les Jallards face au seigneur de Vaumas, qui doivent remettre leur ténement des Bourdeaux en fermage symbolique au seigneur pour régler leurs arrérages.

Par contre, la dame Boislard obtient le 1er mars 1606 la conversion de ses devoirs de taille en cens, dans la seigneurie d'Avrilly. Ce n'est pas un allègement puisque la conversion se fait « sans diminution » ; même les charrois, caractéristiques des tailles sont maintenus ; et la dame achète cette conversion pour 18 livres. Son seul avantage, c'est que les cens sont moins contraignants que les tailles en ce qui concerne héritage et mutations. La parcelle étant située dans un max, il est bien précisé que les co-détenteurs ne profitent pas de cette conversion ; les terres de Boislard sont simplement détachées du max, ce qui suppose un péréquement ; il est spécifié que les frais en seront supportés par le tenancier.

Y a t-il diminution de l'emprise seigneuriale ?

D'autres types d'actes aboutissent à réduire la surface des directes seigneuriales.

L'échange de droits entre seigneurs en est un exemple lorsque les seigneurs concernés sont tenanciers dans la directe du partenaire. Le sieur des Héraux, à Neuilly-le-Réal, devait un cens et rente à Gabrielle de Châtaubodeau. Mais celle-ci en devait un autre au sieur des Héraux. Le 5 décembre 1618, on passe un accord d'annulation réciproque. Les sommes ici sont faibles. Beaucoup plus considérable est l'échange du même type entre le sieur des Moquets et la demoiselle Gilles, dame de Belesme, signé le 29 janvier 1615. Il y a là des cens et des tailles, des arrérages et des défauts de reconnaissance, bref des contestations que l'on résoud par un échange.

Certains auteurs ont fait grande part aux possibilités de retenue censivière ou taillablière des seigneurs : en cas de vente, le seigneur pouvait « retenir » pour lui-même la parcelle vendue, à condition d'en rembourser le prix à l'acquéreur. C'est une préemption. On rencontre des actes de ce type, comme celui du 14 juin 1619. Claude Thévenard, sieur du Préalut, a obtenu du juge châtelain de Moulins le bénéfice de la retenue censivière ; il oblige donc l'acquéreur du tiers du domaine des Girards, à Toulon, à lui céder son achat, inclus dans la directe de Thévenard. Pourtant l'acquéreur était un puissant personnage, noble Philippe Bazin, Trésorier extraordinaire des guerres, qu'on retrouve souvent dans les minutes notariales. L'opération n'a de sens que si Thévenard désire réunir ces parcelles à sa directe ou s'il veut se débarrasser d'un tenancier trop puissant et potentiellement gênant. Mais certaines des parcelles étant limitrophes de champs appartenant à Thevenard, je penche pour la première solution. L'acte se présente comme une vente : Bazin « a fait revente par forme de retenue censivière ». Ces actes n'apparaissent pas fréquemment dans le corpus étudié.

Quoi qu'il en soit, échanges, retenues censivières valant achat dans la directe, ces opérations font passer des terres du statut de censives à celui de propriété seigneuriale ; elles diminuent la surface des directes, donc l'emprise géographique du système seigneurial.

Le système s'étiolerait-il ? Là encore, il faudrait une étude quantitative pour établir une balance entre les sorties, comme définies ci dessus, et, au contraire, les reconquêtes ou consolidations par arrangements favorables ou par nouvelles bailles.

Mais l'un compensant peut-être l'autre, le système paraît continuer à fonctionner plutôt bien, après (sans doute) les difficultés de la fin du XVIe siècle.

Concrètement, qu'est-ce qu'une seigneurie vers 1610 ?

Eliminons d'abord l'équivalence avec fief, dont le sens est plus large et code un autre type de rapport. Est-ce à dire que la seigneurie de 1610 est tout à fait semblable à ce qu'elle fut à l'origine ? Comment apparaissent, dans nos actes les organismes qui s'intitulent « seigneurie » ?

De nombreuses circonstances amènent à une énumération des éléments constitutifs de la seigneurie : si « foi et hommage » et « aveux » n'apparaissent pas dans nos actes, les ventes, les accenses (location en fermage), les réglements familiaux, les bases de rentes ou hypothèques fournissent de nombreux exemples : une vingtaine de cas dans cette courte période de 20 ans.

Soit, pour fixer les idées, la description de la seigneurie d'Origny, à Neuvy, accensée (louée) le 23 octobre 1607 par noble Antoine de Roddes, Conseiller du Roi, contrôleur au Grenier à sel de Moulins : « maison forte entourée de fossez, court, coulombier, jardin, vergier, moulin, vignes, mesteries garnies de bestail, prés, pastureaux, terres labourables et non labourables, bois d'haulx fustaie et tailles, estang, buissons, plus un pré situé à la Plotte à ceuillir dix charretées de foin, dixmes, parcières, champart, debvoirs, lots, ventes, retenues, commises et tous autres droits seigneuriaux ». La liste est longue, complète pour une seigneurie ordinaire.

Plus simple, dans le même type de document, une accense, « lieu et seigneurie de Chillot », à Saulcet, comprend « bâtiments, dîmes de blés, vins et charnages, cens, rentes et devoirs ». Cette seigneurie est louée pour 180 livres par an, Origny pour 175 livres.

Qu'ont de commun tous les organismes baptisés « seigneurie » ? Au moins deux choses : un noyau immobilier ; des droits seigneuriaux conformément à l'archétype médiéval.

Cependant, trois entités comportant noyau et droits n'ont pas le bénéfice de cette appellation :

- le « lieu et domaine » des Bouchereux, à Yzeure ; la vente porte : « y compris les devoirs acquis par feu Bardon, de noble Jean Génin, avocat » (13/05/1623).
- Le « lieu, domaine et métairie » de Joussat, à Langy, comporte « maison, grange, establerye, le tout couvert à paille, court, courtillage, jardin, prés, terres labourables et non labourables, vignes, garennes, cens, rentes, et autres droits seigneuriaux ». La vente stipule que la vendeuse cède à l'acquéreur les arrérages de cens, et elle « baille papiers, tiltres et terriers » ; c'est seulement dans cette partie du document qu'intervient le terme de « lieu et seigneurie » (18/05/1611).
- Le « lieu, max et thénement » appelé le lieu des Vauvrilles est vendu le 26 février 1608 ; il comporte des bâtiments, un colombier, des terres, une rente et surtout des bordelages, mais il n'est pas qualifié de « seigneurie ». Il s'agit dans ces trois cas de grosses métairies. La seconde, Joussat, est une fois qualifiée de seigneurie à cause de ses droits et de ses archives (terriers), mais il ne s'agit que de bâtiments couverts en paille. Les Vauvrilles ont meilleure allure, avec leur colombier, mais il s'agit d'un « max et thénement » : l'expression renvoie à une origine paysanne. Quant aux Bouchereux, les droits y sont une acquisition récente, non intégrés à l'ensemble « domaine de Bouchereux ». J'ignore par ailleurs quel est le statut du noyau immobilier : doit-il des devoirs ou est-il franc ? S'il doit, il est peut-être difficile de le qualifier de seigneurie.

Il sera utile de revenir plus loin sur la définition du mot « seigneurie ». Si l'on en reste à son usage courant, on note que, sauf quelques cas « à la marge », l'entité seigneurie ne comporte pas seulement un noyau et des droits, mais aussi un ensemble foncier désigné soit par une énumération d'usages : terres, prés, vignes, sauldboys, bois, etc…, soit par son organisation en domaines ou métairies. Il ne s'agit pas de formulations stéréotypées, car elles sont variables tant dans leur composition que dans leur ordre d'un cas à un autre. Cependant, on peut constater que le texte s'organise selon des structures comparables. On commence toujours par le noyau immobilier, avec ses bâtiments de service, ses vestiges de défenses, s'il y en a, ses terrains adjacents. On continue par l'ensemble foncier, et l'on termine par les droits, « cens et rentes » au minimum, à quoi peuvent s'ajouter tailles, bordelages, dîmes (Artanges). Parfois, les droits précèdent le foncier, ou bien s'intercalent entre l'énumération des terres et l'indication de métairies (La Forest ; Vallières ; Charnes). Des précisions peuvent être apportées quant à l'appareil fortifié, comme à La Mothe Becquas.

Un bon exemple de cette organisation et de la hiérarchisation qu'elle signifie est donné par la description de la seigneurie d'Orvalet. Il s'agit d'un partage, pour lequel on découpe la seigneurie en lots, les ayant-droit tireront au sort l'ordre dans lequel ils exerceront leur choix. On met d'abord à part, à cause du droit d'aînesse, le noyau immobilier, porteur symbolique du statut social, qui reviendra à Jacques d'Augerolles, soit le château avec ses alentours concrétisés par 8 bornes à 40 toises de distance du bord du fossé et « entour d'icelle suyvant la coustume » : c'est « le vol du chapon ». La Coutume stipule en effet : « chastel ou place fort et il y a fossé ou fossez et dedans la closture desditz fossez il y a granges, étables ou autres choses, ils demeureront à l'aîné (...) et outre l'enclos 40 toises de terre à prendre du bord des fossez par dehors » (Berroyer, 1699, p. 20). Le commentateur de 1654, discutant cette pratique, se croit obligé de préciser la valeur de la toise... (Potier, 1654, p. 290)

Viennent ensuite les terres, le domaine foncier. Les précisions afférentes à un partage permettent de comprendre que l'énumération a un sens : on va du plus proche au plus lointain. Proches du château sont un bois qui comporte « un quartier de garenne près la basse-cour » ; « le grand pré d'Orvalet » ; une terre, mais qui fut en vigne ; la grande métairie « appelée la mestairie du château » : c'est l'exploitation agricole qui correspondait à l'ancien réserve seigneuriale, qu'on appelle ailleurs « métairie de la Porte ». Garenne, pré, vigne étaient vraisemblablement de l'usage habituel et direct du seigneur. Au-delà, on trouve les étangs, dont un avec un moulin, une autre métairie, plus lointaine (Lusigny) ; puis un « lieu seigneurial » appelé le lieu et métairie d'Esmery, actuellement en ruines, ancienne petite seigneurie absorbée par Orvalet (?) ; bien qu'en ruines, elle est inscrite pour la même valeur que la métairie de Lusigny. Viennent enfin les droits seigneuriaux, leur valeur, estimée à près de 200 écus, correspond à peu près à celle d'une des métairies.

Cette description est quasi archétypique d'une seigneurie des années 1610. Elle fixera les idées et les raisonnements.

On n'est plus en effet dans la seigneurie idéale du Moyen Age. Il n'y a plus simplement un seigneur avec son château, ses espaces ludiques et utilitaires (pré, garenne, bois, vigne) ; et au delà, les terres de « ses » paysans, lesquels lui apportent leurs redevances et leurs corvées. Dans le cas médiéval, le seigneur est un chef, comme l'indique d'ailleurs le mot « seigneurie » qui signifie, d'après l'Encyclopédie Diderot, « la puissance publique exercée sur les personnes d'un lieu ou sur les héritages de ce lieu » ; le mot seigneur désignant « celui qui a quelque puissance ou supériorité politique sur d'autres personnes ». Une telle formation sociale fonctionne en système seigneurial.

Ce qui apparaît dans nos textes du XVIIe, c'est bien encore ce système-là : un chef dans une demeure comportant des vestiges de fortification et percevant des droits seigneuriaux sur les terres que les théoriciens appellent « la directe » (ou la censive). Mais c'est aussi autre chose : des terres organisées en « métairies », qu'elles soient accensées en fermage ou « baillées » en métayage. Les métairies entrent dans un autre système, que j'ai proposé d'appeler le système rentier : baux de courte durée, éviction facile du travailleur preneur, loyer lourd, et surtout maintien de la propriété, avec ses possibilités de vente, transmission, héritage, engagement, et sa valeur foncière, aux mains du bailleur. Ce qui s'appelle en 1610 (mais ce n'est pas nouveau...) « seigneurie » est un organisme où co- existent le système seigneurial et le système rentier. Elle correspond à une des définitions de l'Encyclopédie, ainsi rédigée : « seigneurie *in concreto* : formée du concours de la seigneurie publique et de la seigneurie privée, telle qu'une terre seigneuriale qui consiste à la fois en possession d'héritages tenus noblement et en droit de supériorité sur des héritages que le seigneur ne possède pas ». On aura noté l'expression « seigneurie privée », qui découle du sens nouveau (« présentement », dit l'Encyclopédie) du mot seigneurie « qui sert à désigner tout droit de propriété ou de puissance propriétaire que l'on a dans un bien ». De même, certains de nos actes de vente se formulent comme transfert d'un pouvoir à l'acquéreur, de manière à ce qu'il soit « vray seigneur, propriétaire et possesseur », et ceci alors même que le bien est grevé de cens.

En 1610, la seigneurie est donc en fait une grande propriété, centrée sur une maison de maître, château ou ancienne maison-forte avec parfois motte et fossés, signes de la « féodalité ». Autour sont des terres agricoles et des bois, organisés en plusieurs métairies. S'y ajoute une « directe », c'est-à-dire une zone où sont perçus des droits seigneuriaux. On peut s'attendre à rencontrer des « seigneuries » d'où les droits seigneuriaux ont disparu. La seigneurie de La Garde à

Sazeret est à la limite de ce cas. L'acte du 18 septembre 1610 en fait un « lieu et domaine communément appelé la seigneurie de la Petite Garde », mais n'y décrit que du foncier. Un acte de vente du 17 décembre 1611 rétablit « lieu, domaine et seigneurie »... « ensemble tous droitz seigneuriaux ou non qui se trouveraient desd. aisances et appartenances de lad. seigneurie » ; il y a surtout, un banc à l'église et droit de sépulture dans l'église de Sazeret.

Par contre, rien ne sépare plus un organisme seigneurial d'ancienne origine de l'entité créée par n'importe quel rassembleur bourgeois ou non, qui organise un ensemble de parcelles en une métairie ou qui achète une exploitation paysanne, « max et ténement »..., « le lieu des »..., qui l'agrandit, et qui ajoute à l'ensemble une résidence, maison de campagne, en lui donnant ou non une petite allure médiévale. La seule distinction serait le statut de fief qui est accordé à la seigneurie classique. Qu'il y ait droits seigneuriaux ou non (à payer ou à percevoir) ne joue pas ici de rôle important, sauf sans doute des droits sur le noyau immobilier, toute seigneurie nouveau style, même importante, ayant bien des parcelles dans la directe d'un voisin. Le propriétaire vit « noblement », entendons qu'il ne travaille pas la terre et n'est pas un simple marchand ; il marque sa notabilité en se disant « sieur de ». Les domaines de Joussat, des Bouchereux, des Vauvrilles, cités plus haut, sont dans ce cas. A l'occasion, on peut acquérir quelques droits seigneuriaux, ce qui n'empêche pas, par ailleurs d'avoir à en payer soi-même. Mais des droits portant sur le « château » lui-même n'ont-ils pas une signification plus forte ?

Ces situations concrètes sont des pièges pour l'historien inattentif qui prendrait au pied de la lettre l'appellation « seigneurie » dans son sens médiéval, et qui baserait là-dessus une étude du système. Il faut, au contraire, pour une appréhension plus juste du social, analyser les situations pour séparer ce qui revient au rentier (notion de propriétaire foncier) et ce qui revient au seigneurial (notion de seigneur). Fin XVIIIe, nombre de « seigneurs » ne seront plus ainsi que des propriétaires fonciers, même si le noyau immobilier a droit à un titre de dignité et si leur statut personnel les classe parmi les privilégiés. Mais on n'en est pas là en 1610 : la majorité des seigneuries possèdent toujours des droits seigneuriaux. Reste évidemment à apprécier ce que « pèse » le revenu « seigneurial » face au revenu « rentier ». Ce n'est pas l'objet de cette étude, qui entend rester sur un plan descriptif. Remarquons pourtant que cette préoccupation du poids quantifié de l'un ou l'autre traduit plus l'idéologie moderne de l'historien, dans une optique platement positiviste/comptable, que l'appréciation juste d'un mode de fonctionnement social. Celui-ci s'articule sur un noyau de relations essentielles, dont l'importance respective n'est pas forcément mesurée en termes de revenu monétaire.

L'adaptation de la seigneurie médiévale à la monétarisation : présentation du problème.

La volonté de description oblige à prendre conscience des adaptations du sytème seigneurial médiéval, encore bien vivant dans ses pratiques juridiques au XVIIe siècle, aux nécessités de la monétarisation (que certains appellent faussement « capitalisme »).

Cette nécessité s'impose depuis au moins le XIVe siècle, au moment où, avec Philippe le Bel, la monarchie française fait les premiers essais d'impôt généralisé, où la puissance royale commence à l'emporter sur la féodalité, où les conditions socio-économiques et démographiques ouvrent une crise de la seigneurie en tant que système social.

La monétarisation implique que l'argent s'insinue peu à peu dans tous les rouages sociaux, et marginalise tout ce qui est rapport « gratuit ». Les historiens et théoriciens sociaux du XIXe siècle prendront conscience alors d'un monde traditionnel « perdu », celui de la *Gemeinschaft*, qu'ils embelliront en stigmatisant la société d'argent qu'ils voient se déployer à leur époque (Marx, Balzac, Tönnies). Mais le mal est ancien et cheminait depuis longtemps.

On sait que la noblesse a cherché à « monnayer » alors ses talents militaires en s'engageant chez les princes capables de payer, en se trouvant aussi des places dans l'administration et à la Cour. Ces stratégies personnelles manifestent l'évolution profonde du système social. Quelle que soit la volonté des uns et des autres, la logique sociale imposait la monétarisation du système seigneurial : « produire » de l'argent de toutes les manières compatibles avec sa logique systémique (exploitation de type politique). A côté, se mettaient en place d'autres systèmes fondés sur une exploitation de type économique, d'où une concomitance, décrite comme une « transition ».

Ce problème d'une transition entre seigneurial et « capitalisme » (terme faux, mais consacré) a beaucoup embarrassé les historiens, qui l'abordent souvent de biais. Généralement, on décrit une « crise nobiliaire », concomitante à une « montée de la bourgeoisie » : problème vu sous l'angle socio-politique et sous l'angle des stratégies familiales. Ou bien on insiste sur la progressive marchandisation de la production agricole, de ses adaptations au marché (urbain) : problème économique. Les marxistes, plus habilités normalement à poser le problème en termes de « mode de production », sont restés tributaires du simplisme marxien consistant à passer du « féodal » au « capitalisme » par l'intermédiaire d'étapes mythiques : capitalisme marchand / manufacturier / industriel. Ils se sont ralliés en fait à la vieille idéologie de Guizot et de Barnave, celle d'une montée des « bourgeoisies ».

Le problème plus pratique de la monétarisation du « féodalisme » est abordé par Duby, bien que sa problématique l'amène à privilégier le suivi des réserves seigneuriales (recul de la corvée et du FVD) (Duby, 1962 p. 579-590). Mais il a bien reconnu sur la censive une pression à la hausse compensatrice des ressources seigneuriales (p. 472) dès la fin du XIIIe siècle. Il s'agit de l'instauration de taxes de mutation, connues dans certaines régions dès le XIIe siècle : relief, rachat, lods, entrages... (p. 473-476). En Bourbonnais, Rouyer, commentateur des coutumes, proposait déjà le XIIe siècle comme origine des lods (Rouyer, 1779 p. 393). Duby y ajoute la pratique des baux à temps court (p. 497), sans noter qu'on change ainsi de système. Il souligne, pour le XIIIe siècle, la création des rentes constituées, dont la rédaction prenait alors la forme d'un renfort des cens (p. 496) ; les seigneurs y apparaissent comme des créanciers de leurs tenanciers, ce qui tendrait à prouver que certains avaient bien réussi leur monétarisation... L'historien tend ici à confondre l'adaptation de l'individu seigneur avec l'adaptation du système global.

Lods et entrages se présentent comme des adaptations propres au système : ce sont des investitures « onéreuses » accordées par l'autorité politique locale, le seigneur.

L'entrage est une somme d'argent (ou une perception en nature) exigée lors d'une nouvelle baille. René Germain en reconnaît la pratique en Bourbonnais au XVe siècle, il en donne des exemples précis (Germain, 1987, p. 295-296). L'entrage (ou intrage) pouvait monter à des valeurs importantes, ce qui entraîna la protestation des paysans, qui obtinrent en 1459 un arrêt royal limitant le montant de l'intrage au 1/10 de la valeur des terres. En fait, le preneur argenté pouvait accepter un intrage plus élevé, en échange d'un allègement de la redevance. Ceci écartait, notons-le bien, les candidats paysans des adjudications en nouvelle baille. « Il serait intéressant de dégager une évolution du droit d'intrage en cours au XVe siècle, mais les comparaisons ne sont pas aisées », écrit Germain (p. 295)

La question des lods et ventes sera reprise plus loin. Mais il me faut d'abord revenir sur l'implication des nouvelles bailles dans la monétarisation du sytème.

La nouvelle baille modifie-t-elle la redevance dans le sens d'une revalorisation monétaire ? Le contexte en est très variable, entraînant des pratiques différentes. Le cas extrême serait celui d'un cens symbolique de un denier, qui apparaît dans une baille du 22 juin 1606, pour un gros ténement ; mais on ne fait que reproduire une baille précédente de 1526. On trouve d'autres cens faibles : 12 deniers ; 7 sols 6 deniers ; 10 sols. Libellée en nature la charge est variée : 8 quartes d'avoine, c'est beaucoup ; un boisseau d'avoine, c'est faible mais la parcelle n'a que 2 boisselées. La comparaison avec la charge ancienne, quand elle est possible, aboutit soit à un maintien (6 setiers de seigle sur un moulin), ou à un léger allègement (20 coupes de seigle au lieu de 24).

S'en tenant à ces données, on a l'impression d'un respect des traditions. Pourtant, voici un acte du 30 mai 1614 : le regroupement de plusieurs articles en un seul entraîne une très forte diminution de la redevance en avoine, et une très forte augmentation de la redevance en argent. Voilà un article fortement modernisé, au moins nominalement.

Et que valent les intrages ? En fait, la moitié de nos actes n'en portent pas trace (mais certains se présentent comme de nouvelles reconnaissances et non comme le contrat de «baille » lui-même). Les intrages connus ne sont pas légers : 4 livres ; 6 livres ; 12 livres ; 50 sols, pour un gros article taillable est une somme plus modérée. Certains intrages sont si lourds qu'ils ne sont pas loin de la valeur foncière probable de la parcelle, et équivalent donc presque à la vente de la propriété utile : c'est le cas de 3 livres pour une parcelle de 2 boisselées. La coutume a d'ailleurs pris acte de cette évolution. Elle stipule en effet que si les entrages en argent excédent le devoir lui-même, ce qui est le cas général, l'opération s'apparente à une vente (et non plus à une concession perpétuelle), et de ce fait autorise l'exercice des retenues lignagère et féodale (Berroyer, 1699, p. 4)

Au total, s'il y a tendance à demander davantage d'argent, une partie des actes restent conformes au type médiéval : concession gratuite, charge maintenue à son libellé ancien.

Le bail à rente

Le problème est plus difficile à maîtriser quand le seigneur utilise le terme de « rente ». Il ne s'agit pas ici de la rente « constituée », qui correspond au prêt d'une somme d'argent. Il s'agit de la « rente foncière », du « bail à rente ».

Quel est le problème ? Il résulte d'abord du sens malheureusement vague et général du mot « rente » : « un revenu qui est dû à quelqu'un par une autre personne » (Encyclopédie Diderot, à « Rente »). « Rente » peut désigner toute redevance, cens, revenu. Le mot a donc été appliqué à des usages variés.

L'usage a réservé les mots médiévaux classiques de « cens » ou de « taille » aux concessions de type proprement seigneurial (« portant directe seigneurie »). Le bail à rente pratiqué par exemple à Vouzon dans l'Orléanais à la fin du XVe siècle est une concession de terre, avec transmission de la propriété utile, sous condition d'une lourde redevance en nature, ici appelée « rente ». La lourdeur de la redevance fait que juristes et historiens tendent à assimiler cette opération à une vente : mais au lieu qu'elle soit réglée par une somme d'argent, versée comptant ou à terme, elle l'est par le versement annuel et perpétuel d'une rente.

Cette opération n'est pas obligatoirement d'origine seigneuriale. Tout propriétaire « utile » peut vendre sa terre sous versement d'une rente foncière ; l'opération peut séduire un acquéreur impécunieux qui ne pourrait régler un prix d'achat ; quant au vendeur, il s'assure un revenu perpétuel qui, le temps aidant, dépasse de loin la valeur de la pièce vendue. A Vouzon, c'est effectivement sa réserve propre que le seigneur a ainsi concédée (ou vendue) par lots.

Si l'opération porte sur une terre en censive, l'acquéreur se trouve, apparemment à bon compte, à la tête d'un bien doublement chargé : du cens au seigneur, de la rente à son vendeur, la seconde normalement plus lourde que la première. Assimilée à une vente, l'opération comporte le règlement de lods et ventes au seigneur. Cependant, premier symptôme d'une regrettable ambiguïté, cette condition est discutée et la jurisprudence du Parlement de Paris a varié à ce sujet (Schnapper, 1957, p. 232-235). D'autre part, la rente est de droit rachetable, c'est-à-dire que le débiteur peut à tout moment s'en libérer en versant le capital correspondant à la rente (soit 16 à 20 fois son montant annuel, selon la législation en cours). Ce qui n'est pas le cas du cens seigneurial, dont le rachat n'est pas de droit et suppose l'accord des deux parties. Il y aurait donc des critères précis à la rente non seigneuriale (rachetable, soumise à lods et ventes)... si les pratiques avaient correspondu à la théorie !

La question devient plus délicate si le bail à rente est consenti par le seigneur de la terre. S'agit-il alors d'une vente, opération économique et monétaire entre deux contractants égaux ; ou d'une nouvelle baille, concession d'un dominant politique à un sujet ? La seconde solution suppose que la rente devra « porter directe seigneurie et lods et ventes », qu'elle peut se doubler d'un intrage, et qu'elle n'est pas rachetable de droit (cf *Encyclopédie* : « Les rentes foncières seigneuriales sont, de leur nature, non rachetables » ou, formulation différente, la Coutume du Bourbonnais : « Toute rente ne portant pas droits seigneuriaux est rachetable » : Berroyer, *Nouvelles Coutumes*, p. 221).

Mais la pratique de concéder « à cens et rente », formule où c'est le cens qui est recognitif de la seigneurie, laisse supposer que le statut de la rente reste assez flou... L'Encyclopédie dit que certaines régions distinguent la « rente grosse », qui est un revenu réel, de la « rente menue », qui est le cens, lequel n'est pas un revenu mais une simple marque de « directe seigneurie », en précisant même que le cens ne peut dépasser le 1/14 du revenu. Dans ce cas, le seigneur joue sur les deux tableaux, je veux dire les deux systèmes sociaux : seigneur, il utilise le cens, qui lui garantit ses prérogatives « politiques » ; propriétaire, il utilise la rente qui lui apporte un revenu réel ; mais il triche avec le second système si la rente reste non rachetable...

En fait, du cens classique au bail à temps court, le seigneur qui récupère une terre de sa directe, ou qui renonce à l'exploitation de sa réserve, a le choix entre plusieurs possibilités : une concession de type ancien, portant directe seigneurie ; la même, doublée d'un intrage tendant à une vente ; la formule « à cens et rente » ; la vente « normale », soit uniquement de la propriété « utile » en gardant un cens, soit utile + directe correspondant à un affranchissement ; un simple bail à temps court, qui lui conserve la propriété utile. La première option est celle du seigneurial classique, la dernière fait entrer dans le système rentier, les autres sont celles du seigneurial modernisé, c'est-à-dire monétarisé. C'est sans doute ce qu'il faut appeler situation de transition...

Mais revenons aux cas concrets. Je n'ai noté que deux véritables « baux à rente ». Celui du 20 juin 1624 : 8 œuvres de vignes sont baillées pour 9 livres de rente annuelle ; le montant correspond bien au capital représenté. Le bailleur est un quincaillier de Moulins, le preneur un vigneron. Aucune indication de seigneurie. On serait dans le cas typique de la rente « bourgeoise »... si la rente était rachetable. Or, explicitement, elle ne l'est pas.

Second cas, celui du 17 juin 1618. Explicitement qualifiée de « nouvelle baille », l'opération met en cause un seigneur, Feydeau de Cluzors. Il y intrage de 6 livres, et rente de 20 sols. Ce serait le cas typique de la rente seigneuriale, en outre de valeur faible, sauf que la rente est dite rachetable, et qu'elle est effectivement rachetée en 1620. Il n'y était pas question de droits seigneuriaux, malgré l'intrage ; Feydeau a-t-il agi comme seigneur ou comme simple particulier ?

Parmi les « nouvelles bailles » seigneuriales, il y a un cas de « cens et rente », le 29 mai 1608. Il est qualifié de « bail à perpétuel » ; la situation est de type seigneurial : parcelle déguerpie. Les bailleurs sont les chanoines de Moulins, le preneur, un officier, lieutenant en la châtellenie de Belleperche. Le cens est de 12 deniers, donc faible ; il n'y a pas d'intrage ; la rente est de 49 sols, dite rachetable à 49 livres. On serait dans le cas de la seigneurie monétarisée : par le cens, voici la seigneurie, par la rente rachetable, voici la rente foncière classique : le prix de 49 livres correspond à la valeur de la parcelle. A moins que de considérer la rente comme un équivalent de l'intrage ? Les autres nouvelles bailles étaient de type ancien : un cens débattu après enchères.

C'est indirectement que je retrouve des rentes de type seigneurial. Dans une énumération de droits, le 3 août 1605 on rencontre une « rente foncière portant tous droits seigneuriaux » et une autre « portant lods et ventes » : la première est libellée en nature ; les deux sont de faible valeur. La Coutume Bourbonnaise, bien qu'allodiale, tend à considérer la rente comme seigneuriale : « la première rente constituée sur aucun héritage allodial s'appelle rente foncière et emporte droit de directe seigneurie et de lods et ventes » (Berroyer, 1699, p. 216). Cette clause aurait dû multiplier l'emprise « seigneuriale » sur la terre, ce qui ne semble pas avoir été le cas.

Certains débiteurs sont incapables de qualifier leur dette ; lors de la vente du domaine des Bouchereux, le vendeur reconnaît qu'il est dû une rente, mais « ne sçait si elle porte directe ».

On comprend l'embarras des législateurs de 1789 à 1793 quand il fallut déterminer quelles rentes étaient « seigneuriales » (donc supprimées) et quelles rentes restaient légitimes et exigibles, n'étant qu'un contrat entre « particuliers ». En vertu de l'article 2 de la loi du 17 juillet 1793 « sont exceptées des dispositions de l'article précédent (la suppression des redevances seigneuriales) les rentes ou prestations purement foncières et non féodales ». Le 7 septembre 1793, en pleine période montagnarde, le Comité de Législation reconnaissait l'impossibilité de démêler le seigneurial du foncier, en particulier parce que les notaires utilisaient à tort et à travers les expressions de « cens et rentes, surcens ou rentes seigneuriales ». Le Comité, au nom de l'égalité, se refusait à ce que les ci-devant soient lésés. La pratique du bail à rente étant à la disposition de tous, la rente ne pouvait être dite « seigneuriale », sous la simple raison que le bénéficiaire en était un seigneur. Faute de critère clair, le Comité proposait que toutes les rentes seraient réputées « purement foncières quelles que soient les qualifications qu'elles aient eues originairement » (Sagnac, 1907, p. 788), car il s'agissait de « prix de vente constituées en rentes pour la commodité des acquéreurs indigents soit par les ci-devant, soit par les citoyens ordinaires » et que de ce fait il s'agit d'une « propriété garantie par la Déclaration des Droits et par la Constitution ».Tout un pan des pratiques seigneuriales se trouvait ainsi épargné par la suppression de la féodalité et réintégré sous l'égide de la sacro-sainte Propriété dans le corpus des pratiques « bourgeoises ».

Le bail à rente témoigne de la souplesse des pratiques entre le seigneurial et le contrat monétaire moderne. En fait, je n'ai rencontré que peu de véritables baux « à rente » de type seigneurial entre 1600 et 1620. Les nouvelles bailles sont majoritairement de type médiéval ou avec intrage. Pourtant, les terroirs d'Yzeure portent de nombreuses redevances qualifiées de « rente », tant dans les vicairies que dans la directe de la seigneurie de Pouzeux : elles semblent avoir été imposées au XVIe siècle.

Les lods et ventes

Les lods et ventes sont un autre moyen de « monétariser » la puissance seigneuriale. Il s'agit d'un droit de mutation, payable lors de la vente de la parcelle. On le justifie par l'achat de « l'investiture » du nouveau tenancier par le seigneur. Les lods sont en principe fixés par la coutume. En Bourbonnais, il s'agit de 3 sols 4 deniers pour 1 livre, c'est-à-dire du 1/6 du prix de la vente, sauf à Gannat où il est de 1/12 (Berroyer, 1699, p. 1). Malgré la Coutume, la proportion du prix de vente n'est pas respectée. La plupart du temps, il y a « composition », le seigneur acceptant une somme forfaitaire couvrant les lods et les arrérages qui se trouvent souvent traîner au moment de la vente. Mais ces opérations ne donnent pas lieu à un acte particulier : on ne les connaît qu'indirectement, à l'occasion de contestations. S'il y a une quittance annexée à l'acte de vente, elle reste le plus souvent non chiffrée, le seigneur se bornant à attester que les lods ont été payés.

Voici quelques cas concrets. Le 13 janvier 1615, voici une clause d'annulation de la vente au cas où le seigneur refuserait une composition sur les lods ; le 11 décembre 1607, une quittance non chiffrée qui se double d'une déclaration d'investiture. Un seul acte (30 novembre 1615) chiffre des lods : pour 10 livres, « je lui ai quitté mes droitz de lotz et ventes » à charge de continuer à payer le cens, ce qui semble aller de soi ; il s'agit d'une vente montant à 250 livres, mais la directe semble ne porter que sur la moitié de la parcelle, un beau pré de 5 chars à La Mothe d'Arson.

Malgré la composition, les lods semblent l'un des meilleurs postes de rapport des droits seigneuriaux. Certains cens purement symboliques ne sont là que pour manifester le droit casuel du seigneur à percevoir des lods. Mais ceux-ci sont évidemment tributaires de l'activité du marché foncier, ce qui constitue un rapport étroit entre le monde « féodal » et le monde, dit nouveau, des transactions monétaires. L'intrage, le bail à rente, les lods et ventes représentent des rentrées d'argent, très occasionnelles sans doute, que le système classique ne postulait pas.

Les seigneuries dans le marché foncier

C'est le système entier qui est entré dans le monde de l'argent, dans la mesure où toutes ses composantes peuvent faire l'objet de transactions monétaires. Pour les parties purement foncières et immobilières, cela peut sembler tout naturel. Mais on peut aussi acheter des parties de directes, c'est-à-dire des droits seigneuriaux, et ceci sans tenir compte de la qualité statutaire de l'acquéreur.

J'ai pu en relever une quinzaine de cas. Pour simplifier, voici le 3 août 1605 une vente portant sur une longue série de droits dans toute leur variété, cens, tailles, rentes portant droits seigneuriaux, et même une pittoresque redevance d'une cuisse de vache (due par un avocat !). Comme il est logique, ces droits sont à percevoir sur des tenanciers divers, allant de la communauté paysanne aux notables moulinois. L'affaire se traite entre Noble Nicolas Coiffier, conseiller à la sénéchaussée, et Maître Claude Heulhard, procureur en la sénéchaussée, moyennant 300 livres, somme qui correspond à la valeur d'une petite métairie. A un autre niveau de valeur (15 livres), Jacques Cadier, écuyer, vend une seule taille à noble Pierre Cadier (un parent ?), sieur de La Grange, commissaire ordinaire de l'artillerie de France. On précise alors que le vendeur « baille copie de la reconnaissance estant dans son terrier » (20 juin 1606)

Il est courant qu'à cette époque, comme au XVIe siècle, n'importe quel notable puisse acheter quelques droits seigneuriaux. Sans support immobilier (château), cette possession était insuffisante pour jouer au noble : cela suppose une opération à but essentiellement monétaire. On trouve ainsi dans l'inventaire après décès de Laurent Heulhard, le 4 février 1613, des baux de métayage et de cheptel, des accenses de dîmes, des constitutions de rente, des obligations et des contrats d'acquisition de droits seigneuriaux.

Ainsi, des directes se trouvaient-elles atomisées et, si l'on veut, la perception de droits seigneuriaux se « démocratisait » ; en tout cas la plupart des notables en possédaient. Le système seigneurial se diluait, socialement parlant.

Puisque droits et terres pouvaient également se vendre, les seigneuries « en bloc » peuvent aussi être l'objet de transactions. Ce fut le cas de la seigneurie de Laleuf à Chavenon « maison, basse-cour environnée de fossés de tous côtés », deux métairies, trois étangs, des terres, cens, rentes, « droit de chapelle et sépulture », le tout vendu 3400 livres par Louis de Magnoux, écuyer, seigneur de Laleuf, à demoiselle Péronnelle de Chaussecourt. On peut penser que, dans cette somme, l'immobilier et le foncier constituent l'essentiel de la valeur. Mais, outre que cela reste à démontrer, on sait que si de petites seigneuries n'avaient que de faibles directes, il n'en était pas ainsi de seigneuries plus importantes, sans remonter jusqu'au duc de Bourbon lui-même qui n'avait guère de biens fonciers, tout en conservant des châteaux qui allaient à ruines comme Bourbon, Chantelle et même Moulins, où venait de mourir la reine douairière Louise de Lorraine, veuve de Henri III.

Le fermage de seigneurie

La perception des droits seigneuriaux elle-même se monétarise. Tant les baux de métayage que beaucoup de droits seigneuriaux étaient libellés en nature. La taille bourbonnaise comportait une redevance en avoine et en gélines ; beaucoup de cens portaient un peu de froment ou de seigle. Tout cela est bien utile en période de hausse de prix ; mais quand il n'y a plus de garnison à entretenir, quand le seigneur est un quelconque procureur habitant Moulins, ces quartes d'avoine, ces boisseaux de seigle ne sont pas d'un maniement facile. Depuis longtemps, le seigneur, pas forcément absentéiste, utilise donc le fermage pour gérer ses revenus, tant d'origine seigneuriale que rentière.

Le fermage est parfois payé d'avance, il apporte de l'argent frais. C'est sans doute sa fonction principale, qui fait que même un métayage est coiffé par un fermage. On afferme (le terme local est « accense ») globalement une seigneurie. Le fermier joue le rôle d'un prestataire de service : percevoir des revenus multiples et les « transformer » en argent.

Les baux de fermage de seigneuries combinent des stipulations de type purement foncier : labourer, ensemencer, récolter, entretenir (qui seront répercutés sur les baux de métayage), et des clauses de type seigneurial. Pour percevoir les cens, il est prévu que le seigneur remette à son fermier les armes juridiques dont il dispose, c'est-à-dire le terrier, comportant les reconnaissances les plus récentes. Le fermier doit poursuivre les récalcitrants. Sa négligence va à l'encontre de son propre intérêt, mais aussi au détriment du seigneur : des redevances irrégulièrement exigées « se perdent » facilement, elles se prescrivent ou donnent lieu à de désagréables contestations. Le seigneur ne garde parfois que la faculté de régler les compositions pour lods et ventes (Cluzors, 31 août 1604 ; Salonne, 8 novembre 1619). Il laisse le fermier cultiver à son compte, ou en y prenant la parcière, les parcelles qui se trouveraient abandonnées (Varennes, 23 novembre 1602), ce qui permettrait une nouvelle baille plus avantageuse, la terre étant restée entretenue. Par contre, le fermier doit la plupart du temps payer les redevances dues sur certaines parcelles de la seigneurie. Il n'est pas dit, mais il est implicite, que le fermier choisisse les métayers qui cultiveront les domaines ; c'est lui, en effet, qui passe les contrats de métayage.

Certains baux séparent clairement le foncier du seigneurial. Dans ce cas, il y a une accense de droits seigneuriaux. Le seigneur « baille et délaisse » les « cens et rentes » qu'il possède à tel endroit. Il s'agit parfois de quelques droits de faible valeur, comme ceux que délaisse un Semyn, à St-Sornin, pour un marchand tanneur d'Ygrande, pour 15 livres. Dans ce cas, le fermier est habilité à percevoir directement les lods et ventes.

Mais il peut s'agir des redevances d'une seigneurie entière, ainsi de La Fin Fourchaud. Le fermier, là, n'a droit qu'au 1/10 des arrérages et lods, et c'est le seigneur seul qui est habilité à faire la composition. Le fermier doit venir chaque mois rendre compte, au château ou à Moulins. A Lucenay-les-Haix pour une ferme de 114 livres par an, le fermier garde les lods, mais partage les commises et mortailles sur les bordelages. Il peut poursuivre des arrérages anciens (« devoirs inscrits à l'ancien terrier et non compris au nouveau », donc vraisemblablement perdus), à ses frais, mais il en garde la moitié : c'est une prime à l'activité.

Quant aux dîmes, il est d'usage général et ancien qu'elles soient accensées ; mais le plus souvent en nature, le fermier n'est donc qu'un agent de perception.

On doit cependant signaler que le fermage de seigneurie n'est nullement généralisé. Nombre de seigneurs gèrent directement leurs terriers et leurs métairies ; certains le font par l'intermédiaire d'un régisseur ou d'un homme d'affaires, qui n'est pas un fermier. La trace de ces gestions directes se retrouve dans la qualification des bailleurs dans les baux de métayage et dans la tenue des lièves (fiches de quittances des droits seigneuriaux). Le contact direct entre le seigneur et « ses » tenanciers reste ainsi le plus souvent assuré au début du XVIIe siècle.

Bien entendu, les seigneurs se sont plaints de leurs fermiers. Mais aussi de leurs agents directs ! Il est évident que le fermier en prenait à son aise quand il le pouvait, en particulier quand il possédait lui-même dans la directe qu'il administrait. Ainsi Guillaume Meschin ayant pris à ferme la directe de Lucenay-les-Haix le 4 décembre 1609 s'associe le même jour avec un autre pour exploiter cette ferme. Mais il prend soin de stipuler qu'il se réserve la perception de ce qu'il doit lui-même, ainsi que des « lods, ventes et commises qui pourraient échoir sur la communauté des Meschins ». Ces possibilités de tricherie admises, il faut bien prendre conscience des avantages que le seigneur tirait du fermage.

Il y a bien sûr la commodité de n'avoir pas à gérer continuellement des détails de culture ou de perception, ce qui laisse le loisir de se consacrer à autre chose : carrière militaire, certes, mais pensons aussi à la vie urbaine de nombreux seigneurs qui sont officiers. Quand on suit la carrière militaire de Jean de Coligny, comte de Saligny, constamment absent de la province, on comprend le rôle des intermédiaires ; encore qu'à ce niveau, le seigneur est souvent bien représenté sur le terrain par un parent direct : mère, femme, frère. C'est Françoise de La Guiche qui passe les actes de la seigneurie de Saligny. Dans la région de Buxières, les actes portent souvent la signature de Françoise du Croc ou de Charlotte du Buisson.

Le fermier est en fait un spécialiste de la gestion. Peu importe sa profession par ailleurs : greffier, cabaretier, sergent, laboureur même, il est « au contact ». Il a dû pour prendre une accense avancer une forte somme, parfois plusieurs années de loyer d'avance, il s'engage à des paiements annuels. Il faut pour cela avoir la vocation de l'administrateur de biens, savoir choisir les métayers, savoir vendre, savoir se faire régler les redevances, connaître les finesses de la vie villageoise. Le bailleur n'a pas toujours ces capacités-là : il a raison d'utiliser un spécialiste.

Certes il faut surveiller le fermier, mais l'argent frais qui rentre est un argument de première valeur. Rien ne permet de supposer, en Bourbonnais à cette époque, que les fermiers soient devenus des personnages assez puissants pour s'imposer aux bailleurs. On ne voit pas de dynasties de fermiers.

La manière dont ces fermiers « transforment » les revenus en nature en sommes d'argent apparaît bien dans les contrats de vente qu'ils passent avec des marchands. La plupart se passent entre avril et juin ; c'est le moment de la soudure, le blé est à son meilleur prix. Les fermiers de seigneurie s'abouchent avec des marchands voituriers par eau de Moulins ou d'Orléans ; les quantités sont importantes : de 1500 à 4000 boisseaux, mesurés en muids (de 34 boisseaux) ou en setiers (de 16 boisseaux). Voici une opération qui porte sur « tout le blé seigle qui est au grenier de ladite seigneurie de Raiz ». Après mesurage sur place, et en comptant 21 boisseaux pour 20, on s'accorde sur un port d'embarquement. Les sommes en cause sont au niveau d'un gros fermage annuel : 200 livres, 450 livres, 800 livres. Or la plus forte accense que j'aie relevée était de 1000 livres pour la seigneurie de Cluzors : un ou deux gros marchés couvrent le montant du loyer. Presque toujours, il s'agit de seigle, ce qui suppose le produit des métairies et des dîmes plutôt que celui des droits : des cens sont certes libellés en seigle, mais d'autres, et toutes les tailles, sont en avoine. Que devient l'avoine qui n'intervient pas dans les contrats de vente ? On peut supposer que les redevances « en avoine », qui portent en réalité sur des terres de toute nature, y compris vignes et prés, sont en fait perçues en équivalent argent. En dehors du seigle, on rencontre un contrat de vente pour 100 pots d'huile, passé par le fermier d'une seigneurie « de Charbonnières ».

Conclusion

Entre 1600 et 1620, le système seigneurial apparaît toujours présent et solide. Fondé sur les reconnaissances et les nouvelles bailles, il maintient les formules et les actes traditionnels. Il fonctionne maintenant en symbiose avec les pratiques de la société monétarisée ; il a rendu onéreux les actes d'investiture (par l'intrage), de transmission de la tenure (par les lods et ventes dont nos droits de mutation actuels ont pris la suite). Il a doublé les cens de rentes plus lourdes, mais dont le statut reste flou, et qui survivront massivement à la Révolution de 1789. Rien de tout ceci n'est très nouveau, étant couramment pratiqué depuis le bas Moyen Age. Il convient d'insister aussi sur le fait que, mis à part les lods et ventes, les pratiques « modernes » ne sont pas généralisées, reconnaissances et nouvelles bailles restant souvent libres de taxes ou d'intrages.

Nouvelles bailles, arrangements, remises en ordre, restaurations de terriers permettent quelques ajustements, tenant à la fois à la nouvelle structure en domaines métayers et à la personnalité des tenanciers, qui sont de plus en plus des notables.

Sans pouvoir ici quantifier, on note bien que quelques rachats de cens, quelques échanges de droits entre seigneurs viennent diminuer l'emprise des directes seigneuriales. En se conduisant aussi en propriétaires fonciers, en agrandissant leurs métairies, les seigneurs participent directement à ce mouvement, mais qui ne paraît pas encore d'une bien grande intensité en ce début de XVIIe siècle.

Il semble également qu'il y ait atomisation des directes dans la mesure où on procède à des ventes de droits seigneuriaux, qu'achètent des notables moulinois, qui investissent aussi bien dans les terres que dans les rentes et les prêts sous obligation.

Par la pratique, non pas généralisée cependant, du fermage, la seigneurie est largement ouverte sur les pratiques monétaires et sur le marché des produits agricoles.

Derrière cette façade qui témoigne à la fois d'une forte permanence et d'une adaptation à l'argent, quelles sont cependant les réalités ? Je n'ai cherché ici qu'à retrouver des pratiques juridiques, sans chercher des comparaisons chiffrées, ni à apprécier la part du foncier et la part du seigneurial dans les « seigneuries », ni dans les budgets des notables.

Je me bornerai, pour terminer, à faire état de quelques formulations « inquiétantes » qu'on trouve, chemin faisant, dans les actes.

La considération de la date de la dernière reconnaissance précédant un acte des années 1600-1620 laisserait-elle entendre des difficultés dans le fonctionnement des seigneuries entre 1570 et 1600 ? Nos actes renvoient en effet beaucoup à des reconnaissances de la première moitié du XVIe siècle ; on n'en trouve que peu qui soient postérieures à 1570. Le plus souvent le laps de temps est anormalement long. Il semble qu'on ait refait pas mal de terriers au début du XVIIe siècle, succédant à ceux des années 1530-1540. Aurait-on perdu des articles en cours de route ?

Certaines formulations des actes de vente le laisseraient volontiers supposer. Ces actes devraient indiquer le statut de la terre. Une minorité seulement indique que des droits sont dûs à tel ou tel seigneur : « quitte d'arrérages de cens jusqu'au St Michel prochain, dû au Roy » (26/06/1615). Ou bien « à charge de payer les devoirs aux seigneurs de qui ils sont portés, lesquels ledit acheteur a dit bien sçavoir » (30/10/1615). Beaucoup utilisent une formule passe partout : « à la charge des cens à qui il appartiendra », parfois complétée par « que les parties ont dit ne sçavoir ». C'est une formule qui garantit le vendeur contre un recours éventuel de l'acquéreur, sans renseigner précisément personne. Le flou semble la situation officielle de ces parcelles.

Parfois, le vendeur justifie son ignorance : « pour n'en avoir jamais payé aucun ». On serait dans le cas de l'alleu, qui n'est pourtant pas affirmé avec netteté. Enfin, quelques actes plus précis conduisent à penser qu'il existe bien des parcelles échappées de directes mal gérées :

- un bois et taillis « en ruyne » à Bressoles, est déclaré sans charge, mais avec la restriction : « au cas où il se trouverait devoir, ou s'il se trouvait porté en fief »... en somme, le vendeur ignore s'il s'agit d'un alleu, d'un fief ou d'une censive !
- vente de parcelles, toujours à Bressoles « en payant cens à qui il appartiendra, déclarant le vendeur n'en savoir autre que le baron de Bressoles sans savoir si c'est sur le tout ou sur partie ».
- vente du domaine, des Bouchereux, déjà signalé : le vendeur ne sait si la rente due porte directe.
- Mais le cas le mieux décrit est celui-ci : la vente d'une maison est faite « à charge que l'acquéreur paye les cens directs et anciens qui se trouveraient dûs sur la présente maison, que ledit Viallet (le vendeur) a juré et affirmé ne

sçavoir qui, touteffoys il en a esté investy par feu Gilbert Fillol, sieur de Marcellanges et ne sçay à qui il est à présent dû parce qu'il ne luy en a esté rien demandé ». Il s'agit ici clairement d'une censive perdue.

4 - Qui payait les droits seigneuriaux ? le cas de la châtellenie de Bourbon (1780-1790)

Je me suis intéressé jusqu'ici, essentiellement, à la propriété foncière rurale, dans le cadre des directes seigneuriales. Je pense avoir montré que, du XVe au XVIIe siècle, la paysannerie a perdu l'essentiel de ses propriétés, qu'elle tenait sous la charge de droits seigneuriaux. Ces terres sont passées, tant aux nobles, y compris au seigneur lui-même, acheteur dans sa propre directe comme dans celle des voisins, qu'à des notables roturiers, bourgeoisie rurale, petits officiers, plutôt que bourgeoisie marchande.

La conséquence logique de cette situation voudrait donc que, au XVIIIe siècle pour le moins, l'essentiel des droits seigneuriaux soient acquittés par des notables et non par des paysans.

Cette proposition choque la vulgate historiographique qui oppose régulièrement seigneurs et paysans. Très récemment encore, Jean Gallet a publié un ouvrage intitulé « *Seigneurs et paysans en France. 1600-1793* » (1999). L'un des mythes les plus profonds de l'identité française, avant qu'elle ne sombre dans l'euro-libéral, est le mythe doloriste du (pauvre) paysan foulé aux pieds, méprisé et exploité par « le seigneur » (ce n'est pas le thème du livre de Gallet). Les échos s'en expriment vivement en Bourbonnais, dans la manière dont l'opinion locale interprète l'action des syndicats, dits « de métayers », créés par E. Guillaumin et M. Bernard à partir de 1904. Erckmann-Chatrian, Le Roy, les politiciens radicaux, chacun à leur manière, ont été, tout au long du XIXe siècle, un relais efficace de cette imagerie.

Les historiens ont « découvert » plus tardivement la part que les paysans ont prise à la Révolution de 1789, Georges Lefebvre couronnant l'édifice dans les années 1930 par le concept de « 3e révolution : la révolution paysanne », après Loutchisky. Plus tard, on a largement débattu si la consolidation de la propriété paysanne, engendrée par la Révolution, n'avait pas été un obstacle au capitalisme (Lefebvre, Ado). Ou, formulation plus moderne encore, celle de Claude Gindin : la suppression des droits seigneuriaux a-t-elle permis aux paysans d'accéder, enfin ! au marché comme producteurs vendeurs (Colloque de Paris - 1987). Tout cela supposant évidemment que ces fameux droits pesaient surtout (ou totalement) sur les propriétés paysannes.

Quelques rares (et moins célèbres) voix discordantes se sont fait entendre, sur le thème d'une opposition paysanne menée contre les attitudes physiocratiques des seigneurs plutôt que contre l'ancien système seigneurial lui-même (Sallman, Villaverde). Si on regarde de près l'assassinat du Comte de Dampierre, analysé par G. Lefebvre lui-même, on doit bien leur donner raison. Mais le mot « seigneur » est malheureusement victime de sa polysémie, comme on a déjà eu l'occasion de le constater.

En tout état de cause, l'analyse sociale des redevables des droits seigneuriaux me paraît avoir été bien rarement présentée, l'imagerie voulant qu'il s'agisse essentiellement de paysans. Ado concède bien que « la liquidation du régime seigneurial ne pouvait satisfaire que les paysans propriétaires indépendants » mais sans aller jusqu'à la question : mais qui donc payait les droits seigneuriaux ? Seule, Annie Antoine me paraît avoir fait remarquer que l'idée selon laquelle des paysans sont les principaux redevables des droits est tout simplement « fausse » (publications de 2004). Elle n'en tire cependant aucune conséquence sociale.

Or le problème n'a pas seulement un aspect de description sociale, il a aussi un aspect politique : si le sytème seigneurial a été si facile, législativement, à éliminer, n'est-ce pas que beaucoup de gens y avaient intérêt, et pas seulement les paysans ? Que l'on compare avec l'absence de contestation, au niveau des Assemblées nationales, de 1789 à 1799 sur le fermage et surtout sur le métayage. Même si on ne réduit pas la politique à un décalque mécanique des oppositions sociales, et si le jeu de l'idéologie y a une part fondamentale, la question peut avoir son intérêt.

Je me bornerai ici à vérifier la réalité du problème posé par la répartition sociale des redevables de droits seigneuriaux. Certes l'analyse de quatre terriers a déjà ébauché une réponse. Mais on aura recours maintenant à un document beaucoup plus massif, et bien centré sur le Bocage. Il s'agit de la liève de la châtellenie ducale de Bourbon, tenue entre 1780 et 1790.

C'est le plein cœur du Bocage bourbonnais, centré sur Bourbon l'Archambault et Ygrande, zone classique des domaines métayers. En dehors de Bourbon, les gros bourgs administratifs ou marchands sont en périphérie, ainsi que les villes : Moulins, Nevers, St-Pierre-le-Moûtier, Sancoins, Cosne, Cérilly…

Les dimensions sont sans commune mesure avec les cas précédents. Les droits rapportent au Prince de Condé, par l'intermédiaire de son fermier, 378 livres argent, 5440 boisseaux d'avoine et 354 boisseaux de seigle, mesure Bourbon. Aux prix de la mercuriale de 1788, et compte tenu de perceptions plus secondaires en vin, gélines, froment et orge, les redevances purement foncières, sans les dîmes, blairies, moulins, laydes et prés, doivent monter à 7 ou 8000 livres.

Le registre pris en compte, coté A43, est une sorte de terrier-liève. C'est une collection reliée de cadres imprimés constituant des fiches individuelles. L'en-tête porte la formule « M.... déclare devoir », ce qui apparente le document à un terrier actualisé, quoique non notarié. S'ensuivent sur la page les articles reconnus, caractérisés par un renvoi au terrier de 1678, mais sans descriptif des parcelles ; l'absence d'une mention des surfaces interdit la comparaison avec d'autres terriers. Les payements sont bien indiqués de 1785 à 1790, ils correspondent au titulaire de la fiche, et mentionnent généralement son domicile. Quelques gros articles donnent lieu à composition en argent.

J'ai procédé à un relevé de toutes les fiches et à la totalisation des redevances. Comme toujours, il subsiste quelques ambiguïtés : fiches barrées ou vides, doubles emplois, mais qui ne portent que sur peu de feuillets ; j'ai enregistré 5440 boisseaux d'avoine, alors qu'une récapitulation du fermier table sur 6027 boisseaux.

La plupart des tenanciers sont qualifiés par un titre et une profession. Pour ceux dont nous ne connaissons que le nom, l'usage, très moderne, de la formule imprimée « M. », ne permet pas de les situer, même grossièrement, comme on pouvait le faire avec les avant-noms usités précédemment. La hiérarchisation de la société s'efface ici derrière une « égalité » administrative des propriétaires, que la Révolution devait consacrer légalement.

Les droits seigneuriaux sont ici composés de cens et de taille simple (en argent) et d'une redevance en avoine ; on trouve à l'occasion du vin, du froment, de l'orge ; le seigle est assez fréquent. La partie centrale de la châtellenie utilise la mesure Bourbon, et la mesure Limoise, immédiatement transcrite en Bourbon : Limoise = 3/2 Bourbon. Au nord, on utilise la mesure de Sancoins, pour laquelle ne figure aucun équivalent : elle est totalisée à part par le fermier. Au nord-est, on trouve le modurier de Cérilly, considéré comme équivalent au boisseau de Bourbon. Les gros articles donnent parfois lieu à une composition qui, compte tenu du prix de l'avoine, ne paraît pas constituer un rabais bien important, plutôt une assurance contre une hausse de la mercuriale. N'ont pas été comptés les 2 moulins, affermés en 1788 pour 1000 livres en tout, les laydes valant 854 livres et la vente des 20 chars de foin de la prairie des Moines : 432 livres.

169 tenanciers sont inscrits à ce terrier. Ce nombre permet une catégorisation sociale relativement fine et significative, d'autant

qu'il y a peu de co-tenures, seulement quelques indivisions (« les héritiers de… »).

16 personnages payent plus de 100 boisseaux d'avoine, le record étant détenu par Roux, bourgeois rural, pour 243 boisseaux en 18 articles anciens, suivi par « la dame de Bron » avec 216 boisseaux, et Tiersonnier, receveur des tailles, 207 boisseaux. Le groupe est composé de 7 nobles, 2 officiers, 2 procureurs, 3 « bourgeois » ou « sieurs », 1 marchand de bois, 1 non qualifié. Ce palmarès montre déjà la variété sociale des tenanciers.

Le clergé réunit 13 tenures : quelques curés, quelques couvents, avec des charges très moyennes ; un chanoine, M. de Brinon, est le plus chargé.

La noblesse apparaît avec 26 noms, la plupart bien connus : Villaines, Dreuille, Neuchaize, Bron, etc…, avec plusieurs titres de dignité : le comte de St-Hilaire, la comtesse de Reugny, le marquis de Sinety, le comte de Bar. Ce sont là des lignées locales, sauf peut-être un Bourdieu de Beauregard, qui déclare résider à Pau ; la comtesse de Reugny déclare, elle, habiter Paris, mais son titre est bien local. Sur 20 mentions, on trouve donc les deux résidences lointaines de Pau et de Paris, 11 résidences urbaines proches (La Châtre, Nevers, Montluçon et surtout Moulins), deux à Bourbon et Evaux et six dans les châteaux de village, dont le comte de St-Hilaire, Legroin de St-Sauvier et Deschamps de Pravier. La noblesse possessionnée ici n'habite jamais loin de ses terres, on ne saurait vraiment parler d'absentéisme. Bourdieu de Beauregard est régulièrement représenté dans ses baux de fermage par son frère, habitant Bourbon.

Sept nobles doivent plus de 100 boisseaux d'avoine, 1/6 du total général ; leurs charges en argent atteignent 36 livres, soit presque 10 % du total. Par contre sept autres ne doivent que des charges minimes. Parmi eux, Neuchaize, de Dreuille, Deschamps de Pravier : ce ne sont pas des « petits propriétaires », mais seulement des propriétaires possédant peu dans la directe ducale.

Les personnes regroupées sous le mot « officiers » sont en fait très proches de la noblesse. Il s'agit en effet d'officiers de rang relativement élevé : élus, maîtres des Eaux et Forêts, lieutenants généraux, Président-Trésorier de France. Quelques-uns sont effectivement nobles : St-Roman, Alaroze de la Brenne ; Russeau est dit seigneur de La Garde. Les redevances sont moyennes, mais deux officiers figurent parmi les seize plus chargés : Tiersonnier, receveur des tailles, pour 207 boisseaux, Alaroze de la Brenne, 160. La fonction de ces personnages peut expliquer qu'aucun ne déclare résider en campagne, mais bien dans les centres administratifs locaux : Moulins, Bourbon, Cérilly, Cosne, Montluçon ; Saint-Roman, conseiller au Parlement de Paris, habite évidemment la capitale.

J'ai rangé à un degré inférieur les petits officiers : procureurs, huissiers, garde-marteau. Ici, aucune indication de seigneurie, ni a fortiori de noblesse ; seules les demoiselles Michel de Royer pourraient figurer dans la rubrique précédente. En dehors d'une résidence à Moulins (ces demoiselles, justement) les résidences sont déclarées dans les bourgs, ainsi qu'à St-Amand et à St-Pierre-le-Moûtier. Deux de ces personnages dépassent la charge de 100 boisseaux, l'un et l'autre sont « notaires et procureurs », l'un à Bourbon (Petitjean), l'autre à Hérisson (Morgue).

Proches d'eux sont les quelques notaires, médecins et avocats (9 noms), avec trois résidents moulinois, les autres étant des ruraux, y compris de villages. Un avocat dépasse les 100 boisseaux d'avoine. Quelques personnages non qualifiés auraient sans doute pu être ajoutés à cette liste.

La différence professionnelle a incité à ouvrir une rubrique pour artisans et marchands urbains, en fait des résidents de Bourbon (artisans, un boucher, un apothicaire) ; et seulement un Moulinois, le coutelier Grand. Aucun ne porte de redevances importantes.

Avec les « bourgeois » et « sieurs » (26 noms), nous retrouvons une catégorie nombreuse et relativement homogène selon les critères bourbonnais. Ce sont là des rentiers ruraux ; ils s'intitulent eux-mêmes « bourgeois » ; certains font référence au nom de leur domaine pour se dire « sieur de » : ainsi Tortel, sieur des Melets, résidant aux Melays, à Neuvy. On les trouve de plus en plus sous une appellation pseudo-nobiliaire, au sens du XIXe siècle : par exemple Méténier de Champfort, résidant à Champfort ou Noël de Maître, propriétaire du domaine de Maître. Tous ces personnages, sauf un Moulinois, déclarent une résidence rurale, qui correspond à leur définition sociale. Quelques-uns pourraient se rattacher au groupe des notaires ; d'autres sont aux limites de la paysannerie : Méténier de Montiffaud est sans doute fermier (patronyme connu). La modestie de ce statut social dans le cadre de l'Ancien Régime n'implique pas la modestie de la propriété : on trouve des charges très différentes, jusqu'au record absolu de la série pour le « bourgeois » JB Roux, de St-Hilaire (des Roux, médecins, puis « sieurs » apparaissent vers 1700-1750 dans le terrier d'Issards). L'effectif est comparable à celui de la noblesse, tout comme le total des redevances en argent, à peine plus faible en ce qui concerne l'avoine.

La rubrique « villageois » comporte 19 noms, pour des semi notables ruraux, qui ne sont pas dits « laboureurs » : des maréchaux de village, des meuniers, des marchands de bois, des fermiers (non qualifiés comme tels, sauf un Barathon), et des « propriétaires ». Quelques cas sont discutables. Les redevances sont souvent dans une bonne moyenne, dépassant les 100 boisseaux pour un marchand de bois de Neuvy-le-Barrois, et les frisant pour un propriétaire de St-Aubin-le-Monial, François Boutry. On verra plus loin que j'ai cru pouvoir établir que « propriétaire » désigne en Bourbonnais des paysans enrichis, qui ne sauraient se dire « bourgeois », ni « sieurs de », et qui sont, par ailleurs, souvent des fermiers. On trouve dans cette liste des Civrais, dont un est dit « propriétaire et meunier » (f° 89), et un Boutry.

J'ai classé en « laboureurs » 5 personnages, dont trois sont expressément « laboureur et propriétaire », avec des redevances faibles ou moyennes. Si on remettait dans cette catégorie les « propriétaires » classés avec les villageois, on obtiendrait une sorte de rubrique « paysans riches », soit 8 personnes pour 7 à 8 % du total des redevances en argent. Les deux « locataires » qui complètent la série n'ont que de petites redevances.

Il reste 35 personnes non qualifiées. Une seule, Bouille, porte une forte redevance de 179 boisseaux (f° 68) ; six autres ont des charges moyennes, de 40 à 88 boisseaux. Tous les autres doivent de petites charges, dont 4 pour seulement une maison. Les résidences sont uniformément locales, sauf une à Decize et une à Moulins. Ces personnages sont vraisemblablement de petits notables ruraux, des artisans ou même des laboureurs. Il est à peu près certain qu'aucun ne fait partie des classes supérieures, sans qu'on puisse être plus précis.

La répartition sociale des tenanciers se lira dans le tableau suivant. On constatera l'importance prise par les « catégories supérieures », essentiellement des privilégiés : autour de 40 % des dûs. Du même ordre, se trouve l'ensemble des notables locaux. Reste pour les « paysans » une valeur qui tourne autour de 10-20 % selon les types de redevance, en leur adjoignant « villageois » et marchands fermiers.

	Redevances en :		
Catégories	**Argent**	**Avoine**	**Seigle**
Clergé, nobles Grands officiers	44,3	44,3	37,9
Notables locaux	39,5	30	33,3
Villageois, artisans Marchands fermiers	6,4	10,7	18,6
Paysans	0,4	2,2	6
Mal qualifiés	9,4	12,8	4,2
	100	100	100

Quelques comparaisons sont possibles avec les petits terriers seigneuriaux déjà étudiés. A Issards (1775), pour un revenu seigneurial équivalent en très gros à 1/30 de celui de Bourbon, les notables au sens large payaient environ 10 % des droits, les notables locaux 30 à 40 %, les villageois 50 % des redevances en grain et 65 % des cens en argent, en comptant parmi eux les marchands-fermiers. A Fourilles et Chareil, vers 1770, un peu excentré du Bocage vers le Sud, en pays partiellement viticole, les nobles fortement représentés payent 54 % des charges en froment, 38 % de l'orge, 50 % du seigle. Les notables (« sieurs ») s'inscrivent pour 16 % de l'orge, 33 % du froment et 25 % du seigle. Il reste pour les vignerons et deux personnages probablement marchands-fermiers 35 % de la charge en orge, mais à peine 10 % du seigle et du froment. Le gros tenancier est ici, rappelons-le, Joly de Fleury, procureur général au Parlement de Paris et marquis de Fourilles.

Conclusion

Dans le cadre étroit du problème posé, les documents étudiés confirment massivement la faiblesse de la place prise par la paysannerie bourbonnaise dans le payement des droits seigneuriaux. Ceux-ci portent essentiellement sur les catégories supérieures, (clergé, nobles, principaux officiers) et sur les notables (petits officiers, notaires, bourgeois ruraux). Ce résultat confirme la réalité de la dépossession paysanne, au niveau, cette fois, d'une grande châtellenie. Il ne paraît pas avoir été fortement pris en compte par l'historiographie.

En dehors de ces catégories de non-travailleurs manuels, paysans et villageois n'interviennent significativement que par quelques marchands-fermiers, dont certains sont déjà des notables, comme Méténier de Montiffaut, et par quelques vignerons, comme à Riousse. On devine aussi l'existence d'une très mince frange de paysans « riches », s'ils ne comptent pas déjà parmi les fermiers, par la mention de « propriétaire » : 9 mentions à Bourbon sur 124 bien qualifiés, dont 3 « laboureurs et propriétaires »

La distinction traditionnelle entre noblesse et bourgeoisie, en tant que critères sociaux, ne m'apparaît pas la plus importante dans cette problématique. L'étude de la propriété (dans le cadre seulement des directes) a déjà montré *que la classe des propriétaires rentiers* en MPR se recrute tant dans la noblesse classique que parmi les notables roturiers.

La problématique des droits seigneuriaux invite à examiner le cas des « seigneurs », plutôt que celui des nobles. Les seigneurs ici concernés sont en effet des personnages qui sont dans des positions opposées : seigneurs, au sens strict, ils perçoivent les droits ; propriétaires, ils en payent. Seules des monographies locales permettraient d'apprécier le poids respectif du doit et de l'avoir ; nul doute que ce résultat serait très divergent selon les personnes. Ainsi, de Dreuille, seigneur d'Issards, titulaire du terrier d'Issard, est inscrit comme tenancier de la châtellenie ; mais il ne doit à cette dernière qu'une livre et cinq sols de droits alors que son terrier lui rapporte une centaine de livres. La seigneurie de Sarragousse était, au XVIIe siècle, du même ordre de grandeur que celle d'Issards ; mais son seigneur, M. de Villaines doit à la châtellenie une composition de 106 livres en 1788. La dame de Bron, le comte de St-Hilaire, Gascoing, dont les charges dépassent les 100 boisseaux d'avoine, sont aussi redevables de fortes valeurs ; la composition de la dame de Bron s'élève à 260 livres. Certains, en outre, apparaissent dans plusieurs directes, comme Royer des Salles, à Issards et Bourbon ou le baron de Neuchaize, à Saligny et Bourbon. Il est évident que certains de ces nobles devaient davantage de droits qu'ils n'en percevaient : certaines seigneuries n'ont plus que des directes fort maigres, voire plus de directe du tout.

Quelques-uns de ces nobles ruraux se retrouvaient donc, en ce qui concerne leur propriété foncière, proches de grands propriétaires roturiers, comme ici Roux et Tiersonnier. L'unité sociologique (sinon idéologique) des propriétaires est un fait en cette fin de siècle, y compris en ce qui concerne les charges seigneuriales.

Il est probable qu'il faille ici bien distinguer une noblesse petite et moyenne qui se trouve, fin XVIIIe siècle, davantage « propriétaire » que « seigneuriale », d'une très grande noblesse (l'aristocratie) qui recueille une très forte part des droits seigneuriaux. Condé, comme duc de Bourbon, les Rohan, ou les Princes du Sang comme les Penthièvre, disposent de seigneuries massives (au sens médiéval du terme). Ils sont plus « seigneurs » que « propriétaires », même s'ils possédent, avec les forêts, de forts revenus fonciers et sans parler encore de leurs interventions dans le mode capitaliste naissant. Peut-être serait-il utile de reprendre pour la France la terminologie anglaise : aristocratie/gentry ?

La mention des domiciles montre que les gros tenanciers résidaient pour l'essentiel à la campagne, ou dans des villes et bourgs très proches. A part deux Parlementaires parisiens, et peut-être quelques militaires, aucun de nos personnages ne paraît avoir une fonction l'appelant en permanence hors de la province (contrairement à la situation du XIXe siècle). Même dans ce cas, des exemples connus montrent qu'on maintient au château un parent ou un proche qui assure la continuité de la gestion : il en est ainsi pour Tilly, à Besson, pour Guillouet d'Orvilliers à Agonges, pour Escorailles à Livry. C'est sur ses terres qu'Arthur Young rencontre Charry des Gouttes. L'absentéisme ne semble pas une situation généralisée, ni permanente, au XVIIIe siècle.

On peut être surpris de la faible implication de la « véritable bourgeoisie » (marchande) venue des villes : Moulins, Nevers. Effectivement, si on rencontre à l'occasion des petits marchands et des artisans (à Issards), les négociants ou marchands moulinois brillent par leur absence. Certes, ils sont un peu plus possessionnés dans la banlieue immédiate où le terrier de la châtellenie de Moulins montre leur présence à Yzeure. Mais leur appétit foncier ne semble pas avoir dépassé un rayon de quelques kilomètres. La campagne profonde les ignore (sauf peut-être dans quelques zones viticoles autour de Besson). Il faut dire aussi que cette bourgeoisie semble bien légère et peu active dans ces petites villes du Centre. Moulins n'a qu'une dizaine de milliers d'habitants et son activité commerciale et manufacturière est faible. Rien à voir avec des « capitales » comme Dijon ou même Caen, sans aller jusqu'à Bordeaux, Rouen ou Aix.

En ce qui concerne le Bourbonnais, les considérations sur l'obstacle qu'auraient constitué les droits seigneuriaux pour l'accession au marché de la paysannerie n'ont guère de sens. Le paysan est bien exclu du marché ici, mais par la vertu du mode rentier et non du mode seigneurial : il s'agit du métayer (sans parler des journaliers et des domestiques, qui sont toujours des exclus, tant « du marché »...que de l'historiographie). Seul le fermier accède vraiment au marché. La « libération » qu'aurait apportée la Révolution ne concerne guère la paysannerie bourbonnaise. On sait que les législateurs révolutionnaires ont refusé de toucher au contrat de métayage, archétype selon eux du contrat entre individus libres et égaux. Ceci dit, la position exacte du métayer est moins connue que le mythe doloriste qui l'entoure. La suppression des droits seigneuriaux, si l'on considère les données chiffrées ci- dessus, a donc massivement profité aux nobles et aux notables locaux. Elle a libéré le mode rentier du poids seigneurial ; elle n'a concerné qu'une frange minime de la paysannerie.

5 - Le Comte de Dreuille à la recherche de ses tenanciers (1783-84)

Le 17 mars 1742, Charles Renault du Broc, écuyer, demeurant à Saint-Pierre-le-Moutier, signait l'acte d'acquisition de la seigneurie de La Barre. Il s'agissait, en fait, d'un rassemblement de seigneuries et de « terriers », opéré depuis le XVIe siècle par deux dynasties successives, celle de La Barre, puis celle d'Escorailles (voir ci-dessus p. 55). La Perrine (aussi appelé Livry), Villelume, La Barre, les anciens fiefs ou domaines de Boishaut, de Bois-Rousseau, les terriers Bergeron, Burteau, une partie de celui de Baleine, avaient peu à peu conflué entre les mains de nos rassembleurs, entre 1560 et 1680, dates rondes. François-Philippe, comte d'Escorailles (d'origine bourguignonne), puis son fils le marquis Etienne-Marie, avaient fondu tout cela dans un ensemble sans nom précis, celui de « Villelume, autrement La Barre » étant le plus souvent utilisé (1690-1720).

Le comte résidait alors, soit en Bourgogne, soit, fort souvent, dans son château de La Barre, à Livry. Ses seigneuries s'étendaient essentiellement sur Livry et ses villages (Riousse, Chambon, Paraize), jusqu'aux faubourgs de St-Pierre-le-Moûtier, et sur quelques grosses parcelles à Langeron, Azy, Ste-Parize, Chantenay. Elles offraient la particularité d'être à cheval sur la frontière coutumière entre le Bourbonnais et le Nivernais ; mais la seigneurie de La Barre était mouvante du duché de Bourbonnais.

En 1742, donc, Etienne-Marie, marquis d'Escorailles, sous-lieutenant de chevau-légers de la garde du Roy, demeurant à Paris, « de présent logé à l'auberge de St-Pierre-le-Moûtier » (donc ayant abandonné le château de La Barre), vendait l'ensemble à Charles du Broc.

Je décevrai les érudits qui liront ce texte, car il y a beaucoup d'éléments qui m'échappent, étant historien et non romancier. J'ignore pourquoi Escorailles vendit sa seigneurie. Peut-être ses activités militaires (il eut une belle carrière et finit lieutenant-général) ou ses terres de Bourgogne, l'intéressaient-elles davantage que ses seigneuries d'entre Loire et Allier...

La vente était conclue pour 29600 livres, dont 5000 pour les bestiaux garnissant les domaines et 1000 pour les meubles du château, au total 30215 livres avec les frais. Nous sommes à une époque qui ne connaît pas la banque, du moins pour des transactions de cette sorte. Faute de disposer de la somme au comptant, l'acheteur s'engageait à payer peu à peu, en ajoutant à la somme due les intérêts au denier 20 (5 %). Ainsi se réglaient le plus souvent les transactions foncières.

Charles du Broc prit possession, alla même loger au château de La Barre, et rendit hommage au roi, en tant que Duc de Bourbon, châtellenie de Bourbon. (18 avril 1742). Charles du Broc paraît avoir correctement géré sa seigneurie, dans la mesure où l'on peut suivre les payements de ses tenanciers dans un registre (ou liève) qui, imprimé en 1738, fut utilisé jusqu'en 1772 (A.D. Allier E 87). J'ignore, là encore, pourquoi, cependant, il ne régla pas correctement le montant de son achat. Toujours est-il qu'en 1764, il restait redevable de 19100 livres sans compter les intérêts.

La veuve d'Etienne-Marie d'Escorailles engagea en 1764 un procès contre le payeur défaillant, ce qui nous vaut, à cette date, un inventaire détaillé de la seigneurie. Rien qu'en propriété foncière, du Broc régnait sur 2746 boisselées de terres, 163 arpents de bois, 145 chars de pré et 83 œuvres de vignes, soit au moins 400 hectares. N'est pas comprise dans ce chiffre la seigneurie « directe », c'est-à-dire les terres possédées par les tenanciers, inscrits au terrier, et dont les paiements (irréguliers) sont suivis sur le registre E 87.

La marquise d'Escorailles, donc, fit saisir. Charles du Broc quêta secours chez son frère de Seganges, qui refusa de l'aider. Il trouva meilleur accueil chez son « parent », François-Hyacinthe de Dreuille, seigneur d'Avril (sur Loire). De Dreuille, présenté comme le sauveur au grand cœur, vendit une de ses terres pour traiter avec la marquise, en se faisant subroger à elle dans les dettes de Charles du Broc, lequel se retrouva ainsi débiteur d'un ami. Charles régla ensuite le problème, tout simplement, en revendant La Barre à de Dreuille, tout en conservant l'usufruit. Flairant la magouille et la captation d'héritage (du Broc était célibataire), la famille du Broc protesta, alléguant une hypothétique minoration du prix de la vente. En vain. Charles mourut en 1774, et de Dreuille se retrouva avec une belle seigneurie, mais aussi un beau procès contre les du Broc de Seganges et la belle-sœur de Charles, dame Catherine de Bianki.

Laissons là les tribulations judiciaires de François-Hyacinthe pour nous intéresser à ses relations avec les tenanciers. Ayant fait son hommage au roi en 1777, François-Hyacinthe est maintenant le maître de la seigneurie de La Barre.

Ici, nouvelle difficulté non résolue. Ce n'est plus François-Hyacinthe de Dreuille, seigneur d'Avril, que nous voyons agir, mais François-Sénétaire de Dreuille, seigneur de Bloux. Je dois dire que les affaires des de Dreuille m'ont toujous paru compliquées. Cette honorable famille comptait plusieurs branches mais peu de prénoms : François-Hyacinthe et François-Sénétaire étant trop largement répandus pour que le chercheur n'hésite pas. En outre, elle semble avoir pris l'habitude de marier une partie de ses filles aux cousins des branches voisines, ce qui évitait aux biens de sortir de la famille élargie. On voit ainsi, au début du XVIIIe siècle Marie-Françoise (branche de La Lande) épouser successivement Claude-Sénétaire (branche de Chéry), puis, veuve, François-Hyacinthe (qui n'est pas le nôtre), de la branche de Cressanges. De même, Marie-Amable, sœur de notre François-Hyacinthe d'Avril épousa son cousin François-Sénétaire, seigneur de Bloux, en 1781. C'est apparemment à la suite de ce mariage que le seigneur de Bloux devint seigneur de La Barre-Villelume, dont François-Hyacinthe se serait donc désaisi.

Opération bizarre, mais là encore pas nouvelle chez les de Dreuille : Jacques-Sénétaire (1700-1771), le père de Marie-Amable et de François-Hyacinthe, était lui-même devenu propriétaire de la terre de Dreuille par traité avec son beau-frère (et cousin) François-Hyacinthe. Donc, en 1781, c'est maintenant François-Sénétaire, seigneur de Bloux et d'Issards, qui gère la seigneurie de La Barre-Villelume et ses annexes.

Il est nécessaire de rappeler ici ce que sont les rapports des tenanciers avec leur seigneur au XVIIIe siècle. Faisons tout d'abord une croix sur l'image du paysan tenancier, foulé par le seigneur et sans moyen de défense. Le tenancier, au XVIIIe, c'est le propriétaire de la terre, qu'il soit paysan, notable, bourgeois, noble, voire, par ailleurs, seigneur dans un autre territoire. Du fait de la situation de sa parcelle dans les limites d'une seigneurie, le tenancier doit une redevance à un seigneur, de même que, actuellement, les terres du territoire français doivent l'impôt foncier à l'Etat. La redevance a été fixée il y a bien longtemps par ce qu'on appelle le contrat primitif, lequel reste mythique tout en ayant valeur juridique. Chaque parcelle, en effet, est censée avoir fait l'objet d'une concession perpétuelle qui fixait le montant annuel de la redevance. C'est dire qu'il n'y avait aucune régularité, chaque parcelle étant un cas particulier. L'ingéniosité des juristes a été sans limites pour raffiner sur le contenu, les définitions, les charges exactes afférant à une redevance. Fixe, cette redevance n'est donc pas à la merci des fantaisies du seigneur. On a souvent expliqué que ce point était fondamental : libellée en monnaie du XVe, une redevance ne valait quasiment plus rien en monnaie du XVIIIe, après les fortes inflations du XVIe, puis du XVIIIe. Seulement, nombre de redevances étaient libellées en nature, généralement, dans notre région quelques boisseaux d'avoine et un ou deux poulets ; et si le tenancier réglait en argent, ce qui était souvent le cas, on avait recours à la mercuriale du marché voisin (ici, St-Pierre-le-Moûtier) pour fixer la valeur du boisseau. Quant au poulet, son prix était fixé par la coutume à 8 sols (soit à peu près la valeur d'une journée de travail d'un manœuvre).

La faible valeur des redevances en argent (« cens »), et sans doute aussi un état d'esprit différent du nôtre, faisaient que le tenancier réglait ses redevances seulement de temps en temps, c'est-à-dire tous les 3, 5, 10 ans, voire davantage.

Le seigneur était donc obligé de tenir une comptabilité lourde pour être constamment renseigné sur les « arrérages » de chacun. Lui, ou l'homme d'affaires qui gérait la seigneurie, devait tenir un fichier des tenanciers, qui prenait généralement la forme d'un registre appelé « liève ». Chaque contrat ancien et particularisé constituait un article. Chaque article occupe une page de la liève : en tête, le nom du tenancier (connu par sa dernière « reconnaissance »), l'indication plus ou moins claire de la parcelle, le montant de la redevance et les références aux contrats antérieurs. Le reste de la page portait la trace des paiements.

Au bout d'une trentaine d'années au maximum, le registre était devenu inutilisable : les tenanciers inscrits sont morts ou ont vendu, la page est gribouillée ; partages ou regroupements mettent à mal l'unité de l'article. Ce dernier cas est fort gênant quand il y a division, car il suppose alors la « solidarité » des tenanciers : faute de pouvoir atteindre tout le monde pour régler des sommes infimes, le seigneur est fondé à réclamer la redevance entière au plus accessible des tenanciers, quitte pour celui-ci à se faire rembourser par ses « copaginaires ».

On comprendra qu'au bout d'une génération tout cela est en grand désordre. Passait encore peut-être au Moyen Age, où les paysans étaient organisés en communautés, indifférentes au décès des uns et des autres, et où le marché foncier était peu actif. Coutumièrement, chacun savait que telle parcelle était possédée par telle communauté ou famille. Mais au XVIIIe siècle, les propriétés sont largement individuelles, un marché foncier existe : sur les 250 articles dont je parlerai tout à l'heure, je relève trace de 53 mutations en 35 ans environ (1745-1780). Certains tenanciers n'avaient que trop tendance à chercher à se faire oublier, comptant sur la prescription trentenaire des cens.

Bref, le besoin d'une remise en ordre s'imposait. François-Sénétaire de Dreuille dut constater que la liève E87, tenue depuis 1738 était vers 1780 devenue inutilisable. En outre, nouveau seigneur, il n'avait sans doute pas la connaissance intime du terrain et des hommes qui fondait toute bonne gestion seigneuriale. Peut-être les préoccupations liées au procès contre du Broc de Segange accentuèrent-elles ces difficultés. Toujours est-il qu'en 1783 le comte de Dreuille dut s'engager dans la lourde opération qu'on appelle « rénovation du terrier ».

Il s'agissait de redonner à chaque article théorique un propriétaire bien vivant, et à lui imposer le règlement des redevances. Nous sommes dans une période sans cadastre officiel, et de Dreuille ne dispose apparemment d'aucune carte pouvant en tenir lieu. Face à lui, les propriétaires sont de tout niveau social, et pas forcément coopératifs.

Une opération semblable avait occupé le Comte d'Escorailles pendant une vingtaine d'années, entre 1690 et 1714, lorsqu'il avait fallu « fusionner » les diverses pièces de la seigneurie. De Dreuille s'engageait donc dans une œuvre de longue haleine. Toutefois, il pouvait compter sur une amélioration des techniques depuis le règne de Louis XIV. Suivons le donc dans sa chasse au tenancier plus ou moins récalcitrant.

En principe, à un moment ou un autre, le tenancier a signé un acte notarié fondamental où il reconnaît devoir payer au seigneur, à cause de telle parcelle qu'il possède, une redevance annuelle, dont le montant est justifié par le renvoi, de proche en proche, à des reconnaissances antérieures. En 1780, on pouvait remonter au mieux au début du XVIe siècle. Le seigneur dispose d'une collection de reconnaissances qu'il « suffit » de mettre à jour...

Dans cette opération, de Dreuille s'assura le concours d'un spécialiste, ce que n'avait pas fait Escorailles, qui travaillait en personne, en s'appuyant sur curés, notaires, huissiers et vieillards de son terroir. Le spécialiste, c'est un feudiste, nommé Jean-Baptiste Guipon, « commissaire en droits seigneuriaux et arpenteur ». Il venait de mener à bien, pour François-Sénétaire, la rédaction d'un nouveau terrier de la seigneurie d'Issards (1775), appuyée enfin sur un arpentage géométrique, et dont il tenait la liève (cotée E30). Deux liasses portent témoignage de son ouvrage à Villelume-La Barre : une liève (E49) et une collection de reconnaissances (E41).

Guipon a dû d'abord recourir aux anciennes reconnaissances, rassemblées en terriers. A force de reprises par les uns ou les autres, Escorailles en 1690, Guipon en 1783, et d'autres gérants occasionnellement, les pages de ces anciens terriers sont chargées de notes marginales. La plupart consistent en la notation d'un nom de tenancier nouveau, mais certaines témoignent de la perplexité de leur rédacteur : « on dit que les héritages du présent article ont été donnés à la cure de Livry » (E59, fol.34 – 1622) ; à propos d'un moulin : « S'informer où il est » (E29, fol. 30 – copie d'un texte de 1525) ; « faut s'informer qui possède et faire reconnaître » (E66, fol. 231 – 1603), etc...

Guipon a produit alors une liève nouvelle sur un plan traditionnel : une page par article, mention précise de la redevance, le nom du tenancier étant le nom le plus récent connu, référence de la reconnaissance (date et notaire ; folio du terrier), mais il n'y pas de caractérisation de la parcelle. Il a vraisemblablement repris la liève E87 (1738-1772), à laquelle il a ajouté des reconnaissances des années 1760-1775. Il a tenu compte d'indications figurant occasionnellement sur E87, par exemple les rectifications de nom après décès ou achat. Mais il a remonté plus haut dans le temps, sans que je puisse déterminer les raisons des choix opérés à cette occasion. Peut-être s'agissait-il, concernant des articles depuis longtemps aux mains des Bénédictins de St Pierre de se rapprocher le plus possible du contrat primitif. Les communautés religieuses sont en effet difficiles à manier pour un seigneur. Non soumises au rythme habituel du décès des personnes, imperméables aux opérations de vente elle offrent une inertie importante, sont capables de mener des procès interminables et, étant elles-mêmes seigneurs dans la même région, peuvent empoisonner la vie de qui les gêne. Par ailleurs elles sont également imperméables aux taxes de mutation (les lods et ventes) jusqu'à ce qu'une loi les oblige à choisir un « homme vivant et mourant » : au décès de celui-ci, on fait comme s'il y avait mutation. Le seigneur fait inscrire une nouvelle reconnaissance, bref, se rappelle au bon souvenir de ses tenanciers. Les moines, évidemment, se choisissent un homme jeune, qui leur assure de longues décennies de tranquillité.

Donc, faisant bonne mesure, Guipon a ressuscité quelques reconnaissances du XVIe siècle. Son registre E49 comporte 136 folios utiles, chaque page impeccablement présentée. Il rassemble 260 articles environ. Dans ce genre d'exercice, le mot « environ » s'impose toujours : il y a de la part du scribe des hésitations, des pages barrées, au contraire, des pages inachevées ; quelques redondances : le même article mentionné deux fois, comme par exemple les articles Aladane des fol. 5/6 qu'on retrouve à 70/71. Ces 260 articles renvoient à des reconnaissances qui s'ordonnent ainsi, en dates rondes.

Avant 1680	12, dont 7 au XVIe siècle
1690-1710	(terrier Robin) : 11
1710-1720	(terrier Baudrion) : 19
1730-1742	(autre terrier Robin + autres) : 104
1742-1769	(minutes Millet et Lapertot) : 78
Après 1770	(minutes Lapertot) : 26

Références insuffisantes : une dizaine.

C'est dire que la moitié de ces articles renvoient à des personnages qui vivaient plus de 40 ans avant l'enquête.

Cette sélection étant faite, je suppose que Guipon, en tant que régisseur de la seigneurie (situation attestée par la rédaction des quittances), a fait crier publiquement la mise en payement des arrérages des redevances. Il a donc vu se présenter à lui un certain nombre de tenanciers, qui lui ont réglé tout ou partie de ce qu'ils devaient : il en a évidemment fait mention sur son registre, en étrennant ainsi la première ligne. Je reviendrai tout à l'heure sur ces redevables les plus coopératifs.

Il lui est resté tout de même 156 articles impayés. Parmi ceux-ci, 22 concernent les redevances antérieures à 1710 (sur 23) ; ensuite, environ la moitié des reconnaissances du XVIIIe siècle : 10 sur 19 de 1710/20 ; 41 sur 104 de 1730/42 ; 62 sur 78 pour 1742/69 ; 13 sur 26 pour 1770 ; et 8 sur les références douteuses. La répartition de ces données suggère que l'interprétation ne peut se limiter à celle de mauvais payeurs. La très forte quantité d'impayés sur les redevances récentes suggère qu'il s'agit simplement de tenanciers qui réglaient leurs redevances honnêtement, quoique à un rythme irrégulier : ils étaient non payeurs en 1783 parce qu'ils avaient réglé quelques années avant. Malheureusement, l'absence de liève valable entre 1775 et 1783 laisse aussi supposer qu'il n'y avait guère eu de payements ces années-là.

Si l'on examine la centaine de réglements de 1783, on constate que la plupart cumulaient plusieurs années de retard. Ont payé :

Pour une seule année :	7 tenanciers ;
Pour 2 et 3 ans :	36 ;
Pour 4 et 7 ans :	16 ;
Pour 8 ans :	9 ;
Pour 9 ans :	16 ;
Pour plus de 10 ans :	6 ;

sur 90 payements suffisamment précis.

Là encore, l'interprétation n'est pas immédiate : il y a 25 payements avec 8 et 9 ans d'arrérages, mais il n'y en a que 4 portant sur 5 et 6 ans. Je suggère qu'au-delà des retards habituels, on trouve trace ici de la relative rupture de 1775 marquée par la mort de Charles du Broc et le procès qui s'en est suivi : certains tenanciers se seraient abstenus de payer en attendant que la situation s'éclaircisse. Quant aux 52 personnes qui accumulaient des retards inférieurs à 7 ans, elles peuvent se situer dans la normale coutumière.

La gestion d'un terrier n'avait donc aucune régularité ; 1/3 ou 1/4 à peine des redevables venaient payer ; ils réglaient plusieurs années d'un coup. Le « revenu » seigneurial annuel était donc soumis à des coups d'accordéon, ce qui explique en partie pourquoi beaucoup de terriers étaient gérés en fermage : dans ce cas, c'est le fermier qui subit l'irrégularité des rentrées. Rappelons que ce n'était pas le cas à La Barre, organisé à cette époque en régie.

Revenons au problème de Guipon : où chercher les 156 impayés ? Tenanciers honnêtes, mais négligents ? Mauvais payeurs ?

Pire encore : articles perdus de vue et détenteurs inconnus ? Le travail d'un feudiste comme Guipon consiste justement à retrouver tout ce monde, à le réinscrire, et... à le faire payer.

Guipon commença par établir une liste des arriérés de plus de 10 ans, liste sur laquelle porteront ses efforts... C'est dire qu'il abandonne comme normaux les retards moins longs, et qu'il considère les autres comme dangereux. Cette liste se trouve jointe au registre E49. Elle a donné lieu à une opération comptable précise : à partir de la référence à la page du registre, Guipon a noté la valeur de 10 années d'arrérages de chaque article défaillant... et a facturé le pourcentage correspondant au titre de « frais de recherche ». Cet état se monte à un total de 138 livres 15 sols, que de Dreuille a effectivement payés à son feudiste, qui lui en a remis quittance. La recette de 1783 s'élevant à 219 livres 15 sols, on mesure l'importance de la facture Guipon. Les arrérages ainsi visés se montent à 1640 livres 4 sols, pour 74 articles.

Sur 156 impayés, on abandonne donc 82 cas. Parmi ceux-ci, les impayés récents (arrérages de moins de 10 ans). Mais aussi des articles plus anciens. Faute d'une liève intermédiaire, il est difficile de savoir si tel article non reconnu depuis 1690 n'a cependant pas été payé honnêtement jusque 1780 par exemple. Reste pourtant une présomption : comment un tenancier « honnête » aurait-il échappé à la nécessité de présenter une nouvelle reconnaissance depuis presque 100 ans ? Voyons la situation de plus près, compte tenu de l'absence de liève depuis 1775 environ.

Date de la reconnaissance	**Nombre d'articles**	**Articles impayés**	**Articles impayés poursuivis**	**Articles impayés abandonnés**	
Avant 1680	12	12	0	12	
1690/1710	11	10	0	10	
1710/1720	19	10	1	9	
1720/42	104	41	29	12	
1742/1770	78	62	35	27	} 43
après 1770	26	13	9	4	
douteux	10	8	0	8	
	260	156	74	82	

On peut justifier l'abandon des articles antérieurs à 1720 par leur ancienneté : on prendrait acte d'une perte sèche pour le terrier seigneurial : 31 articles. Mais les 43 abandons sur les reconnaissances relativement récentes correspondent-ils à des retards honnêtes, pour lesquels il aurait paru inutile d'engager une action spéciale ?

La comparaison à partir de la forme de redevance, sur les reconnaissances postérieures à 1720, est éclairante :

	Articles attaqués	**Articles abandonnés**	
Cens	33	37	70
Rentes	8	2	10
Bourdelages	33	4	37
	74	43	117

Pour les cens, rien à dire pour le moment. Mais il apparaît surtout que les bourdelages sont massivement visés. Pourquoi les bourdelages ? Le libellé en est mixte : de l'argent, de l'avoine, une ou deux poules. Par exemple, 25 sols, 6 boisseaux d'avoine, 2 gélines. C'est dire que la redevance suit à peu près le coût de la vie. Par ailleurs, la législation du bourdelage est plus stricte, permettant une plus facile réversion en faveur du seigneur. Les bourdelages sont donc plus intéressants pour le seigneur que les cens.

On aurait pu penser à une différenciation sociale, favorisant par exemple les notables, plus coriaces ou plus proches de la personne du seigneur. Les 74 tenanciers attaqués se répartissent ainsi :

	Cens	**Rentes**	**Bourdelages**	
Paysans	11	1	20	32
Notables	19	7	9	35
Artisans	3	0	0	3
Articles mixtes	0	0	4	4
	33	8	33	74

Les notables semblent tout aussi concernés que les paysans. La comparaison avec les articles abandonnés (postérieurs à 1720) renforce cette impression : sur 43 cas, 25 tenures paysannes sont abandonnées, 13 tenures de notables, 5 tenures mixtes (c'est-à-dire portant le nom de plusieurs reconnaissants, de situation sociale différente).

Les (longs) procès n'étaient pas rares entre notables et seigneurs (ainsi Garilland contre Escorailles, 1710-1730, ou la longue négociation entre Escorailles et Alixand). Ce fait n'aurait pas dissuadé Guipon de s'attaquer à ces gens, mais l'y a peut-être même incité, pour ne pas fournir ultérieurement un argument d'abandon des prétentions seigneuriales : Garilland est ainsi « sur la liste » pour des cens très minimes.

Reste à affiner l'analyse en ce qui concerne les cens : 33 sont attaqués et 37 abandonnés ; sur quel critère ? Je propose celui de la valeur du cens

	Abandonnés	Attaqués	
Cens de - d'1 sol	27	4	31
De 1 sol à 4 s. 2 d.	8	23	31
5 sols	0	9	9
5 s. à 9 s. 2d .	1	1	2
10 sols et +	1	2	3
	37	39	76

(Le total, 39, dépasse les 33 articles car certains articles regroupent plusieurs valeurs de cens)

L'énorme majorité des cens ne dépasse pas 5 sols : 71 cas. Sur 35 cens abandonnés, 27 sont de moins d'un sol ; sur 36 cens attaqués, 32 sont de plus d'un sol. Les 5 sols sont tous attaqués. Parmi les valeurs supérieures, celui de plus de 10 sols (en fait, 5 livres), concerne une vieille reconnaissance de l'avocat Meure, qui a toujours été douteuse. A l'inverse les petits cens attaqués concernent Garilland qui perdait procès dans les années 1730. Ces deux cas mis à part, on doit considérer que la sélection ne s'est pas faite sur des critères de personnes (notabilité ou « honnêteté »), mais sur ceux de la pure et simple valeur du cens.

Revenons aux 74 articles attaqués par Guipon (liasse E41). A leur encontre, Guipon fait déployer la force judiciaire. Un huissier doit se rendre chez chaque tenancier supposé. Il lui présente copie de la dernière reconnaissance connue, et l'assigne à venir déclarer au bailliage de St-Pierre s'il est toujours détenteur du bien en question. Dans ce cas, il est invité à payer 9 années d'arrérages, et à « passer titre et nouvelle reconnaissance desdits cens et devoirs pour lesdits héritages énnoncés et confinés en ladite reconnaissance cy-dessus dattée ». A défaut de comparution, il risque une sentence « tenant lieu de reconnaissance et titre nouvel », c'est-à-dire d'être officiellement déclaré redevable des arrérages.

Engager ainsi 74 procédures, c'est risquer gros. D'abord, il faut bien viser. A qui l'huissier s'adressera-t-il, ayant en main une reconnaissance faite par un personnage décédé il y a 40 ou 50 ans ? Qui, de fait, est propriétaire d'une parcelle assez mal définie ? Rappelons qu'il n'y a pas de cadastre, donc pas de numérotation des parcelles, seulement une vague description (terre...vigne... contenance approximative) et une définition des limites : mais, en dehors des chemins permanents, que vaut l'énumération de voisinages puisque, là aussi, les noms de propriétaires sont ceux de gens morts ? Tout repose en réalité sur la connaissance intime du terroir, et l'enquête qui pallie ces insuffisances. Guipon fournit à l'huissier un mode d'emploi : « Pour remplir les noms des présentes demandes, il faut se procurer un (ancien ?) des androits où sont les héritages luy lire la reconnaissance : de chaqune, prendre un seul (connu ?), et remplir son nom de la demende, sauf à luy à dénoncer à ses copaginaires s'il est solidaire, seul moyen d'y parvenir sans quoy l'on ne peut en venir à bout ». C'est assez mal écrit et peu clair dans le détail. Mais il semble qu'on se renseigne auprès d'un vieillard bon connaisseur des lieux pour qu'il fournisse au moins le nom d'une personne accessible que l'on puisse assigner. On s'attend manifestement à des difficultés (« sans quoy l'on ne peut en venir à bout »), d'autant que l'article est vraisemblablement partagé et que l'on se trouvera dans le cas de « solidité » (solidarité) : le tenancier que l'on tient est obligé de payer pour la totalité de l'article. En fait, les notes marginales laissent supposer qu'on avait bien une petite idée sur l'identité des détenteurs ; mais restait à obtenir d'eux officiellement la fameuse reconnaissance, et à tenir compte de partages qui, eux, étaient plus hypothétiques.

On aimerait connaître la réaction des « 74 » et la suite de l'affaire. Guipon a fait 74 dossiers d'huissier, chacun de plusieurs pages : la copie complète de la reconnaissance ancienne destinée à être lue par l'huissier, et la formule de l'exploit de l'huissier. Mais toutes ces « demendes » sont... en blanc. Les exploits n'ont pas été portés, l'enquête n'a pas été faite. Aussi n'y a t-il pas trace du payement d'arrérages, et le beau registre E49 est-il resté quasiment vierge. En dehors des payements faits en 1783-84, déjà évoqués ci-dessus, les pages sont vides. Aucune trace des payements ultérieurs sauf un en ... 1789, aucune trace des assignations contre les 74.

L'affaire se serait donc arrêtée là. Je n'ai aucune explication à proposer. François-Sénétaire et Guipon ont tenu avec sérieux, dans la seigneurie d'Issards, la liève issue du terrier de 1775. Pourquoi ne l'ont-ils pas fait à Villelume-La Barre ?

Si j'ai tenu cependant à évoquer cette affaire, c'est qu'elle porte un témoignage précis d'un des problèmes fondamentaux du seigneur : courir après ses tenanciers pour les faire reconnaître et ... payer. Dans le Bas Maine, selon Annie Antoine, le seigneur faisait des « Assises » générales 3 ou 4 fois par siècle, l'on y convoquait tous les tenanciers et l'on refaisait les reconnaissances. Rien de si organisé en Bourbonnais. Ou bien on suivait avec attention les mutations, ou bien, si l'on se négligeait on se trouvait devant la situation de de Dreuille en 1783. Il fallait recourir aux feudistes et assigner en justice. On peut se demander si une opération comme celle des « 74 » n'aurait pas provoqué quelques remous dans le village. N'est-ce pas la multiplication (à démontrer) de ce type d'opérations, par des personnages tenaces et bien outillés (arpentage...) que l'on a appelée « réaction féodale », et proposée comme préliminaire à la Révolution ? N'en déplaise à certains historiens « à la mode », soucieux de se démarquer de thèmes trop classiques (ou trop sociaux ?), cette « réaction » a été une réalité en Bourbonnais, à travers les fermiers de SAS le Prince de Condé et de personnages comme le marquis de Tilly.

Par ailleurs, 82 articles ont été abandonnés, sur un total enregistré, rappelons-le, de 260, soit 31 %. Je pense avoir montré qu'on a abandonné systématiquement les reconnaissances trop anciennes (31 abandons contre 1 poursuite sur des actes antérieurs à 1720, 8 sur 8 sur les dates « insuffisantes ») et les petits cens (27 abandons sur des articles de moins d'un sol) ; qu'on avait poursuivi systématiquement les bourdelages (33 attaqués contre 4 abandonnés) et les cens un peu consistants. Ces critères paraissent décisifs, davantage que la différenciation sociale. Il faut admettre que, face à une nécessité de reprise en main, le seigneur était amené à considérer qu'il valait mieux abandonner certains articles plutôt que d'engager des poursuites judiciaires : le jeu n'en aurait pas valu la chandelle. On essayait de sauver les bourdelages, mais l'on sacrifiait menus cens et reconnaissances anciennes.

En ajoutant à cette sélection un résultat problablement négatif pour quelques-unes des actions judiciaires envisagées, on devra constater pour la seigneurie la perte d'un nombre non négligeable d'articles. Une main anonyme a d'ailleurs prévenu, sur la couverture de E49, qu'il faut refaire la liève tous les 15 ans « si l'on veut conserver la directe ». Celle-ci risquait donc de se perdre... C'est ainsi qu'avec ces centaines d'articles au XVIe siècle, on se retrouve au XVIIIe avec des terriers fort amaigris, nombre de parcelles étant *de facto* sorties du système seigneurial. Toutes les « pertes » ne ressortissent pas à de simples ignorances du chercheur à cause de partages ou d'échanges que ne dénonceraient plus les documents subsistants. N'y a t-il pas eu, au plan géographique, une véritable et constante érosion des espaces soumis à la directe des seigneurs, en dehors même des annexions de censives au domaine utile, et des affranchissements consentis à certains notables ? Cette érosion ne remet-elle pas en cause la thèse d'une permanence hégémonique du Mode de Production Seigneurial sous l'Ancien Régime, même dans les provinces non méridionales ? La seigneurie existait toujours, certes, forte de beaux terriers modernisés et précis, et de prétentions honorifiques intactes, mais sur quel espace ?

6 - Propriété ou seigneurie : les hésitations des Jésuites à Chantelle (1617-1762)

Les Jésuites de Chantelle ont laissé en Archives une épaisse série de liasses et de registres qui permettent d'avoir une idée de la gestion de leurs terres et de leurs rapports avec leurs voisins. Je m'attacherai ici à rendre compte des ambiguïtés de leur politique foncière : fallait-il investir en renforçant les éléments seigneuriaux de leur patrimoine, ou en « rassemblant les terres » en pleine propriété ? A travers ce cas particulier, se posera l'un des problèmes les plus épineux de la période moderne : la coexistence de la seigneurie et de la propriété foncière de type moderne. Mais il faut d'abord rappeler comment les Jésuites se sont trouvés à Chantelle.

Chantelle et les Jésuites

Le prieuré St-Vincent de Chantelle était membre de l'abbaye d'Evaux, connu dès la fin du XIe siècle. Un certain nombre de petites liasses témoignent de son activité de gérant de patrimoine foncier aux XIIIe et XIVe siècles. A partir du XVe siècle au moins il s'oriente vers la constitution d'un patrimoine viticole sans négliger pour autant les parcelles agricoles. Les descriptions ultérieures, les terriers du XVe siècle, laissent supposer qu'à la fin du XVe, le prieuré comportait à la fois un patrimoine foncier (autour de la « grange » de Charboulat) et une importante directe.

Mais le XVIe siècle aurait été catastrophique. Certes, il y eut des investissements immobiliers considérables (logis prieural). Mais, en une période de prieurs commendataires, on attacha plus d'intérêt à la perception immédiate des revenus qu'à la solidité du patrimoine. Les seigneurs locaux, Gouzolles, puis Bellenaves (qui, en outre, « était religionnaire et s'en estoit faict chief en Bourbonnois »), Chazeron, puis St-Gérand, gouverneurs du Bourbonnais, sont accusés par les Jésuites d'avoir littéralement dépecé le prieuré entre 1523 et 1619. Comme capitaines du château de Chantelle, ils contrôlaient les locaux du prieuré ; confiant le titre de prieur à leurs cadets ou familiers, ils géraient quasi directement les terriers en les affermant à des bourgeois complaisants de Chantelle et en s'adjugeant ce qui leur convenait. Les pièces d'archives confirment ce tableau. En 1568, par exemple, c'est Louis-Jean, seigneur de Bellenaves qui passe bail du prieuré au nom de son fils Gilbert-Jean prieur en titre ; mais il se réserve pour lui la métairie de Moyrat. Ledit Gilbert était toujours prieur en 1575 et 1583. Les baux de 1599 et 1613 sont passés au nom du prieur par Gilbert de Chazeron (1599), et St-Gérand (1613). En 1611, le prieur Jean de Veny cède la perception des revenus au comte de St-Gérand.

C'est ce prieuré qui fut donné par le Roi de France aux Jésuites qui venaient de fonder le Collège de Moulins, sous l'égide d'Henri IV. La prise de possession officielle eut lieu en 1617. Mais l'installation véritable ne date que des années 1640, après confirmation royale de l'acte de 1612 (1636). Il fallut alors aux Jésuites une opiniâtreté, fortement appuyée par l'administration royale, pour reprendre en mains un domaine partagé de fait entre les petits officiers bourgeois de Chantelle (ville et châtellenie), les seigneurs locaux (Bellenaves ou Fourilles), les nombreux usurpateurs de parcelles. Des épisodes de violence eurent même lieu avec la population de Chantelle, alimentant les récits pittoresques des écrivains locaux.

Restauration

Dès leur prise de possession, les Jésuites s'attachent à restaurer le patrimoine du Prieuré.

Un terrier nouveau est immédiatement mis en chantier : c'est le « Terrier Chareil » de 1618. De fait, aucun véritable terrier n'avait été réalisé au XVIe siècle ; le précédent datait de la fin du XVe. On se référait à un registre de 1544, mais qui n'était qu'une liève, éminemment contestable.

Les actions pour des cens impayés sont menées à chaque fois que la situation l'impose et quel que soit le personnage en cause. Dès 1622, les Jésuites interviennent dans la saisie par décret de la « seigneurie » de Blanzat, une partie des terres de cette entité étant dans la directe du prieuré. Les Jésuites produisent à cette occasion la copie de 37 articles, en provenance du terrier Canier, de 1449, des lièves Rouher, de 1521, et Migheon, de 1545. D'autres actions nous sont connues plus succintement en 1619 pour la « seigneurie » de Forges, en 1629 contre Gilbert de Basmaison pour la maison forte de Bosrond, en 1655 contre Philibert de Barton, seigneur de Douzon, en 1639 contre le curé de Chezelles. Et il nous en manque sans aucun doute... Assurément, les archives seigneuriales de ces époques sont pleines de procès de ce genre ... à condition qu'elles soient bien tenues. On peut en tout cas assurer que les Jésuites n'ont pas « laissé faire »...

Un registre de liève est ouvert en 1643. Mais il apparaît aussi, autour de 1650, une forte activité de recopiage de terriers anciens. Il s'agit sans doute de produire des registres lisibles pour pallier la difficulté des écritures anciennes et le mauvais état des supports : le terrier Canier du XVe siècle et la liève Migheon de 1544 sont recopiés intégralement. De nombreux brouillons partiels sont regroupés sous les cotes D72 et D129. Les copies ainsi réalisées ont été utilisées, car elles portent des notes marginales ; par exemple la copie du texte Canier porte des concordances avec le nouveau terrier Chareil du début XVIIe ainsi qu'avec l'original Canier.

Il en est de même des dîmes, qui font l'objet d'une gestion attentive. Des difficultés importantes surgissent sur la dîmerie de Pragon, ce qui nécessite un nouveau bornage ; les 30 parcelles concernées font l'objet d'une enquête pour préciser le nom du propriétaire, la surface, la nature de la culture (1660).

Ainsi, il est évident que les Jésuites se sont très fortement préoccupés de la levée de leurs redevances seigneuriales, et qu'ils ont cherché à se doter d'instruments modernisés.

Mais ils sont allés au-delà de la sauvegarde de ce qu'ils ont trouvé en arrivant. Ils ont aussi essayé de récupérer ce qu'ils ont pu des terres et directes perdues au XVIe siècle. Ils se sont particulièrement attaqués aux aliénations faites après 1564, à la suite de l'édit de 1563. Cet édit royal obligeait le clergé à vendre une partie de son patrimoine pour couvrir le montant d'une imposition extraordinaire. On en rencontre les effets un peu partout en Bourbonnais. La possibilité du rachat de ces biens aliénés ayant été juridiquement démontrée, les Jésuites se hâtèrent de s'y essayer. Dès 1623, ils rachètent, bon prix, les prés de Rozay et de la Tour d'Amourette, à Taxat, sur les sieurs de Verdignat et de La Rivière. Encore ces achats se font-ils à l'amiable.

Face au seigneur de Bellenaves, personnage de tout autre volée, il n'en fut pas ainsi. Les Jésuites arguèrent que Bellenaves n'avait jamais payé entièrement le montant de son achat, qui portait sur une métairie entière, celle de Moyrat (à Senat) et sur des cens à Verzun. Claude de Bellenaves refusa de s'en laisser conter. Il garda sa métairie, mais lâcha les cens de Verzun (1637). En fait, malgré la remise d'un terrier de 36 feuillets, cette opération fut un semi-échec pour les Jésuites, car, on le verra plus loin, la directe de Verzun s'avéra quasiment de nul intérêt. Sur 25 setiers d'avoine, 9 avaient été aliénés en 1572, les 16 autres plus ou moins « usurpés », si bien que « les arrérages en sont dûs depuis le temps de la jouissance ».

Ces achats de gros arrérages sont des coups de poker : la réussite suppose de convaincre les tenanciers actuels de régler ces arrérages, alors le rapport peut en être considérable ; mais la plupart du temps, la situation n'est pas assez solide juridiquement : on s'en sort au mieux par un arrangement, au pire par la perte des arrérages et aussi de la directe elle-même.

En dehors des dîmes et des directes, le point fort du patrimoine de St-Vincent de Chantelle était constitué par la métairie de Charboulat. Elle comporte une masse de parcelles presque toujours jointives, centrées sur les bâtiments agricoles et sur l'ancienne chapelle de Charboulat, l'ensemble constituant l'ancienne grange monastique. C'est le type même du domaine-fief : les terres sont de la directe et dîmerie des moines, et ne doivent rien à personne. Les Jésuites vont commencer par défendre leurs positions de propriétaires privilégiés. En 1635, ils obtiennent l'exemption du logement des gens de guerre après de nombreuses démarches : mais n'oublions pas qu'ils sont bien en Cour.

Ils se heurtent ensuite à la question du payement de la taille. Certes, les Jésuites eux-mêmes sont exempts ; mais ceci n'empêche pas les collecteurs de Chantelle d'imposer lourdement le métayer de Charboulat, la métairie constituant à leurs yeux l'exploitation agricole la plus prospère de la paroisse. Il faut des interventions nombreuses, après des incidents violents au niveau local, pour obtenir l'exemption de la taille pour le métayer de Charboulat. Dès 1644, l'état précis des parcelles composant la métairie a été levé. Certains baux ultérieurs reprennent leur longue énumération.

Si l'on se place vers 1660, les Jésuites ont bien en main leur métairie de Charboulat, exempte de taille et du logement des gens de guerre ; ils ont éliminé l'ingérence des bourgeois de Chantelle, en particulier de la famille Bougarel. Après un gros flottement autour de 1653 (sortie de métayers incapables de payer la taille, épisode de culture « par valets »), les Jésuites sont revenus à l'exploitation par métayers, bien protégés contre les aléas venus de l'extérieur.

Ces différentes opérations de restauration feraient un excellent exemple de la reprise en main et du retour de l'ordre, dont on crédite les années 1660, début du règne personnel de Louis XIV. Mais je retiendrai surtout ici que les Jésuites n'ont pas privilégié le patrimoine foncier plus que les redevances seigneuriales et dîmeries. La restauration des terriers, la reprise en mains des dîmes se combinent avec la consolidation du patrimoine foncier autour de Charboulat. Cependant, ils ne récupérèrent jamais la métairie de Moyrat.

Les Jésuites opèrent dans un monde où, manifestement, droits seigneuriaux et propriété foncière sont deux éléments également considérables d'un patrimoine.

Une politique de rassembleurs

La restauration du patrimoine de St-Vincent est largement assurée vers 1660. C'est à partir de cette date que l'on peut juger de la stratégie foncière des Jésuites.

Les Jésuites s'intéressèrent aux diverses formes possibles du patrimoine foncier et immobilier : maisons à Chantelle, prés et vignes isolés, agrandissement de l'emprise foncière de Charboulat, création d'autres métairies.

Ces dernières opérations sont évidemment les plus spectaculaires. En 1674, les Jésuites achètent le domaine de La Courcelle pour 2640 livres. La Courcelle provenait du partage des biens de Gilbert Barbier, élu du Bourbonnais (donc officier), seigneur de La Courcelle (1597) : donc, déjà d'un rassembleur d'origine vraisemblablement bourgeoise. C'était, en 1597, une métairie avec bâtiments, étang, bois, 80 setérées de terre et 20 chars de pré, soit 60 à 80 ha. Elle passe en 1619 à François Hérisson, avocat en Parlement. C'est sur Louis Hérisson, marchand apothicaire à Taxat, que les Jésuites acquirent La Courcelle, selon les modalités classiques : amortissement d'une rente, règlement des dettes de Louis Hérisson. Un arrangement avec le voisin, Claude de Bosredon, seigneur de Bannassat, régla quelques problèmes de limites en 1686. La prise de possession montre que la métairie était alors en fort mauvais état : au moins mille livres de réparations étaient nécessaires aux bâtiments ; le menu bétail était menacé par les animaux sauvages faute de constructions suffisantes. Quant à l'ensemble, « sera nécessaire pour la conservation du bestail et empescher les degatz des loups, mesme des passées des gens de guerre, de faire clore la court de murailles avecq un grand portail ». L'opération est le type même de l'acquisition en bloc d'un ensemble déjà constitué. La plupart des parcelles étaient franches de droits seigneuriaux (rachetés ? ou ancienne réserve ?) ; cependant quelques-unes étaient « de la directe » du seigneur de Puiguillon.

Autre méthode : l'acquisition de parcelles, pièce à pièce, pour créer une exploitation nouvelle. C'est ce qui s'est pratiqué à la fin du XVIIè siècle pour la constitution de ce qui fut appelé « la métairie de Taxat ». Un bilan rédigé en 1742 détaille la série d'acquisitions qui forment la métairie de Taxat, à Fleuriel. La plupart se retrouvent d'ailleurs, en ordre dispersé, au long des cotes d'archives. Elles s'étalent de 1680 à 1718, autour d'une seule propriété ancienne, le pré de la Tour d'Amourette, racheté par les Jésuites en 1623. Treize opérations sont ainsi répertoriées, soit achats directs, soit reprises suite à des déguerpissements. Les achats portent rarement sur des parcelles isolées, mais plutôt sur de petits ensembles, l'un d'eux même qualifié de « domaine » (achat Sivadon de 1698). Les guerpines n'intéressent que des parcelles isolées, sauf deux cas : un déguerpissement Lartaud de 1714 porte sur 4 parcelles totalisant 7 sétérées et 9 coupées, pour règlement d'arrérage de cens. Tous les déguerpissements portent sur les années 1709 à 1718.

Aussi en 1740 les Jésuites disposaient-ils de trois métairies au lieu d'une au XVIIe : Charboulat, Taxat, La Courcelle, peut-être un ensemble de 150 ha.

Ils s'étaient aussi intéressés aux prés, acquérant en 1663 le pré des Bordes, en 1666 les prés du Capitaine, en 1680 le pré Clairat. Le même document cite également 14 opérations d'achat portant sur des vignes, par petites parcelles de quelques œuvres, sauf deux cas : « La Contrôleuse », de 30 œuvres en 1698, et une parcelle de 18 œuvres en 1676. On retrouve dans ces opérations à la fois des achats et des déguerpissements. Elles s'étagent de 1666 à 1722. Le bilan de 1742 chiffre à 148 œuvres les acquisitions de vignobles, environ 8 ha.

Quant aux acquisitions de terres, Taxat s'inscrit pour un total approximatif de 40 setérées et 15 chars de foin. Les bâtiments de cette nouvelle métairie ont été entièrement construits à neuf à une date indéterminée (chiffre en blanc sur le registre D140), sous la direction du Père Pearron. La Courcelle serait d'une taille comparable, les Jésuites n'ayant donc récupéré qu'une partie du domaine de 1597.

La gestion de la directe

Face à cette politique de rassemblement de fonds en propriété, la gestion de la directe semble singulièrement inerte. On ne note en effet aucune opération significative visant à acquérir des directes, ni même des dîmes.

Bien entendu, les Jésuites continuent à défendre leur directe contre prescriptions et contestations. Un nouveau terrier, dit « Barnier » est rédigé à partir de 1676. Les reconnaissances renvoient préférentiellement aux registres du XVe siècle, plus prestigieux que le « récent » terrier Chareil de 1618 : il y a volonté manifeste de prouver des possessions antérieures aux difficultés du XVIe siècle.

Les novales sont disputées comme il se doit contre les curés concernés (1672). La jouissance de la dîmerie de Pragon fait l'objet de contestations interminables après 1660. Il faut, dans la dîmerie de Charboulat, surveiller la transformation des terres en prairies.

La défense de la directe elle-même continue à nécessiter la poursuite de procès, fût-ce contre des personnages importants. Il en est ainsi de la veuve de Thomas Lelièvre, marquis de Fourilles, contrainte de reconnaître la directe des Jésuites sur 38 parcelles appartenant au marquisat (1678), sentence confirmée en Parlement en 1682. De même, procès divers contre Pierre de Louant, sieur de La Jolivette ; contre Jean d'Espineu, sieur de La Mothe, à propos du Mas Begusaud, à partir de 1659.

Par contre, la directe de Verzun apparaît si difficile à exploiter qu'elle s'est vendue entre 1660 et 1670 à un rassembleur de terres, amateur de parcelles à Verzun et vraisemblablement censitaire coriace.

Dans l'ensemble, il est évident que les Jésuites cherchent en ces domaines le maintien des positions acquises. La préférence pour les revenus de la propriété, par rapport aux revenus de la directe, est indiscutable. L'effort de « rassemblement » de la deuxième moitié du XVIIe siècle porte sur la terre en propriété ; nulle part dans ces documents il n'est question d'augmenter la directe ; on achète une métairie et des parcelles, et non une seigneurie ou des droits. Il y a bien certainement un choix calculé. Autre preuve de ce désintérêt envers la directe : une bonne partie des terres achetées se trouvaient dans la directe même du prieuré. C'est-à-dire qu'achetant ces terres, les Jésuites diminuent *ipso facto* leurs revenus seigneuriaux, en diminuant eux-mêmes l'emprise de leur seigneurie.

Il est évident que l'acquisition de terres dans sa propre directe signifie que le seigneur raisonne moins en « seigneur » (il élimine ses propres bases d'action) qu'en propriétaire (il troque des cens contre une propriété complète).

La situation en 1742

Au bilan de 1742 (coté D139), la situation se présente ainsi :

- les dîmes rapportent 2780 livres ;
- le terrier, 1615 livres ;
- Charboulat, 575 livres ;
- Taxat, 145 livres ;
- les vignes sont affermées pour 1030 livres en tout ;
- les moulins, pour 300 livres.

La Courcelle est à ce moment comptabilisée à part, pour un revenu de 150 livres.

On constate donc que les revenus de type seigneurial (dîmes et directes) comptent pour 4395 livres ; que les revenus des propriétés (affermées, ou en gestion directe pour quelques vignes) montent à 2050 livres. Les domaines agricoles rapportent, à eux trois, un peu moins de 1000 livres, nettement moins que le terrier ; il est vrai que celui-ci est important, relativement à ce qu'on peut enregistrer ailleurs en Bourbonnais.

La politique de « rassemblement » menée depuis 1660, n'a donc pas réduit la part du seigneurial à un niveau secondaire.

Pourtant, le rédacteur du bilan de 1742 ne se réjouit pas sans mélange de la tendance à rassembler. Il se demande en effet s'il vaut mieux maintenir une gestion seigneuriale ou passer à une gestion propriétaire. L'historien se doit d'apprécier la réflexion de cet homme : il remet largement en cause les paradigmes convenus et surtout il argumente ses raisons de penser. Son texte mérite une citation *in extenso* :

« C'est un problème si l'acquisition faite du domaine de Taxat est un bien pour le Collège ou non. Je n'ose le décider. Il est sûr que nous perdons tous les ans : froment : 75 coupes ½ ; seigle, 66 coupes ½ ; orge 21 coupes ¾ ; avoine 50 coupes ½ ; argent 19 sols et 2 gélines ½, le tout mesure Saint-Pourçain. Par cette acquisition, le terrier se trouve diminué chaque année de la quantité de grains cy dessus ; si on y joint les casualités auxquelles il faut renoncer pour toujours, les bastiments qu'il a fallu construire, l'argent réel qu'il a fallu débourcer pour les susdittes acquisitions, et qui, par un autre employ nous auroit produit également son revenu, les avances pour l'achapt des bestiaux, les réparations pour l'entretien des bastiments, la nourriture des métayers, l'embarras de leur taille, capitation et autres impositions, si, dis-je, toutes ces raisons sont bien examinées, on aura peine (formule barrée et surchargée par : il sera très aisé) à décider la question » (cote D140, p. 124-125)

Notons d'abord la formulation de la conclusion : prudente au premier jet (l'idée étant même formellement discutable dans la présentation de la question : « je n'ose le décider »), elle est finalement très nette : « il sera très aisé »...

Ainsi, notre gestionnaire considère-t-il finalement que le passage du seigneurial au rentier est une bien mauvaise affaire.

D'abord, la diminution du revenu provenant des cens lui paraît si importante qu'elle n'est pas compensée par le revenu des métayages (qui, cependant, n'est pas chiffré). Dans le cas de Taxat, aux prix de marché énoncés par ailleurs dans le texte, la perte peut se chiffrer à 35 livres pour le froment + 20 livres pour le seigle + 5 livres pour l'orge + 12 livres pour l'avoine, soit, avec l'argent et les gélines, environ 75 livres, valeur monétaire des cens perdus. Or, Taxat est affermé à cette époque pour 145 livres. Le calcul semble donc faux, et le métayage paraît rapporter environ le double des droits seigneuriaux. Notre rédacteur introduit alors un calcul de rentabilité qui n'est pas sans intérêt.

Les droits seigneuriaux, plaide-t-il, ne comportent pas seulement les cens : il faut y ajouter les « casualités », c'est-à-dire les perceptions occasionnelles, en particulier les lods et ventes en cas de mutation de propriété. En Bourbonnais, les lods se chiffrent à 1/6 du prix d'achat ; s'il y a retard de payement, on le double. Ces revenus sont donc loin d'être négligeables. Le marché foncier est-il cependant très actif ? Rappelons qu'à 25 livres la setérée, chaque mutation rapporte 4 livres par setérée au seigneur ; les achats des Jésuites se sont opérés pour des valeurs de 100 à 900 livres : un seigneur aurait donc perçu à chaque fois plusieurs dizaines de livres, voire plusieurs centaines.

L'appréciation du revenu provenant des lods et ventes est délicate, comme on a déjà eu l'occasion de le signaler. Près de Moulins, à Pouzeux, les Jésuites bénéficient de bonnes occasions : les cens y sont légers, mais le marché foncier est actif. Pour l'Auvergne en général, Leymarie (cité par Soboul) apprécie les lods à 10 % des revenus seigneuriaux. Pour nos Jésuites, ce chiffre est certainement trop faible.

A ce « bonus » du système seigneurial, on oppose les charges multiples de la propriété, que les documents confirment : patrimoine immobilier à entretenir (voir le mauvais état de La Courcelle lors de l'achat ; incendie d'une grange), participation au capital d'exploitation (bestiaux, semences), aide aux métayers, impositions. Il y ajoute les « embarras » ; les difficultés autour de Charboulat : logement des gens de guerre, taille des métayers, exemption de gabelle, en sont une illustration.

Le revenu net serait donc largement inférieur au revenu brut, sans compter les ennuis divers. Compte-tenu de l'investissement nécessaire (« l'argent réel qu'il a fallu débourcer pour les susdittes acquisitions »), le rendement serait faible. Toutefois, cela n'est pas chiffré. Cette remarque sur l'investissement a ceci d'intéressant qu'elle démarque notre gestionnaire de toute l'argumentation de statut social, d'idéologie, qui caractériserait la position des seigneurs. Ici, le rédacteur ne défend pas la seigneurie pour la place qu'elle permet de tenir dans la société, pour des droits honorifiques, pour des raisons de vanité et de prestige, tous éléments qui tendent à être majorés par notre historiographie contemporaine, avide d'une sociologie des symboles et des pouvoirs et réticente aux considérations financières.

Les Jésuites, d'ailleurs, sont au-dessus de ces considérations. Il ne s'agit même pas des avantages plus tangibles que peut conférer la seigneurie comme position de pouvoir vis-à-vis des « paysans », les Jésuites n'ont pas « la justice » parmi leurs droits seigneuriaux. Il s'agit seulement de comptabilité pure. Cet argent, est-il dit tout net, aurait pu être mieux employé (« par un autre employ, nous auroit produit également son revenu »). De quel emploi peut-il s'agir ? Pour échapper aux charges immobilières il faut penser aux constitutions de rente, voire à l'usure pure et simple. Est-ce à cela que pense notre rédacteur ?

Quoiqu'il en soit, ce texte s'inscrit complétement en faux sur la plupart des commentaires modernes concernant la seigneurie d'Ancien Régime. On juge habituellement que les cens sont faibles, et d'un revenu dérisoire, vu les dépréciations monétaires. Calculés à un très faible pourcentage du revenu (ou pire encore, de la valeur de la terre), ils s'opposeraient au revenu théoriquement substantiel du métayage : 50 % du produit. Ajoutons que les Jésuites tiraient en outre de leurs métairies divers services domestiques non négligeables, comme le blanchissage (voir le bail de Charboulat cité dans *Textes d'Histoire Bourbonnaise.* Moulins 1992, p. 73-75). Cette différence pharamineuse entre la rentabilité des deux modes de production disqualifierait complètement le seigneurial, renvoyé à la sphère du prestige social et de l'archaïsme. Encore remarquera-t-on que notre rédacteur ne prend en compte ni banalités, ni justice, inexistantes dans son cas particulier, qui sont les seuls postes un peu rénumérateurs qu'on reconnaisse à la seigneurie.

Il faut noter ici le refus par certains historiens de suivre des documents qui iraient contre ce thème de la faible rentabilité du seigneurial. C'est le cas de certains marxistes stricts, qui pensaient que le MPS était « moribond » en 1789, voir par exemple l'ntervention de Mme Loublinskaia au Colloque du CERM de 1968. Même plus nuancés des historiens comme Soboul considéraient avec réticence des comptes où les revenus seigneuriaux dominaient les revenus rentiers : « cas limite, mais unique », pour les Saulx-Tavannes ; « cas exceptionnel » pour le duché de Nemours : 90 % du revenu vient du MPS ! C'est pourtant le cas de toutes les très grandes unités, comme… le duché de Bourbon lui-même.

Faudra-t-il réhabiliter la seigneurie, comme le propose notre Jésuite de 1742 ? Mais, alors, à quoi rime l'expansion générale de MP rentier ? Notre rédacteur va à contre-sens de l'Histoire, mais il témoigne qu'au niveau des mentalités, l'idée de l'obsolescence du seigneurial était loin d'être acquise. Ses appréciations obligent à un examen plus approfondi de quelques problèmes, trop facilement « supposés résolus » :

- Quelle est l'efficacité du seigneurial ?
- Quelles sont les difficultés de la gestion des domaines métayers ?
- Peut-on apprécier la rentabilité des capitaux investis en seigneurial et des capitaux investis en rentier ?
- Pourquoi tant de notables se sont-ils lancés dans le « rassemblement » foncier ?

Ces problèmes sont épineux et nécessiteraient des études spéciales sur des cas multiples. L'historiographie actuelle a tendance d'ailleurs à creuser d'autres sillons... Je me bornerai à quelques remarques, appuyées en grande partie sur ce dossier des Jésuites de Chantelle.

Pratiques et efficacité du système seigneurial

Le texte de notre Jésuite laisse supposer qu'il suffit de percevoir des cens, sans davantage de problèmes. C'est peut-être vrai pour des terriers rigoureusement tenus. Mais les quelques cas qu'on a eu l'occasion de rencontrer, à La Barre, à La Condemine, ont montré la forte « déperdition » du système.

Que penser par exemple de cette remarque de Mallat, curé prieur de Monestier, près de Chantelle, écrivant en 1740 : « Quant au terrier du prieuré, il a esté autrefois fort considérable, il est tout prescript ; j'en ai trouvé quelques feuilles de tous lesdits cens deüs, il n'y en a qu'un article de 2 couppes seigle servis sur une terre située au bourg de Monestier ». C'est le cas de la disparition totale d'une directe. Cas extrême, mais pas unique... Le danger principal est évoqué par le curé Mallat : la prescription. Mais la prescription n'a d'efficacité que conjuguée avec la négligence du seigneur. L'examen un peu précis des situations permettra d'apprécier la valeur de cette argumentation.

La prescription signifie qu'un cens non payé depuis trente ans (quarante pour les établissements religieux) n'est plus exigible, et que la terre redevient « libre ». C'est ainsi que l'affaire peut se plaider devant un tribunal, en s'appuyant sur les articles de la Coutume du Bourbonnais.

Il est de fait que la prescription est le grand danger contre lequel les seigneurs mettent en garde fermiers et régisseurs. « Il faut pour bien faire les receus conforme qui puissent servir en justice pour lever les prescriptions » : note qui ouvre le cahier de la liève du prieuré en 1730. Par exemple, il faut bien inscrire le reçu au nom du propriétaire (tenancier), même si c'est un fermier qui vient régler. Devant un tribunal, le seigneur risque en effet d'être mis en difficulté.

Il lui faut prouver que le tenancier a payé depuis moins de trente ans. Il n'a comme preuve que les inscriptions de ses propres registres : lièves, copies de quittances, qu'on peut toujours mettre en doute. La quittance n'est une parade que pour le tenancier de qui on exigerait un payement indû.

La seule parade efficace pour le seigneur est la « reconnaissance » devant notaire. Mais cette opération de réfection de terrier est délicate et onéreuse ; on en a donné un exemple avec l'essai conduit à La Barre en 1783. Les archivistes seigneuriaux ont beau conserver tout ce qui peut prouver les « droits », même indirectement, les preuves sont toujours incomplètes et le suivi défectueux. Au revers d'un accord avec Claude Lapelin, on lit la remarque suivante : « Pièce qui justifie des devoirs dus sur le marquis de Fourilles » (qui n'est pas un Lapelin...)

Les Jésuites ont aussi tenté de faire passer les lièves du XVIe siècle pour des terriers en forme. L'argumentation était spécieuse : en 1680, des tenanciers récalcitrants « disent que toutes les lièves n'estoient que des extraicts de terriers », c'est-à-dire ici qu'un acte de liève en 1544, n'étant qu'une copie du vrai terrier de 1445, ne prouve rien pour 1544.

Les seigneurs laïques utilisaient contre la prescription un autre argument, plus solide celui-là : la prescription n'était opposable qu'en situation de présence sur place du seigneur. Elle est levée par ses absences aux armées par exemple, et même en cas de minorité du seigneur en titre. Escorailles, à Livry utilise l'argument pour les années 1710, alors qu'il combattait en Espagne (et bien que la seigneurie fût alors gérée, sur place, par son propre frère). Les Jésuites argüent de même de l'interruption quand le prieuré « n'est pas dirigé par un titulaire légitime » (1663) ; la Sénéchaussée leur a donné raison, ce qui reculait le terme fatidique de près d'un siècle. Dans le même ordre d'idées, un simple roturier, Louis Corsin, propriétaire de quelques droits seigneuriaux, se défend de leur prescription contre une attaque de son tenancier, François de Charry des Gouttes, en alléguant qu'il « était au service dans le régiment de M. de Saconai au service de S.A. de Piémont (1635-1642) » : il ne s'agit même pas du service du roi de France, c'est l'absence qui compte. De minorité en absence, un seigneur de Douzon parvient, en 1759, à empêcher une prescription qui aurait dû courir depuis 1604 !

Mais tout cela nécessitait des procès longs et coûteux. Le tenancier plaidait l'irrecevabilité, chipotait sur l'identité de la parcelle (Gilbert Rouher en 1660 conteste sur un quatrième confront qui n'est pas conforme), voire sur celle du reconnaissant ancien : Claude Lapelin refuse un payement en 1585 parce que « ceulx qui les avoient recogneus n'estoient seigneurs (=propriétaires) des hérittaiges et ne les pouvoient valablement hypothéquer ».

On a rencontré ailleurs dans cette étude d'autres exemples de la difficulté de venir à bout de tenanciers récalcitrants, surtout quand il s'agissait de notables eux-mêmes officiers de justice. Passons sur les malversations des fermiers, voire des gestionnaires du terrier. A Chantelle, les fermiers du XVIe siècle étant tenanciers de la seigneurie s'affranchissaient eux-mêmes en mutilant les terriers. Et le comte d'Escorailles confie à ses brouillons : « Robin est un coquin ».

Certains cens sont quérables : il faut se déplacer pour percevoir quelques sols : le comte de Dreuille en profite personnnellement aux Noëls de 1699, 1700, 1702, pour rendre visite à un curé de village. Le préposé des Jésuites, lui, se fait accompagner d'un notaire, ce qui vaut sans doute une « reconnaissance ».

Et l'on sait que les cens sont payés presque toujours en retard, ce qui multiplie les arrérages, parfois considérables : une demoiselle du Teil se trouve, en 1730, devoir 462 livres d'arrérages aux Jésuites (équivalent à deux ou trois ans de loyer d'un domaine), un vigneron, Gilbert Robert, doit 49 livres, somme « qu'il n'est assurément pas en état de payer » etc… La plupart du temps, on doit s'en tirer par des arrangements, des « compositions », la perception de fermages pendant x années etc… Presque toujours, il y a perte.

Prenons le cas particulier des « cens de Verzun ».

« Ce sont de petits articles dont l'hypothèque est de petite étendue, fort difficile à recognoistre, sont quérables pour la plus grande partie dans ledit village de Verzun, que la levée en est très incommode et que mesme une partie desdits devoirs sont débatus de prescription, et les détenteurs pour la plus grande partie incognus et que les frais nécessaires pour la recherche desdits debvoirs et iceux faire recognoistre excedderoient la valeur du fonds desdits debvoirs ».

Voilà donc la concentration de toutes les difficultés. Ces cens de Verzun étaient rentrés dans la directe des RP à la suite d'un arrangement avec le seigneur de Bellenaves, évoqué plus haut. On comprend que Bellenaves ait volontiers lâché ce bien quasi inutilisable, tout en conservant la métairie de Moyrat (1637). Le 21 mars 1660, les RP vendent donc la directe de Verzun aux frères Rousseau, l'un écuyer, conseiller du roi, l'autre prêtre. Le montrant de la vente n'est pas symbolique : 900 livres, pour un terrier de 37 articles et une liève de 28.

La vente est vraisemblablement avantageuse pour les deux parties. Avec les 900 livres, les Jésuites achètent une maison à Chantelle (600 l ; 1665) et en réparent une autre à Moulins (300 l.; 1670). Les frères Rousseau, de leur côté, affranchissent des parcelles qu'ils viennent d'acquérir, accessoirement, ils deviennent seigneurs du reste, à leurs « périlz et fortunes » comme dit le texte.

Cette affaire conduit, *de facto*, à la liquidation d'une directe et au transfert de sa valeur dans des achats immobiliers. La seigneurie s'efface devant la propriété foncière. Notre pourfendeur des rassemblements aurait-il tort ?

Et d'abord, pour 900 l., qu'est-ce que les RP ont abandonné ? L'acte de vente fait le point de ces fameux cens : gélines et argent sont de valeur négligeable ; mais il y a 25 setiers d'avoine, mesure Montmarault, soit 200 boisseaux Moulins à 4 sols ; 40 boisseaux de seigle à 7 sols. L'ensemble, avec un peu de froment et les 9 gélines, pouvait aller à 60 livres par an, sans compter les casualités, comme aurait dit notre rédacteur. Au taux habituel du sol pour livre, cette directe valait 1200 livres. La transaction à 900 livres est honnête et peut-être inespérée pour les RP, compte tenu des difficultés énoncées.

La gestion de la propriété utile

Je limiterai ici l'évocation de ce problème qu'on retrouvera avec l'étude des baux. On saisit immédiatement le poids de l'entretien d'un capital immobilier, les aléas de la culture et de l'élevage (par exemple, les pertes dues à l'épizootie de 1746), le problème du choix et du contrôle d'un métayer, la méticulosité nécessaire de la tenue des comptes, autrement plus épineuse que celle d'un terrier. Il suffit de voir comme le propriétaire des Brosses, à Agonges, autour de 1704, tient le compte des achats et des ventes sur les foires, des transactions occasionnelles avec un voisin pour mesurer la difficulté de la gestion directe d'une métairie ; tantôt, c'est le maître qui reçoit l'argent d'une vente, tantôt c'est le métayer, tantôt on partage immédiatement : il faut retrouver tout cela lors du bilan annuel.

Autre exemple, pris chez les Jésuites. Avant 1650, leur domaine de Charboulat était exploité en métayage. Puis intervient la crise des années 1653 pour les Jésuites : sous prétexte d'une charge de taille (royale) intolérable, aucun métayer ne se présente au renouvellement du bail. Les Jésuites ont dû recourir à la « culture par valets », c'est-à-dire au salariat .L'affaire a duré au moins deux ans : 1654 et 1655. On ne retrouve un bail de métayage formalisé qu'en 1658 : il est consenti à deux des valets, les autres devant, aux termes du bail, être réembauchés par les nouveaux métayers, au même salaire. Cet épisode fournit un exemple de ces « ennuis » auxquels se heurtait le propriétaire.

La propriété foncière, ne l'oublions pas, s'insère aussi dans le système seigneurial. Les Jésuites payent au XVIIIe siècle 30 livres de cens divers, ce qui est peu mais on a vu de bons nobles du Bocage redevables de 200 ou 300 livres annuels au terrier ducal.

Les Jésuites comptaient les réparations dans les bâtiments des domaines et de la maillerie pour 300 livres, et les frais d'exploitation (fauchaison, moisson, cuves, chevaux) pour 400 livres. Faut-il rappeler que l'acquisition elle-même avait supporté la lourde taxe des lods et ventes : une maison payée 4600 livres a payé 575 livres (car située dans la directe ducale/royale, encore y eut-il « composition », c'est-à-dire arrangement), une autre de 1200 livres a payé au taux plein 200 livres.

Que l'on soit en seigneurial ou en pleine propriété, la réalité des revenus était loin de la théorie... En 1742, le rédacteur du bilan fait état des « dettes actives » :

- sur le terrier, il reste 3850 livres à rentrer (pour un revenu théorique de 1615 livres ; mais il s'agit d'arrérages traînant sur plusieurs années, qui ne seront pas forcément impayés)
- sur les « fermiers et vignerons » de Chantelle, il reste 5133 livres : dette considérable puisque théoriquement le fermier s'acquitte d'avance... Aussi, le rédacteur note-t-il en face de cette rubrique « douteuses pour la plus grande partie ».

Manifestement, les deux formes de propriété étaient pleines d'aléas... Voyons maintenant la question du rendement par rapport au capital investi.

<u>Le rapport revenu / capital</u>

Dans un ordre purement comptable, le choix d'un revenu seigneurial (directe) ou d'un revenu rentier (domaine, métairie) suppose la prise en compte du capital investi. Les présentes remarques ne peuvent atteindre des valeurs chiffrées précises. Elles devraient pourtant permettre de mieux saisir l'ambiguïté d'une opposition trop marquée entre les deux modes de tenure.

Le domaine de La Courcelle a été acheté en bloc ; il a coûté en 1674 2640 livres. En fait, les Jésuites n'ont déboursé immédiatement que 780 livres, et une contre-valeur de 60 livres en seigle. 1600 livres représentent l'amortissement d'une rente (mais, acquise en 1672 sur les Ursulines de Moulins, cette rente suppose un débours de 1600 livres ; et la proximité des dates laisse supposer que les Jésuites visaient La Courcelle, sachant que cette rente était mal servie, donc que le débiteur était vulnérable). Le reste, 200 livres, couvre les arrérages de la rente. Les réparations ont été appréciées à

1000 livres. Au XVIIIe siècle, outre l'incendie d'une grange en 1726, on se plaint de n'avoir retiré de cette métairie que 150 livres, soit quelque 5 % de l'investissement initial (encore sans tenir compte de l'inflation).

Ce pourcentage de 5 % correspond à la formule « au sol la livre » qui est utilisée lorsqu'il s'agit d'apprécier la valeur monétaire d'une directe. Les droits seigneuriaux étant devenus une marchandise, il a fallu en estimer la valeur marchande : ainsi, un cens d'une coupe 1/2 de froment, valant à la mercuriale environ 10 sols est-il racheté pour 10 livres.

On serait tenté, sur ces deux exemples ponctuels de considérer que les rapports sont donc très comparables. Bien entendu, comme dans toute opération marchande, on trouverait aisément des cas très divergents. L'idée à conserver ici, c'est qu'il n'y a pas normalement une bien grosse différence entre « la rentabilité » du seigneurial et celle du rentier… Il faut pourtant aller un peu plus loin.

Côté rentier, il faut remarquer que toutes les terres en métayage ne sont pas forcément le résultat d'achats ou d'héritages. La coexistence du seigneurial et du rentier permettait l'acquisition de terres hors marché, et même théoriquement hors argent : il s'agit de l'accensement.

Les Jésuites ont ainsi pris à cens du domaine royal/ducal, en 1667, quelques prés pour la faible redevance de 1 coupe de froment. L'accensement s'est fait à la manière traditionnelle, c'est-à-dire après une longue procédure d'enchères (mais il n'y avait que deux candidats…). Il s'agissait de prés en friche. Voilà donc des terres, certes en mauvais état, acquises fort avantageusement. Ajoutons que les prés furent aussitôt loués par les Jésuites.

Mais cette forme d'acquisition de terres était peu utilisée au XVIIIe siècle. Les parcelles en déshérence que le seigneur récupérait et réaccensait restent rares dans un contexte général qui échappe aux dévastations de guerres et aux grandes épidémies ; mais enfin, on en trouve presque toujours quelques cas dans les terriers. Seulement, le seigneur ne pratiquait plus guère l'accensement « gratuit » : à la redevance, il ajoutait une sorte de droit d'entrée, l'intrage, perçu au moment de l'investiture. Il est des cas où l'intrage n'est pas loin d'équivaloir à un prix de vente, ce qui enlève évidemment à l'accensement tout avantage particulier… En ce qui concerne les Jésuites de Chantelle, l'intrage n'est pas mentionné, ni de la part du domaine royal, ni de la part des Jésuites seigneurs.

Côté seigneurial, il faut aussi relativiser l'intérêt du rapport purement comptable de rentabilité. Dans la société seigneuriale, le seigneur, dispose d'un territoire par la seule vertu de sa dominance politique. Lorsqu'il accense, il ne met pas vraiment en jeu un

« capital » ; par contre, il touche un revenu, sorte de contre-échange à ses fonctions de défenseur et de juge dans le village.

Certes, au XVIIe siècle, et depuis longtemps, les droits seigneuriaux sont devenus une marchandise. Cependant, la plupart les tiennent d'héritage familial et non à la suite d'un investissement monétaire. Les Jésuites n'ont pas acheté leurs terriers, ils les ont reçus en « pure » libéralité du roi ; et leurs prédécesseurs de St-Vincent de Chantelle les ont eux-mêmes pour la plus grande part réunis par des donations. Le revenu de ces terres peut difficilement être mis en relation avec un investissement immobilier, sinon d'un point de vue étroitement comptable qui s'intéresserait à la valeur marchande potentielle du terrier. J'ai déjà dit que dans ce cas, on appréciait la valeur d'un terrier comme on appréciait une rente : à 5 %.

Concluons. Le seigneur qui utilise un terrier qu'il tient de ses ancêtres n'a pas déboursé de capital (ses ancêtres non plus). Le propriétaire qui a obtenu ses terres par un accensement sans intrage n'a pas non plus déboursé de capital. Mais la plupart des propriétés résultaient d'un achat onéreux, alors que la plupart des directes provenaient d'un héritage ancien, trace d'un pouvoir seigneurial non monétaire. Le rapport revenu/capital est à valeur égale, plutôt favorable au seigneurial.

Et pourtant, le jeu historique a largement tranché à l'inverse, dès le moment où les directes sont devenues objets de transaction monétaire : c'est sans doute que ce jeu n'est pas purement comptable...

Pourquoi donc le rassemblement foncier ?

Pourquoi donc la pratique du rassemblement de terres a-t-elle largement primé sur la (re)construction de directes solides ? Pourquoi le mode rentier l'emporte-t-il sur le mode seigneurial ? Plusieurs raisons pourraient être avancées.

La première, fréquemment avancée, s'avère dans notre cas particulier peu convaincante. On met souvent en avant la facilité de revalorisation des loyers, opposée à la fixité des cens, en période de hausse tendancielle des prix. Pour ce qui concerne Chantelle, on notera au contraire que le métayage est plus fragile : il est sensible aux mauvaises récoltes et aux épizooties. Les cens en nature, par contre, suivent le mouvement des prix puisque les arrérages sont calculés d'après la mercuriale. Fût-il resté impayé une année difficile, il reste exigible ensuite, sa valeur s'inscrit dans les arrérages.

Les raisons idéologiques ne sont pas à négliger. Dans un monde seigneurial, le dominant a un pouvoir politique réel : sa puissance s'exprime en partie par le nombre de ses tenanciers et de ses vassaux. Maintenir de fortes directes, sur de nombreux villages, est une affirmation de statut.

Mais il semble qu'au XVIIIe siècle, la vision sociale soit davantage « territoriale » ou, plus exactement, « foncière ». La notion de propriété prend toute sa valeur, avec des images de grands champs cultivés, de récoltes puissantes. Le dominant possède des terres et non des hommes. S'il a une influence politique, c'est en fonction de ses propriétés foncières. On tend vers une idéologie de « l'égalité des propriétaires » et de la sanctification de la Propriété, que rien ne doit venir surplomber, ni limiter, hormis l'Etat (de plus en plus « national »). Les Physiocrates tendent à une position anti-seigneuriale ; Boncerf en 1776 refuse la « copropriété » comme il appelle la superposition de la propriété éminente sur l'utile.

Cependant, on doit admettre que cette idéologie de la propriété n'est pas née de rien, qu'elle exprime des états de fait, plutôt qu'elle ne pousse à les établir.

Il est probable qu'aux XVIIe - XVIIIe siècles on trouve plus facilement à acheter des terres que des directes, du fait en particulier des difficultés des paysans. L'entité foncière qui tente un investisseur au XVIIIe est ce qu'on appelle une « terre » ou « terre et seigneurie » : château ; réserve ; domaines ; très accessoirement des droits seigneuriaux « réels », les symboliques étant par contre bien recherchés. Une directe seule, sans tête immobilière visible est moins tentante à acheter, sauf si elle apporte un affranchissement de fait d'une propriété foncière. En outre, la gestion des directes, avec des tenanciers notables volontiers récalcitrants, se révèle de plus en plus difficile.

Les Jésuites en savent quelque chose : leur tenancier, marquis de Fourilles, est successivement un militaire de haut rang, puis le Président du Grand Conseil du Roi, puis un Procureur général au Parlement de Paris. Un autre, seigneur de Bellenaves, est le duc de Luxembourg. On trouve parmi leurs notes, à propos de Pouzeux : « M. Semyn est mort en avril ou mai 1756. De son vivant, j'avois parlé plusieurs fois à Mad. Semin de payer les arrérages, on ne finit jamais rien avec ces sortes de grands. J'avois résolu de les faire assigner. Il faudra bien en venir là ». Pourtant, Semin n'est que Président-Trésorier de France, c'est-à-dire un fonctionnaire régional.

D'un point de vue patrimonial, la propriété foncière a dû paraître plus sûre que les directes. La propriété, même censivière, est inattaquable et constitue un bien facilement transmissible. La directe, au contraire, tombe facilement sous le coup de la prescription. Sa possession peut être constamment attaquée, discutée, par des tenanciers d'un rang social élevé.

Dans une optique de luttes de classes, un tel tenancier est bien plus dangereux qu'un métayer, individu docile et sans moyens. Si des oppositions paysans/notables perdurent, et si le mythe de la Jacquerie reste vivace, la véritable lutte de classes, au XVIIIe siècle, à la campagne, oppose des notables entre eux : ceux du monde nouveau, les propriétaires, contre ceux du monde ancien, les seigneurs.

Ainsi l'historien cherche t-il des raisons à l'évolution historique. Il est mieux placé, pour ce faire, que le contemporain qui vit cette histoire, et qui l'interprète à la lumière de concepts anciens. Le gestionnaire éclairé qu'était notre Jésuite de 1742 nous montre que, idéologiquement parlant, le sort de la propriété de type seigneurial n'était pas scellé. Des raisons solides plaidaient pour considérer comme une erreur de stratégie le rassemblement onéreux de parcelles en vue de constituer un « domaine ».

Pourtant, c'était ainsi, à travers d'innombrables actes individuels aussi peu éclairés, qu'opérait un inéluctable « Sens de l'Histoire ».

DEUXIEME PARTIE

Propriétaires et métayers
Construction et fonctionnement des domaines en mode rentier

7 - L'action des « rassembleurs » : trois exemples

Le problème de la dépossession paysanne a pu être présenté à partir du témoignage des terriers seigneuriaux. Il a permis de porter un jugement global sur la personnalité des propriétaires fonciers dans les directes seigneuriales. Les « reconnaissances » sont, vers 1500, le fait de paysans et de petits notables villageois (clercs, prêtres, sergents) ; puis on voit de plus en plus intervenir des notables de toute envergure : des nobles, des officiers, le seigneur lui-même, nombre de notables locaux (petits officiers, professions libérales), auxquels se joignirent bientôt quelques marchands-fermiers ; la paysannerie est, vers 1700, soit pratiquement éliminée, soit minoritaire dans les terroirs viticoles.

Ce travail, mené selon les méthodes de l'histoire sérielle, a l'avantage de ne pas s'appuyer sur quelques cas, aussi exemplaires paraissent-ils. Il se trouve corroboré par la recherche statistique portant sur les redevables de droits seigneuriaux, inscrits dans le terrier d'une grande châtellenie ducale, celle de Bourbon, au cœur même du Bocage.

Ce mouvement social suppose l'action d'acheteurs obstinés à acquérir et à « rassembler » ces biens (paysans ou autres) pour constituer les « domaines » qui apparaissent épisodiquement au XVIe siècle, et qui constituent dès les années 1620-1640 la trame territoriale de référence. Ces personnages ont été appelés par les historiens des « rassembleurs ». On sait que ce thème a fourni le sujet de deux recherches historiques constamment citées, bien que déjà anciennes, celles du docteur Merle et de Paul Raveau. Le premier met l'accent sur l'action des seigneurs de la Gâtine poitevine ; le second ajoute à l'action des seigneurs celle des marchands de Montmorillon dans son étude sur le Haut Poitou au XVIe siècle. Les deux auteurs, qui travaillent sur des sources différentes, sont concordants sur la réorganisation des terroirs en vastes propriétés, exploitées en « métairies », après élimination d'une partie importante de la propriété des laboureurs.

L'étude de l'action des rassembleurs a l'extrême avantage de fournir des exemples personnels, donc parlants. On y ajoutera la possibilité de connaissances plus fines que la statistique : rythme des transactions, modalités de l'achat, raisons de la vente, etc... Cependant, on ne peut en rester à quelques actes de vente isolés. On a donc cherché à repérer des « séries » familiales, de manière à suivre l'activité d'une lignée de « rassembleurs » sur plusieurs générations. Cela suppose des familles qui ont constitué leurs propres archives et les ont transmises en bon état.

On trouve assez facilement de telles séries, mais elles portent plutôt sur le destin d'unités foncières déjà constituées, que sur des rassemblements proprement dits. S'ensuit un jeu de composition/décomposition/recomposition, qui sont des jeux d'échanges plutôt que des jeux de construction ; et les unités en cause sont déjà des domaines et non pas des parcelles.

Le vrai jeu de rassembleur a pu cependant, plus ou moins complètement, être reconstitué à partir de trois séries :

- Les Rollat de Brugheas, malheureusement loin au sud du Bocage ;
- Les Charry des Gouttes, autour de Thionne, également loin du Bocage *stricto sensu*, mais dans une zone de structure comparable ;
- Les Meschatin de La Faye, cette fois bien situés autour de Theneuille entre Bourbon et Cérilly.

Chacune de ces unités fera l'objet d'une courte présentation ; les résultats de la recherche seront ensuite présentés d'une manière synthétique.

I – LA SEIGNEURIE DE BRUGHEAS

Primitivement aux mains d'une famille « de Vessenat », la seigneurie de Brugheas passe par héritage en 1400 à Odin de Rollat, chef d'une lignée qui la possède jusqu'en 1777. Elle est alors achetée pour 430000 Livres tournois (avec la Justice) par Marie-Louise-Guillemette de Bègues, épouse du marquis de Bouillé, devant un notaire du Châtelet de Paris. Le prix d'achat montre qu'il s'agit alors d'une unité de belle taille. Ce que nous en percevons à travers les Rollat sera moins considérable, les Rollat n'étant sans doute que co-seigneurs aux XVIe et XVIIe siècles.

On dispose d'une belle série du XIVe - XVe, signalant en particulier l'achat par Odin en 1418 des château, motte et Justice de Biozat. Une malencontreuse lacune nous prive du XVIe siècle. A partir de 1604, au contraire, on trouve une série exemplaire de micro-liasses, petits dossiers établis au XVIIIe siècle, qui comportent chacun une longue analyse du document, avec des références, et bien entendu le document lui-même. L'archiviste avait prévu, outre cet ensemble intitulé « Domaine utile », d'autres ensembles qui portaient sur des droits seigneuriaux : « parcières de Villars », « Justices », « dixmes », etc… Ces ensembles sont vides : on peut estimer qu'on n'a gardé, après la Révolution, que les pièces du domaine utile, le reste étant alors devenu « sans objet ». On a donc entre les mains une série de 45 actes d'acquisition, plus quelques échanges, échelonnés de 1604 à 1749. Au-delà de cette date, on ne trouve que quelques pièces de gestion.

II – LA SEIGNEURIE DES GOUTTES

La seigneurie des Gouttes, souvent associée à Deuxville et à la Boullonne, est centrée sur le château des Gouttes à Thionne, mais s'étend aussi sur les paroisses voisines, Vaumas et Jaligny.

Aux XVe - XVIe, cette seigneurie est possédée par les Raquin, petite noblesse d'écuyers. Elle passe à Jacques de Charry par mariage en 1606, puis héritage en 1626, les Charry devenant alors « de Charry des Gouttes ». La « construction » s'échelonne du XVIe au XVIIe siècle ; au XVIIIe siècle, les achats semblent terminés. Selon un dénombrement non daté, mais qui recoupe un bail de fermage de 1757, il s'agit alors d'une « Terre et seigneurie » classique : un fort noyau immobilier (château, fossés, chapelle de N.D. de Lorette, divers corps de logis), une réserve importante (80 charrois de pré, 40 œuvres de vigne, jardins, bois), une collection de neuf domaines (à trois ou quatre paires de bœufs), avec trois locateries, une Justice, un terrier déclaré pour 500 livres et des dîmes. Les domaines sont équipés d'un cheptel valant près de 9000 livres, avec 755 moutons. L'ensemble (?) est affermé 4400 livres par an.

On dispose de séries assez hétéroclites avec 24 actes d'acquisition entre 1571 et 1656 (lacune probable de 1575 à 1598). La seigneurie foncière paraît constituée pour l'essentiel avant 1640. Au-delà de 1656, les documents ne concernent plus que la gestion.

III – LA SEIGNEURIE DE LA FAYE

Elle se situe à Theneuille, au cœur du Bocage, à distance respectable des villes : Moulins, Montluçon, St Amand sont à une trentaine de kilomètres ; et à mi-chemin de deux bourgs administratifs : Bourbon et Cérilly.

Cette seigneurie est tenue depuis le début XVe par la famille de Meschatin, écuyers nobles originaires de Souvigny, attestés de 1424 à 1680. Au-delà, la seigneurie souffre d'arrangements familiaux difficiles, avant d'arriver aux Coiffier, branche dite « de Verfeu ».

Ce sont les Coiffier qui nous ont transmis les liasses concernant les biens fonciers de la seigneurie. Elles sont organisées par lieux, présentant ainsi les pièces concernant chaque métairie : Lavaud, Pichard, etc..., y compris les actes provenant des prédécesseurs des Meschatin. Comme le rassemblement s'est fait en partie à coups de parcelles, on dispose d'environ 150 à 160 actes d'achat directement utilisables.

Comme pour les deux autres seigneuries, les documents couvrent une période large, 1500 à 1660. Au-delà, il ne s'agit plus que de la gestion de l'acquis, c'est-à-dire d'une douzaine de domaines, y compris les trois venus de Verfeu.

IV – Les trois seigneuries étant réunies, l'étude portera donc sur environ 200 actes d'acquisitions foncières, XVIe et XVIIe siècles bien connus pour Les Gouttes et La Faye, dont la « construction » semble achevée vers 1650. A Brugheas, on ignore le XVIe siècle, mais la construction foncière s'étend jusqu'à 1694.

Il ne peut être question de détailler ces 200 actes. La présentation synthétique que nous en ferons permettra, étant donnée cette masse, de dépasser la méthode de l'exemplarité pour atteindre le sériel.

Rythmes chronologiques

Au départ, vers 1500, Brugheas étant alors mal connu, Les Gouttes et La Faye sont connus par leurs « aveux et dénombrements », actes complémentaires des « foi et hommage » de vassalité.

Aux Gouttes, seigneurie vassale du Prieuré du Moustier de Jaligny, on trouve alors le noyau seigneurial classique « mote, foussés, estangs » avec une Justice et des cens ; un acte de 1505 précise : « le domayne auquel y a jardin, garennes, prés, terres gaignées et non gaignée, bois gros et menu et un petit estang avec peu de chevance » ; une « mectairie », excentrée à Thiel, est hors de la seigneurie.

La Faye, de même, comporte début XVIe un noyau seigneurial, une censive d'une cinquantaine de reconnaissants, deux moulins et une « petite métairie à deux bœufs ».

Dans les deux cas, la propriété foncière apparaît secondaire par rapport au seigneurial.

Jusque vers 1540, l'intérêt des Meschatin et des Raquin se porte toujours vers les droits seigneuriaux. Pour les Vessenat, à Brugheas, on trouve trace de quelques achats fonciers, mais il s'agit de terres situées dans la région du Donjon, donc hors de la seigneurie de Brugheas.

On voit les Meschatin procéder à des ventes et achats de droits seigneuriaux jusqu'en 1572.

Lyonnet Raquin procède à des achats en 1533, 1540, 1545, mais il s'agit de justices et de directes (Charnay, les Baboulots, les Foucauds). Encore en 1598, Renée d'Amanzé, veuve d'Antoine Raquin « des Gouttes » fait une déclaration de foi et hommage pour des droits seigneuriaux acquis récemment.

Une politique suivie d'achats fonciers commence aux Gouttes en 1571 (pour 15 œuvres de pré - 1571 ; des portions du domaine des Perronnats en 1572-73). La documentation est malheureusement lacunaire ensuite, jusque 1598.

A La Faye, Pierre de Meschatin procède à six petits achats fonciers de 1501 à 1532 (parcelles). Après lui, Jean (1545-1572) paraît rencontrer plus de difficultés que de succès ; il a des dettes ; le dénombrement de 1557 laisse l'idée d'une seigneurie diminuée, dont le revenu n'est que de 40 livres. C'est Claude de Meschatin qui lance vraiment une politique d'achat du foncier, au rythme de deux ou trois achats par an entre 1572 et 1598. Il achète des parcelles, mais aussi des lots importants de 200 à 300 livres. Il engage au total une somme de 2422 livres au moins, pour une surface, terres et prés, de l'ordre de 500 moduriers, soit environ 40 ha. Les indications concernant l'organisation de métairies se succèdent : Lavault (1581), Villaumont (1587), Chiers (1592), la Moullière (1573), et, implicitement, à Avenières et au « lieu Béraud » (ou « chez Brot »).

Par rapport à ses prédécesseurs, Claude laisse au second plan les opérations de type seigneurial. Plus d'acquisitions de cens, pas non plus d'accensements. Par contre, il achète des dixmes. Le seigneur abrège d'ailleurs largement sa directe puisque neuf de ses achats se font expressément dans cette censive.

De 1600 à 1640, les documents nous renseignent bien sur nos trois lignées, qui sont alors en pleine action.

La moitié des achats repérés pour le seigneur de Brugheas (382 quartonnées et 62 œuvres de vignes sur un total de 751 quartonnées et 74 œuvres) se réalisent entre 1604 et 1628, en 16 transactions, du fait de Gilbert et Louis de Rollat. Outre de nombreuses parcelles, les acquisitions portent sur trois grosses unités : 97 quartonnées sur le notaire Pierre Marchand (1617), 129 quartonnées sur François Lasne, laboureur (1620), 100 quartonnées et 42 œuvres sur Claude Chocheprat et Jérôme Mousson, laboureurs (1621). Ce dernier achat concerne un domaine déjà constitué, le « lieu et domaine des Moussons » avec maisons, terres, vignes et prés en 35 parcelles – peut-être une grosse tenure ancienne. On ne connaît pas d'autres actes jusqu'en 1641 ; pourtant, comme on est dans la série des petites liasses soigneusement archivées au XVIIIe, une lacune importante reste peu probable.

Aux Gouttes, c'est de 1600 à 1638 que vont se succéder les achats, essentiellement sous l'action de deux femmes : Renée d'Amanzé, puis Claude Raquin, épouse de Jacques de Charry. Les surfaces exactes ne sont pas connues car il s'agit de parts successives de gros domaines paysans, jusqu'au contrôle complet. Seul le domaine des Tains est acheté en bloc. L'ensemble provoque une dépense de 2152 livres.

Anne de Saint-Hilaire, veuve de Claude de Meschatin, avec ses fils Charles et Jacques (1600 – 1612), puis Charles seul (1612 – 1640) poursuivent à La Faye la série d'achats commencée par Claude. Les sommes mises en jeu sont considérables : 1433 livres pour Anne, 7612 pour Charles, hors arrangements familiaux internes. Les achats de parcelles se succèdent, toutes acquises sur des laboureurs. Mais on ne néglige pas les grosses unités, ainsi de « la grande maison des Fondards » avec ses 500 moduriers et 24 chars de pré (environ 50 ha) (1608), la moitié du domaine Lavault (1615), le « lieu des Genblanc » (1617). Signe des temps, certaines de ces unités sont déjà le résultat de rassemblements : ainsi des deux métairies de Chiers acquises en 1616 contre Gaspard de Bron, seigneur du Puy, et surtout de la « seigneurie » des Rochères (entre 1633 et 1650), pour laquelle nous connaissons les conditions mêmes de construction.

Les Rochères est une « sieurie » constituée par la lignée Preslier. Le premier connu, Gilbert, ne s'intitulait que « paroissien de Theneuille », puis « fermier de Bron », enfin, après 1554, notaire. Ce « rassembleur » a passé 9 actes d'achat avant 1572. Son fils Jacques, régulièrement dit « sieur des Rochères » opère cinq autres achats avant 1588, dont celui du « lieu Béraud ». Le dossier est malheureusement lacunaire ensuite. En 1632, on retrouve l'acquisition d'une exploitation de 114 moduriers par Gilbert Preslier, lequel obtient ensuite, par échange avec La Faye l'affranchissement de quelques droits seigneuriaux. Cette seigneurie acquise par Charles de Meschatin comportait, d'après une description de 1680, un noyau seigneurial (« maison entourée de murailles ») et deux métairies.

De 1640 à 1700, le rythme des acquisitions se ralentit considérablement, sauf à Brugheas. Là, la seconde moitié des achats fonciers est opérée entre 1641 et 1694 (342 quartonnées et 12 œuvres) par Jacques, puis Louis, puis François de Rollat, en 22 actes. Peu de petites parcelles mais quelques gros morceaux : 172 quartonnées contre un couvreur et ses frères en 1659, puis 60 quartonnées contre les héritiers d'un petit écuyer. Ce dernier achat porte sur un lieu seigneurial dit « l'étang de Razat » : une motte, un étang, des prés, le tout en mauvais état, « nulle apparence de grange, ni de moulin », mais des parcelles bien groupées : soit un ancien rassemblement, soit plutôt les débris d'une réserve seigneuriale.

Aux Gouttes et à La Faye, les acquisitions sont pratiquement terminées. On note l'achat d'un domaine Augerolle en 1656 aux Gouttes, mais il n'y avait pas eu d'acte depuis 1639.

A La Faye, la situation familiale évolue dans un sens négatif. Thomas de Meschatin a épousé Marie d'Albon, héritière d'un nom local prestigieux (1634). Il a une forte position dans la noblesse locale (« beaucoup de crédit sur la noblesse, homme d'esprit et de mérite », écrit un Intendant). Mais il se lance, vraisemblablement à la suite de Condé, dans les guerres de la Fronde. Il est officiellement absent en 1654, après avoir passé en 1653 un accord avec le gouverneur de Montrond, la forteresse des Condé. Il a réalisé en 1645 une belle opération dont nous ignorons le détail : la prise de contrôle des seigneuries de Bouis, de Verfeuil et de Ginçay. Dès 1656, c'est son gendre, François Pastureau d'Ouarville, qui est seigneur de La Faye, Thomas s'intitulant seigneur de Bouis. La période 1660 – 1680 est floue. François Pastureau achète encore une unité paysanne en 1661, celle des Buissonnier ; et Thomas acquiert d'un écuyer « le lieu seigneurial des Pinonières ». En 1680, La Faye et Les Rochères font l'objet d'une saisie. La construction de la seigneurie est terminée.

Le XVIIIe siècle n'apparaît plus dans notre documentation que pour des actes de gestion : baux, partages familiaux, procès. La période des acquisitions est complètement close à la Faye, comme en témoignent les états de 1680 et de 1792 ; aux Gouttes un bail de 1757 décrit une série de 10 domaines, dont 7 se retrouvent expressément dans notre documentation. A Brugheas, 5 actes ont été passés de 1720 à 1749 pour l'achat de petites parcelles totalisant 27 quartonnées seulement.

Chaque lignée rencontre les mêmes questions familiales de partages ou de contestations, mais qui ne paraissent pas mettre en cause la consistance de leur seigneurie principale, celle que la conservation de leurs archives nous a permis de décrire.

Des actes de fin XVIIe ou du XVIIIe siècle permettent de se faire une idée des résultats du travail de nos rassembleurs dans deux cas précis.

A La Faye, la saisie de 1680, complétée par la vente comme Bien National en 1792, montre un gros ensemble de 10 domaines où l'on reconnaît les achats enregistrés :

- deux métairies de Lavault (1615)
- deux métairies de Chiers (1616)
- la « réserve de la Faix »
- deux domaines près des Rochères, vraisemblablement Chez Braud et les Fondards
- la locaterie Rhuter (parcelles acquises en ce lieu en 1572)
- Doure (achats dans cette zone vers 1600)
- domaine Pichard (parcelles acquises de 1608 à 1614)
- les Bordes (achats en ce lieu en 1627 – 29) et un ancien « hôtel fort », Boucheron, qui était reconnu dès le Moyen Age comme une dépendance de la seigneurie.

A part Doure, Pichard et les Bordes, sans doute composés à partir de parcelles différentes, les autres lieux apparaissent dans leur globalité par les achats du début XVIIe. L'ensemble de la documentation apparaît donc raisonnablement complète.

Aux Gouttes, un dénombrement du XVIIIe siècle, déjà cité ci-dessus, énumère 9 domaines : la Basse-Cour, Florest, deux à Deuxvilles, deux domaines Tains, les Foucauds, les Baboulots, les Regnauds, et trois locateries. La plupart ont été rencontrés au cours de notre enquête.

A Brugheas, on ne dispose que de l'indication, au Sommier des Fiefs, de la vente de la Justice et seigneurie en 1777 pour 430000 livres.

Définition sociale des rassembleurs

Les trois lignées principales sont socialement homogènes : on est dans la noblesse militaire classique, originellement enracinée dans le terroir.

Les Meschatin sont dès le XVe siècle des écuyers. Une notation militaire précise intervient avec Claude qui est « un des cent gentilshommes de la Maison du Roi ». Son voisin, Charles Esgrin, seigneur de la Forest, à Ygrande, porte le même titre et se signale par quelques achats fonciers. On est dans les années 1580-1610. On a signalé que Thomas de Meschatin est considéré vers 1650 comme un des nobles les plus importants de la région.

Les Raquin, aux Gouttes, sont apparemment de la même petite noblesse (écuyers) au XVe siècle. En 1540, Lyonnet Raquin dit « servir le roi en sa gendarmerie » ; en 1572, il s'intitule « chevallyer de l'ordre du Roy ». Après les Raquin, les Charry sont sans doute de plus haut vol ; à partir du début XVIIe siècle, leurs carrières militaires se marquent par des grades dans l'Infanterie (autour des Condé et des Conti), puis dans la marine (au moins deux chefs d'escadre). Jean-Antoine, né vers 1710, mort vers 1795, chef d'escadre, est le « Charry des Gouttes » qui reçoit Arthur Young en 1787 en son château du Riau.

Les Rollat, à Brugheas, se suivent encore mieux dans la carrière militaire, dès Odin, chevalier bachelier sous Louis II de Bourbon en 1386, au XVIIe, Jacques de Rollat est « gendarme de la garde du Roi » et donne procuration en 1637 pour partir en guerre. Tous ses successeurs portent un grade militaire.

Il faut ajouter que les uns et les autres ont bénéficié d'alliances flatteuses, une La Chastre pour les Rollat début XVIIIe, une Guillaud de la Mothe pour Antoine de Charry (XVIIIe), une d'Albon chez les Meschatin (1634) ; nous sommes alors au moment où les rassemblements sont pour l'essentiel terminés. Mais on ne manquera pas de noter que les femmes de ces familles ont été à l'occasion de remarquables remplaçantes de leur mari absent ou mort : Anne de St-Hilaire entre 1600 et 1612 à La Faye, Renée d'Amanzé (fin XVIe), puis Claude des Gouttes (années 1620 – 1630).

Seule la lignée des Preslier, qui intervient ici secondairement pour la « sieurie » des Rochères, est d'origine roturière et villageoise, et ne dépasse pas le titre de « sieur des Rochères ». Ce ne sont ni des nobles, ni des bourgeois urbains classiques.

On se gardera cependant de prendre ces quatre cas pour significatifs de l'ensemble de la province.

Définition sociale des vendeurs

Dès le début XVIe, on ne peut trouver les vendeurs que parmi la catégorie la plus nombreuse des propriétaires, c'est-à-dire la paysannerie. La logique est bien corroborée par la documentation. C'est le cas pour les parcelles acquises aux Gouttes sur l'héritage de Pierre Perronnat 1572-1573. C'est surtout visible dans la grosse documentation des Meschatin de La Faye, où l'on trouve de nombreuses transactions sur des parcelles. De 1570 à 1630, pour 75 actes, 17 vendeurs ne sont pas qualifiés, 44 sont expressément « laboureur », dont deux « clerc et laboureur », 6 sont des villageois (tixier, meunier...), 3 notaires (dont un Aujohannet) ; 5 seulement sont « sieurs » ou seigneurs.

Beaucoup de vendeurs appartiennent à des lignées qui semblent avoir été (ou être encore) des paysans prospères. Les Meschatin gardent les traces archivistiques de l'action de la lignée

Aujohannet, qui sont acheteurs au XVe siècle (1479 – 1520), peut-être rassembleurs au petit pied, avant d'être vendeurs au XVIe, et parfois pour des lots importants (moitié du domaine Lavault en 1615 ; une transaction de 220 livres en 1572). Ils sont à la limite de la notabilité : François est laboureur (1587), mais Jean notaire (1581) ou marchand (1597) ; on trouve sous ce nom une communauté de laboureurs en 1608. De même, à La Faye toujours, sont les Raquet et les Alleau ; à Brugheas les Chocheprat et les Mousson. Les Bérauds, vendeurs aux Preslier avant 1588, laissent leur nom au domaine « Chez Brot ». Aux Gouttes, le seigneur achète par portions des domaines qui portent le nom de la parsonnerie qui les possédait : les Coulons, les Correts, les Tains. Les Tains fournissent la description classique d'un habitat de communauté (1626) : « grande maison, chaufeure, avec les chambres y attenant, maison de fourt, chambres, estableries, le tout consistant en six chaptz de bastiments couverts à paille ». C'est le même type de noyau que l'on rencontre aux Foucaulds, achetés en trois fois de 1601 à 1614. Les Rondards sont achetés en 1639 à Mathieu Coulon et Nicolas Jolligard, tous deux « dicts Rondards ».

Dans tous ces cas, il est difficile de distinguer ce qui provient directement des grosses tenures du Moyen Age de ce qui provient de « constructions » récentes menées par des paysans. Les Tains, achetés en 1626 par Claude des Gouttes, sont « portés » d'au moins trois seigneurs différents, ce qui fait penser à un rassemblement. Les Coulons, achetés en 1600, sont explicitement une recomposition familiale récente, contre des frères et des cousins, mais complétée par d'autres acquisitions, le tout conduit par le vendeur, Etienne Coulon (ou Collon). On est sans doute sur l'extension d'un noyau ancien, la parsonnerie Colon, connue en 1468.

Par contre, les Avenières sont acquis en 1545 par Jean de Meschatin par suite de déguerpissement, ce qui laisse supposer une tenure classique, située entièrement dans la même directe.

Au-delà de 1620, la situation est devenue telle que la propriété paysanne est déjà largement entamée. Les achats de nos rassembleurs touchent désormais des gens de leur milieu, à tout le moins des rentiers de la terre. C'est par exemple, en 1616, l'achat du « lieu, domaine et mitherye » de Chiers, par Charles de Meschatin contre Gaspard de Bron ; en 1617 l'acquisition conduite par les Rollat contre le notaire Marchand ; vers 1630, celle de la « sieurie » des Rochères contre le « sieur des Rochères », lignée de rassembleurs roturiers, les Preslier.

On trouve en même temps l'achat d'unités caractérisées comme des seigneuries anciennes, en réalité d'anciens noyaux avec motte, devenus de véritables « domaines-fiefs », et qu'on retrouve encore en 1789 au Sommier des fiefs ducaux. Il s'agit d'exploitations soit en bon état (le fief de la Boullonne, à Thionne ; le « lieu seigneurial » des Pinonières à Cérilly), soit en ruine (l'héritage du seigneur de Corbignière, acquis par les Rollat en 1676). Dans tous les cas, il s'agit d'acquisitions relativement récentes.

Mais, parcelles ou domaines (en portions ou en entier), et compte-tenu des dates enregistrées le plus souvent (avant 1640), les vendeurs sont majoritairement des paysans, individuels ou en parsonnerie, et en n'oubliant pas que les communautés pouvaient comprendre des demi-notables (clercs, prêtres, voire, au XVIe siècle, notaires).

Circonstances des transactions

Les actes de vente ne mentionnent pas nécessairement la raison de la transaction, mais par les modalités de payement, on peut reconstituer les circonstances les plus fréquentes.

Les ventes « volontaires » sont les moins renseignées. Le désir de se débarrasser d'un héritage lointain (l'héritage Corbignière est aux mains de personnes résidant en Rouergue) ou la nécessité de régler un douaire ou une dot (cas à Brugheas, 1623 et 1669) se rencontrent à l'occasion.

Mais la raison le plus souvent invoquée est l'endettement, soit par impossibilité de rembourser, soit par accumulation d'arrérages de droits seigneuriaux ou de rentes. Notons immédiatement que l'impôt royal, la taille, n'est évoqué qu'une seule fois (Brugheas, 1646 pour un montant de 80 livres réglant la taille de 1645).

En 1639, Mathieu Coulon et Nicolas Jolligard, son gendre et parsonnier, menacés de saisie pour 500 livres de dettes envers la dame Claude des Gouttes « suplient la dite dame vouloir prendre lesdits héritages », c'est-à-dire « le lieu, max, domaine et ténement des Coulons et des Rondards », à Thionne, dont les bâtiments sont « à présent presque ruinés et démolis ». L'intérêt de la dame est souligné, dans la demande des propriétaires, par la formule « le tout joignant ses aultres héritages ».

L'indication d'arrérages de droits seigneuriaux est très fréquente. A Brugheas, une vente de 410 livres en 1654 règle un arrérage de cens de 75 livres ; en 1641, une petite parcelle règle des lods et ventes et des arrérages. Anne de Saint-Hilaire, veuve Meschatin, achète en 1608 un domaine qui vaut 688 livres : 613 couvrent l'annulation d'une rente et de ses arrérages, sur 13 ans apparemment. Aux Gouttes, les arrérages de cens sont invoqués en 1573, 1613, 1622. Les déguerpissements pour cens trop lourds peuvent être classés dans la même catégorie : c'est ainsi que les

Meschatin récupèrent le domaine d'Avenières en 1545, que Louis de Rollat fait de même pour 9 quartonnées de terre en 1675.

L'endettement classique s'efface par l'annulation d'obligations (reconnaissances de dettes souscrites précédemment) ou de rentes constituées. Les Bérauds doivent en 1588 vendre leur domaine à Theneuille pour se libérer du poids de sept obligations : ils déclarent n'avoir pas assez de « meubles » pour couvrir la dette. En 1587, Claude de Meschatin achète des parcelles au laboureur Desris par annulation de deux obligations de 58 écus et de 35 écus. En 1614, c'est le seigneur des Gouttes qui acquiert le 1/4 des Rondards par la « rédition » de trois obligations. On trouve de nombreux cas de même style.

Certains payements sont stipulés en nature : 1586, 12 écus d'or payés à François Aujohannet, laboureur, en « seigle pour sa nourriture, de sa femme et leurs domestiques » ; 1605, un achat réglé partiellement en drap. On n'évitera pas de penser que les vendeurs étaient aux abois.

L'endettement peut l'être aussi au profit de tiers : ce sont eux qui reçoivent le montant de la vente.

Ces circonstances mettent en valeur la stratégie monétaire de nos rassembleurs. On voit bien que leurs pratiques d'avances ou de prêts, véritables comportements d'usure, visent de loin des parcelles ou des domaines convoités. Louis et Jean de Rollat, père et fils, accumulent de 1590 à 1614 une série de cinq prêts dont l'annulation est réglée par la prise de possession en 1621 du lieu et domaine des Moussons. On notera que si les Preslier, ces roturiers, manoeuvrent manifestement ainsi, ni les Meschatin, ni les Rollat, ces nobles authentiques, ne dédaignent ces opérations. 536 quartonnées sur les 751 acquises par les Rollat de Brugheas portent trace d'endettements, très souvent envers le seigneur.

Ces situations d'endettement sont bien signalées par les historiens, mais, soit localisation péri-urbaine de leur étude (Goubert), soit mythe de l'opposition bourgeois/nobles, ils en imputent le profit à la bourgeoisie urbaine, grande dévoreuse de terres et, accessoirement, de seigneuries, celles-ci aux dépens des gentilshommes. On a rarement remarqué que ces opérations permettent à nos seigneurs d'acquérir *en déboursant un minimum.* Anne et Charles de Meschatin, en 1605, règlent un montant de 72 livres en ne versant comptant que 12 livres, le reste provenant d'une obligation de 36 livres, de 12 livres « payés d'avance » et d'une valeur de 12 livres payée en drap. Le domaine Fondard, en 1608, ne provoque qu'une sortie de 75 livres comptant, sur 688 livres dues. Du domaine des Collons, Renée d'Amanzé ne verse que 13 écus en monnaie sur un montant de 121 écus 2/3 (1600).

Les Meschatin, comme les Rollat et les Charry, achètent volontiers des rentes ; impayées, elles constituent des arrérages utilisés comme on l'a vu ci-dessus ; réglées régulièrement, elles peuvent être cédées si l'occasion s'en présente. Le gros domaine de Chiers, qui est acheté 1230 livres par Charles de Meschatin (1616) est réglé par le transfert de 6 rentes constituées par divers personnages (qui ne sont pas les vendeurs). Thomas de Meschatin achète les Pinonières par le transfert d'une grosse rente provenant de la dot de sa femme.

Dans ces trois lieux de campagne profonde, Thionne, Theneuille, Brugheas, ces nobles ruraux, gentilshommes « servant le roi », restent des terriens aussi habiles et retors que ceux que l'on présente comme la roture usurière. Ils conservent certes des droits seigneuriaux, mais n'hésitent pas à sacrifier une part de leur directe pour arrondir leur propriété « utile », au moins depuis les années 1570-80 (dans les cas utilisés ici). Ils savent jouer de toutes les possibilités de leur position dominante, tant socio-idéologique qu'économique : autant l'argent, donc, que le prestige nobiliaire et seigneurial.

Statut seigneurial des terres rassemblées

Les auteurs ont souvent considéré ce point comme secondaire, parfois « pittoresque », l'idée fondamentale étant que les seigneurs n'ont fait qu'agrandir leur réserve en achetant dans leur censive – quand même ces opérations n'ont pas été considérées, du seul point de vue des baux d'exploitation, comme des espèces d'amodiation « à temps ». Quant aux bourgeois, leurs achats portant essentiellement sur des censives, la question était *ipso facto* résolue.

La question revient au statut – « noble » ou « roturier » - des terres rassemblées par nos seigneurs-propriétaires. Assez souvent, ce statut n'est pas précisé dans l'acte d'achat. On se contente de mentionner : « cens à qui il appartiendra » ou « ne sachant à qui il est dû ». Sur 50 actes correctement renseignés dans le dossier des Meschatin, on note 39 achats dans la directe seigneuriale et 11 achats dans des censives voisines dont plusieurs fois « le Roi » = duché de Bourbon. Le seigneur de La Faye apparaît en effet pour 5 articles au terrier de la châtellenie ducale de La Bruyère en 1674. Les Preslier des Rochères, qui avaient acquis des droits seigneuriaux, en diminuent le rendement ensuite en achetant dans leur propre directe. Un échange de 1625 entre Preslier et Meschatin a permis d'effacer les droits réciproques et d'affranchir ainsi leurs acquisitions.

On est moins renseigné pour les Rollat de Brugheas ; 9 achats (1/4 des transactions, mais seulement 1/7 des surfaces) sont expressément opérés dans leur censive. On rencontre de rares mentions d'achats dans la directe du duché de Montpensier, dans celle de la cure de Brugheas, dans celle d'Abrest. La plupart du temps, on en reste au « cens à qui il appartiendra ».

Le seigneur des Gouttes achète largement dans sa censive, en particulier les domaines achetés en bloc (Foucauds, Correts, Coulons, Rondards, en partie les Tains), parfois en co-seigneurie avec le curé de Thionne. On a déjà noté qu'il payait parfois en remise d'arrérages de cens : il s'agit donc d'achats dans sa directe.

La « puissance » seigneuriale n'intervient que fort peu dans ces achats, qui sont presque toujours onéreux. Rares sont les actes gratuits du type déguerpissement (Avenières, 1545, pour La Faye ; 1604 et 1675 à Brugheas). Encore est-il qu'un déguerpissement s'est traduit en 1621 à Brugheas par un réaccensement. Rare également est la fameuse « retenue seigneuriale » (qui, notons-le, n'est qu'une préemption à titre onéreux) : un seul cas pour une petite parcelle en 1616 chez les Meschatin.

Si nos trois lignées n'ont pas hésité à abréger fortement leur directe pour composer leurs domaines, toutes ont aussi procédé à des achats dans les directes voisines, si bien qu'au XVIIIe siècle les uns et les autres payaient des droits seigneuriaux. Le montant dû par le seigneur des Gouttes en 1755 (75 livres et 16 boisseaux de seigle, aux cures de Vaumas et de Thionne, à l'abbaye de Sept-Fonds, au seigneur de Châtelperron) équivaut à la taille royale portant sur un bon métayer : ce n'est pas négligeable. En 1665, ce même seigneur est attaqué pour non-paiement de lods et ventes par les héritiers d'un simple marchand de Vaumas.

Toutes ces terres, soit censives, soit réserves anciennes ou nouvelles, étaient intégrées dans des seigneuries au sens médiéval, c'est-à-dire dans des fiefs. Brugheas et La Faye sont vassaux du Roi-duc pour leur noyau châtelain ; Les Gouttes sont vassaux du Prieuré du Moustier de Jaligny et, pour le village de Charnay acquis en 1540, du duché de Bourbon. Les uns et les autres ont acquis des micro-seigneuries, intégrées également dans les réseaux de vassalité. Mais ce rapport de vassalité n'a plus guère qu'une importance symbolique à l'époque « moderne ». Par contre, on l'a noté dans l'exemple des Gouttes, les droits seigneuriaux ne sont pas négligeables ; et ils comportent des lods et ventes, taxe de mutation coutumièrement fixée à 1/6 du prix d'achat – et qui n'apparaissent pas dans les actes d'achat. Les droits seigneuriaux représentent en Bourbonnais, et même au XVIIIe siècle une gêne importante pour les propriétaires. On a noté pour le XVIIe le rôle important des arrérages non payés, qui obligent le tenancier à vendre sa terre.

Métairies et domaines, résultats du rassemblement

Bien que construits en partie sur la propriété éminente du seigneur, les domaines métayers comportent aussi des parcelles situées sur des directes voisines. Le réseau des domaines se surimpose donc à celui, plus ancien, des directes (des « seigneuries ») et tend à le brouiller et à prendre plus d'importance.

Des « métairies » – rares il faut le dire – sont citées dès la fin XVe-début XVIe, dans des contextes qui supposent leur assise dans une réserve seigneuriale : une métairie à Thiel pour les Raquin en 1505, un « domicile et hôtel du Pleix et métairie », reconnu à Chamblet en 1506 par Jacques du Villain. Plus épisodiques encore sont les métairies non seigneuriales : la métairie de la Saudine, en 1472, est vraisemblablement paysanne, dans la directe de Ginçay. Les métairies des Potiers (1500) et de la Moulière (1573) sont aussi à des propriétaires roturiers, la première vendue par un Vincent Pailhoux au seigneur de Ginçay. Ce terme de « métherie » peut-il parfois signifier simplement « domaine », sans connotation de métayage ?

Il faut attendre 1617 pour que la réserve de La Faye soit dite « meterie proche la seigneurie de La Faye », exploitée avec certitude par un métayer. Mais en ce début de XVIIe siècle, l'organisation en domaines métayers est bien enclenchée.

Les confins des parcelles achetées montrent sans conteste que les rassembleurs visaient la constitution d'ensembles groupés. A Brugheas, je relève 71 confins sur l'acquéreur (le seigneur) contre 93 sur d'autres (personnes, mais aussi chemins et ruisseaux). Le « lieu Bonhomme » acheté en 1608 par la veuve de Claude de Meschatin, est à la fois groupé (confins sur « terre dudit domaine ») et limitrophe de l'acquéreur.

On voit donc se constituer peu à peu des « domaines ». Les Meschatin (ou leurs successeurs Coiffier) avaient ainsi organisé leurs archives, telles que nous les connaissons, par domaine. Lavault est constitué en 1581 (et forme la cote E 611, tenue depuis 1503), d'où en 1625 l'indication au rabat de « la grande mestairie de Lavaud ». Les Bérauds le sont à partir de 1555, cote E 607 ; Avenières, base du domaine Fondard, depuis 1545, cote E 608, etc… Le domaine Pichard a été construit, lui, parcelle par parcelle, ce qui donne une énorme liasse E 605 (depuis 1547).

Bilans financiers

Nous voici, début XVIIIe, devant une trentaine de domaines métayers, qui peuvent représenter selon la taille moyenne de l'époque, entre 1000 et 1500 ha. Or ces terres ont été, pour la plus grande partie, acquises de manière onéreuse.

Certes, des transactions ne se sont pas traduites par des sorties d'argent immédiates, comme on l'a signalé ci-dessus. Mais enfin, il s'agit, soit d'avances anciennes non remboursées, soit de cens ou rentes qui n'ont pas été perçus. L'ensemble, payé en espèces ou traduit en remise de dettes, se monte à des sommes considérables. On ne peut certes additionner les écus de 1550 et les livres de 1680. Si l'on en reste à la période 1600-1640, pour tenir compte de l'apogée du mouvement, on voit les seigneurs des Gouttes débourser au moins 2000 livres ; Anne de Saint-Hilaire, veuve Meschatin, dépense 1500 livres entre 1600 et 1612, son fils Charles près de 8000 entre 1612 et 1640 ; à la même époque, les Rollat déboursent 1800 livres au moins. C'est un minimum de 13300 livres qui règle ainsi les acquisitions des trois lignées seigneuriales en 40 ans, soit plus de 100 livres par an et par lignée. A cette époque, une paire de bœufs peut valoir 50 à 100 livres, le cheptel d'un domaine, autour de 500 livres ; le fermage d'un bon domaine rapporte 100 à 180 livres.

Cent livres, dépensées occasionnellement, ce n'est pas une somme très considérable ; mais comme moyenne annuelle régulière, cela suppose un effort constant. On constate que, l'occasion aidant, nos personnages sont capables de sortir 7 à 800 livres comptant pour acquérir un domaine : ils ont des liquidités comme on dirait aujourd'hui. Et on a vu qu'ils en jouent en usuriers, prêtant constamment à droite et à gauche.

Il n'est pas facile de savoir d'où provient cette aisance. On a noté que, presque toujours, nos rassembleurs sont des militaires au service du Roi. Mais c'est une observation sans valeur statistique puisque nous n'avons pu étudier de rassembleurs « bourgeois ». Le cas reste pourtant, sans doute, courant en Bourbonnais, si on ajoute à nos rassembleurs connus ceux qui apparaissent à travers les terriers (les Fourilles, Rouher de Blanzat, les de Dreuille, déjà rencontrés). Au départ au moins les revenus fonciers ou seigneuriaux sont certainement faibles : une ou deux métairies, des cens. On ne peut supposer qu'ils permettent de gros investissements, lesquels, effectivement, sont rares avant 1550-70. On doit donc en revenir aux ressources « extraordinaires » procurées par le service du roi, à la Cour ou à la guerre, outre les occasions liées aux héritages et aux dots. Mais enfin, là, on tourne en rond : quelles ressources permettent de belles dots ? Ce qui a sûrement alimenté ces achats fonciers ne peut provenir que du service de l'Etat. La « marchandise » en Bourbonnais n'a guère de surface sociale et ne génère pas une bourgeoisie très prospère. Il y a eu, dans ce domaine, peut-être quelques occasions de réussite bourgeoise, à la belle époque de Moulins séjour occasionnel de la Cour (2e moitié du XVIe siècle) ; mais cette bourgeoisie devenue officière n'a guère investi au-delà des domaines de l'immédiate banlieue, comme à Yzeure, connu par des études locales (Pouzeux ; Dames d'Yzeure).

En dernière analyse, on en revient aux prélèvements de l'Etat monarchique et à la redistribution de ce que Porchnev appelait si justement le « rente centralisée » - et ceci avant même le « tour de vis » fiscal des années 1640 : on a noté que l'endettement paysan n'est rapporté que très rarement au poids de la taille royale.

Si les achats sont judicieux, ils permettent de dégager de plus en plus de revenus disponibles, à condition de ne pas dilapider. Thomas de Meschatin aurait, vers 1640, après un bon mariage, un revenu de 8000 livres ; il emprunte au gouverneur de Montrond 10000 livres sous forme de constitution d'une rente de 555 livres. Mais tout cela peut fort bien disparaître si l'aventure de la Fronde se révèle malheureuse ; et puis Thomas a neuf enfants – et la seigneurie est saisie en 1680. Faut-il dire « grandeur » (avant 1640) et « décadence » (après 1660) ?

Il y a dans toutes ces aventures un côté continuité pugnace qui a permis la réussite, au moins de certains... A l'instar du royaume de France, on aurait des créations continues. Même les « régences » (ici, le gouvernement des veuves) poursuivent l'œuvre de la lignée. Renée d'Amanzé, Anne de Saint-Hilaire devaient être de maîtresses femmes. Sans doute, les circonstances s'y prêtent-elles.

A partir de 1660, la messe est dite. Soit il n'y a plus grand-chose à acheter dans le terroir, les domaines étant désormais aux mains des notables, soit les circonstances éco-politiques sont moins favorables : une école historique nous a habitués au thème de la « phase B » du XVIIe siècle. On voit des difficultés familiales, des partages douloureux, mais aussi des reprises qui conservent l'essentiel, ainsi les Coiffier succédant aux Meschatin, les différentes branches des Charry jouant entre elles la continuité de la seigneurie des Gouttes, les constants échanges chez les de Dreuille.

Quant aux paysans, le problème est celui de leur extraordinaire endettement. Avant 1630, la taille royale n'a pas encore atteint les sommets. Les droits seigneuriaux, par définition, n'ont pas augmenté. Restent donc les circonstances extérieures : croît démographique qui divise les héritages (mais il y a des stratégies efficaces pour éviter la division) ; guerres de la fin du XVIe siècle, dont se plaignent des sources seigneuriales (« disparition » de terriers et de droits) ; pestes et mauvaises récoltes des années 1620-1630. L'entrée en monétarisation (les « trésors d'Amérique » intervenant en France après 1550) a sans doute été une épreuve pour la paysannerie bourbonnaise, mais j'en ignore les conditions précises. L'indexation des arrérages de droits en nature sur des mercuriales en inflation a pu être destructrice. Les réalités des « guerres de Religion » sont un fait en Bourbonnais. Par contre, les années 1600 – 1640 sont pacifiques : elles marquent pourtant un fort retrait de la propriété paysanne. L'enquête serait donc à poursuivre.

Conclusion

L'étude n'a porté que sur trois lignées de nobles militaires, outre l'épisode Preslier. Un essai d'analyse des archives d'une lignée bourgeoise de Varennes a tourné court : les transactions portaient dès 1620-1640 sur des domaines rentiers déjà constitués et non sur des opérations de rassemblement. On ne saurait donc tirer de ces exemples limités des conclusions sur la répartition des rassembleurs entre nobles et « bourgeois ». Près de Moulins, à Yzeure, les domaines ont été constitués par des officiers issus, pour partie seulement, de la bourgeoisie marchande, mais on ignore les modalités de l'affaire. Les exemples étudiés concernent la campagne, effectivement dominée par la noblesse.

On retrouve ici le même problème que celui qui se pose pour les études de Merle et de Raveau. Le premier, travaillant sur des « chartriers » (archives seigneuriales), voit évidemment des nobles. Le second, travaillant sur les notaires d'une ville, Montmorillon, saisit l'action de bourgeois urbains.

Aussi a-t-on plutôt cherché à attirer l'attention sur les moyens et les pratiques de ces rassembleurs. Malgré leur statut nobiliaire, on a vu nos personnages se comporter avec la continuité de vues, les pratiques de l'usure, la rapacité, pour tout dire, que l'on attribue aux pires bourgeois. Dès le milieu du XVIe siècle, ils abandonnent l'acquisition de droits seigneuriaux ; s'ils ont cherché jusque-là à en acquérir, il n'en est plus question par la suite. Certes, ils ne négligent pas la perception et la défense de leurs redevances. Mais ils abrègent largement leurs directes pour constituer des domaines métayers. Dans leurs archives tout au moins, ils accumulent beaucoup plus d'actes d'achat de terres que de gestion de directes. Seigneurs et nobles, certes, ils se veulent. Mais la seigneurie signifie maintenant « propriété foncière » avant « complexe féodal », et cela sans mutation lexicale sensible.

Leur intérêt bien compris de propriétaires fonciers les porte, pour construire des domaines groupés, à négliger les anciennes limites seigneuriales : ils achètent dans la directe voisine si c'est utile, quitte, bien sûr, à payer les droits seigneuriaux subséquents.

Ces opérations se préparent par une politique de prêt monétaire (obligations ou rentes) et par la surveillance des arrérages de cens. Si chaque achat n'oblige souvent qu'à aligner assez peu d'argent comptant, il faut bien comptabiliser tout ce qu'il a coûté précédemment d'avances et d'annulations de dettes. Les sommes mises en jeu sont, au total, considérables. Répétées sur toute la province, elles supposent des apports monétaires extérieures, issus probablement du Trésor royal, via les clientèles militaires, les services effectifs, les gages des officiers, les prélèvements sur les justiciables.

S'il est surtout une idée forte à retenir, c'est que ces grandes « propriétés aristocratiques » des XVIIIe et XIXe siècles, avec leur noyau châtelain et leur guirlande de 8 ou 10 domaines ne proviennent pas du Moyen Age. Rien de semblable n'apparaît dans les aveux et dénombrements du XVe siècle. Ces vastes « Terres » ont été arrachées aux paysans, rassemblées, réorganisées en domaines métayers. Là où on trouvait vers 1500-1550 une « métairie du château », c'est, dès 1650-1750, la dizaine de domaines qu'on retrouvera jusqu'à la fin du XIXe siècle. Ce vaste chambardement foncier n'est pas l'œuvre de la féodalité, ni du capitalisme, mais de la monétarisation sous sa forme rentière, née sans doute au bas Moyen Age et fortement accélérée par « les trésors d'Amérique », sous quelque forme qu'ils parviennent en Bourbonnais. Si tant de propriétaires de 1850 portaient de beaux noms à particule, ce n'est pas comme continuateurs d'une propriété féodale qui n'avait pas existé. C'est parce que la construction des domaines métayers a été, en partie, le fait de nobles seigneurs se comportant comme ceux que « la littérature » appelle des « bourgeois ».

8 - Analyse sociale des maîtres de domaines et formes d'amodiation - Le fermage intermédiaire.

La vulgate des années 1900 ne distingue guère entre les propriétaires rentiers, les « biziaux ». On les sait d'origine noble ou bourgeoise ; bourgeois, on les rattache à la vente des Biens Nationaux sous la Révolution ; noble, on les renvoie à la propriété seigneuriale, c'est-à-dire à l'oppression féodale. Le métayage est plutôt rattaché à cette origine « féodale », qui explique l'ancienneté de la pratique métayère.

Quant aux fermiers, quand on s'interroge à leur sujet, les historiens tendent à en faire la moyen de pallier « l'absentéisme » de nobles appelés à la Cour ou au « service du Roi ». Les propriétaires eux-mêmes prônent le métayage direct, Idéal-type du système, et supposent que le fermage est le produit du désintérêt du propriétaire envers sa terre.

L'historien se doit d'examiner la réalité de ces images, en recherchant qui sont, exactement, les bailleurs à mi-fruits. La question implique d'ailleurs une problématique sociale un peu plus poussée. On retrouvera le problème de l'origine de la construction des domaines métayers : œuvre des seigneurs gérant leur réserve, puis « rassembleurs » dans les directes ? ou œuvre conjointe de rassembleurs bourgeois ? Y a-t-il, selon l'origine sociale, tendance à utiliser ou non les services d'un fermier ? Et qui sont ces fermiers ? Vers 1900, on prétend que le fermier est n'importe qui, sans compétences agricoles, mais doté d'une bonne dose de culot – ou d'esprit d'entreprise, dirait-on en d'autres temps.

Au long de trois siècles de métayage, aura-t-on noté une évolution dans la composition sociale des bailleurs ; retrouvera-t-on le thème si littérairement usé de la lente décadence d'une noblesse jouisseuse et fainéante, au profit de l'activité et du calcul bourgeois ? On peut également se demander si les clauses des baux présentaient des différences significatives selon la qualité du bailleur.

Ces questions seront traitées à partir des minutes notariales du Bocage et de quelques études moulinoises, selon une méthodologie statistique, sur la base de quatre périodes-témoins.

1535 – 1640

Le premier point sera fait à partir de 261 baux de métayage, provenant de notaires de Moulins, Montmarault, Bourbon, et de quelques villages de la région moulinoise. Le premier de nos textes date de 1535. Le métayage existe à cette date depuis longtemps, comme le montrent des descriptions de seigneuries ; mais il s'agit ici d'exploiter une source homogène et sérielle que, seules, fournissent les minutes notariales. On n'a retenu que les baux à mi- fruits portant sur des domaines constitués, en éliminant les baux sur des parcelles ; en dehors de quelques vignes, les baux de domaines sont d'ailleurs la pratique de loin la plus répandue. Les actes permettent généralement de distinguer si le bailleur est le propriétaire ou un fermier intermédiaire.

L'étude des baux a conduit à considérer trois types de situations, selon l'origine géographique : notaires de Moulins ; notaires de Montmarault ; « petits » notaires ruraux. On a donc, pour des actes datés de 1535 à 1640.

	(1)	(2)	(3)	(4)	(5)	(6)	Total des actes
Notaires de Moulins	11,5	35	48	2	15	0	113
Notaires de Montmarault	14,7	12	45	22	21	0	68
Ruraux	31,1	30	26	10	24	10	80
Montmarault + ruraux	24,3	21	35	16	23	5	148
Total	**16**	**27**	**41**	**10**	**19**	**3**	**261**

(1) Pourcentage d'actes passés par des fermiers

Sur 100 actes passés par des propriétaires (2) grands notables
(3) notables locaux
(4) villageois
(5) laboureurs
(6) indéterminés

Les deux faits marquants paraissent être ici la faible place du fermage intermédiaire (16 % des actes) et la part considérable prise par les petits notables. Ainsi, d'emblée, le métayage n'est pas seulement le fait de seigneurs châtelains (27 % des baux), il est aussi utilisé par les notables locaux, et, de façon non négligeable (29 %) par les couches populaires, villageois et laboureurs.

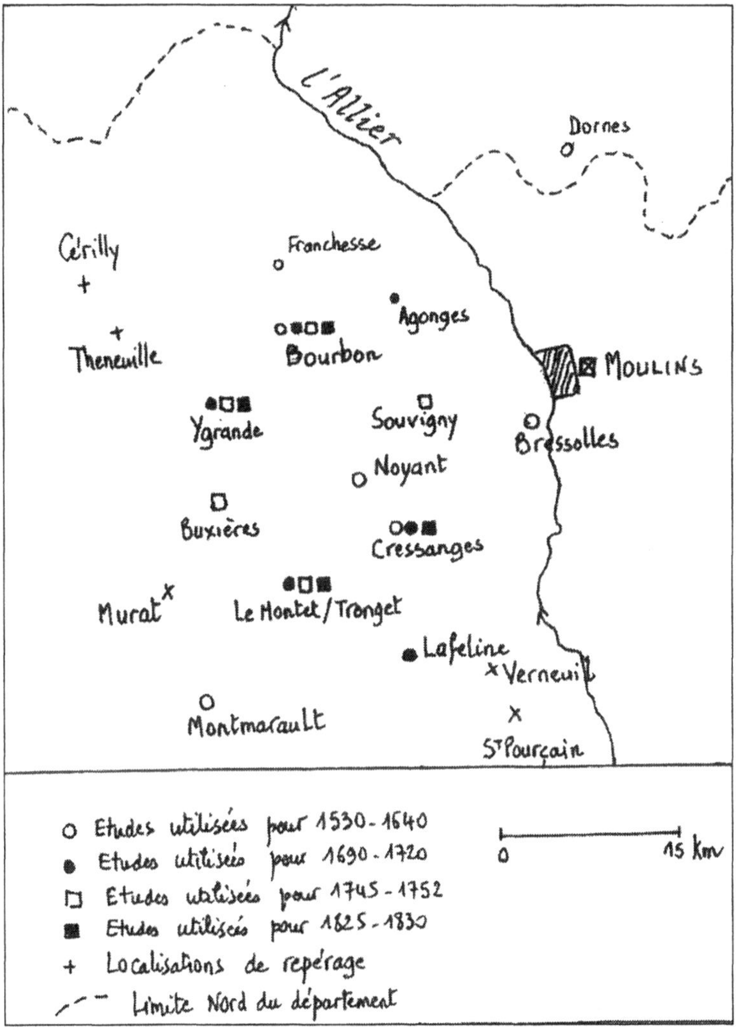

Localisation des études de notaire utilisées dans les statistiques des baux

Les nuances locales ne sont pas négligeables entre ville, gros bourg (Montmarault) et campagne. A Moulins, on trouve une bonne part d'officiers de haut rang et de nobles (35 %), mais aussi 48 % de petits officiers et de bourgeois : c'est un peu l'image qu'on retirait de l'étude de la répartition de la propriété à Yzeure. C'est l'inverse logique de la campagne, où les véritables nobles dominent les petits notables (30 %, contre 26 ; aucun officier de haut rang), et où les laboureurs sont bien présents. Montmarault est à part : peu de grands notables, et une forte proportion de « petits » (officiers de châtellenie, notaires, artisans, paysans).

La noblesse classique apparaît dans 39 baux sur 219. Elle est bien présente chez les ruraux, plus encore qu'à Moulins (où l'on trouve plutôt des officiers). Deux personnages seulement prennent le titre de « Haut et puissant Seigneur » : Sacconin, baron de Bressoles et le seigneur de Sarre. Un troisième possède un titre de dignité, le marquis de Fourilles. Les autres sont « écuyers ». Presque tous sont dits habiter « au château » ; si certains servent le Roi ou fréquentent la Cour (Jacques de la Brosse, Fourilles, Pierre de Baudent, maître d'hôtel de Madame de Longueville), il y a quelqu'un de la famille pour tenir la seigneurie, comme Françoise du Croc, qui remplace Jacques de la Brosse.

Au moins 16 de leurs métairies sont vraisemblablement taillées sur des réserves, avec « métairie près du Château » ou « métairie du Château ». Le métayer est alors si proche du seigneur qu'il lui arrive de représenter son maître absent pour passer un contrat : le métayer de Souppèzes conclut un acte de vente pour Archambault des Gouttes en 1579. On a relevé un autre cas, dans le travail sur les rassembleurs, avec le métayer du Château de Brugheas. Ce travail des rassembleurs apparaît ici dans le détail des domaines baillés. Françoise du Croc, outre sa métairie centrale de la Brosse, passe aussi contrat pour une métairie de Gat à Sazeret et pour les Rouziers à Buxières. Les Sacconin baillent les Galopiers et les Vigands. Cependant, on ne rencontre aucun chapelet de baux issus du même bailleur : l'époque des « terres » à 10 ou 12 domaines n'est pas encore arrivée.

Les officiers importants peuvent être regroupés avec ces nobles, d'autant que certains en ont le statut (mais un seul est dit « écuyer »). Parmi eux on trouve des conseillers au Présidial, des Présidents-Trésoriers de France, un Elu, des officiers au Grenier à Sel, aux Eaux et Forêts, tous qualifiés de « Noble Homme ». De fait, ils possèdent des seigneuries et des châteaux (Origny, Certilly, Marcellange, etc...) ; leur nom est connu dans la province : de Villaines, Gaulmyn, Becquas. Leurs métairies sont parfois des réserves, comme pour les nobles ; et certaines sont de belle taille. Le

« lieu de Nobles », baillé en 1579, comporte 60 sétérées de terre et une quarantaine de chars de pré, en tout peut-être 100 ha, les prés sont tous « clos de buissons vifs ». Le propriétaire est Touret, contrôleur au Grenier à Sel. Chanteau (de Marcellange), Butin des Péreaux possèdent au moins deux métairies. On les rencontre presque tous chez les notaires de Moulins.

Les petits officiers n'ont pas cette envergure. Ils ne sont que « Monsieur » ou « Honorable Homme ». Ils font figure d'honnêtes propriétaires de campagne, de « Sieurs de … » plutôt que de seigneurs. 31 cas ont été regroupés dans cette catégorie. Ils sont avocats, greffiers, procureurs, notaires. Du fait de la prise en compte des notaires moulinois, on retrouve là des propriétaires de « châteaux » de banlieue, à Yzeure. Leurs domaines ne sont pas négligeables. Celui de l'avocat Pascallon en 1607 est « à six bœufs » ; les Bouchereux, à l'avocat Béraud, nécessite une main d'œuvre minimum de trois hommes. (On n'atteint, dans ces actes, une idée de la taille des domaines, que par de telles indications indirectes).

Marchands (au sens commercial) et « bourgeois » (comme titre personnel), sont 59, représentés aussi bien à la campagne qu'à Montmarault et Moulins. Ils sont parfois « Honorable Homme » ou « Sire ». Sire Michel Hastier est sieur des Bardelins (1637), mais le titre de « sieur » est peu porté dans le milieu. Un seul « Honorable Homme » Jean Bouilly est à la fois « bourgeois » et « sieur des Coussards » à Montilly, tout en précisant que le métayer résidera « au Château ». Ces prétentions sont rares. On rencontre plutôt des apothicaires, des couteliers (Hastier, des Bardelins, justement), des marchands merciers. Les « marchands » sont nombreux à Montmarault, gros bourg actif. Ce qu'on peut savoir de leurs domaines ne les différencie pas des catégories paysannes.

Les « villageois » sont peu représentés, quelques artisans (potier, maréchal, tixier), un certain nombre de marchands quand on soupçonne qu'il s'agisse de « marchands-fermiers », quelques sergents et clercs, tous, sans doute, proches de la paysannerie. Logiquement, on les trouve peu à Moulins, mais beaucoup à Montmarault.

Les domaines des villageois sont de petite taille, comme la plupart des domaines baillés par des paysans. La plupart, seulement, car il y a des domaines appartenant à des « communautés », qui sont des exploitations de bonne taille. Sire Jean Simonnin, chef de sa communauté, baille en 1628 « la grande métairie de Pruier » qui se cultive à 4 bœufs et il prête 36 livres au preneur. Sur 42 occurrences de laboureurs, au moins une douzaine concerne de forts domaines. En deçà, on rencontre toutes les situations : bons laboureurs qui sont aussi fermiers, quelques métayers comme Geoffroy des Chaignes ou Pierre Durif qui baillent un domaine qui leur appartient, et de multiples cas d'arrangements familiaux. Ainsi, Jean Maudet est preneur d'une part de « max et ténement » qui est possédé conjointement par sa communauté et celle du bailleur, Jean Chappus : on échappe ainsi à une division de l'exploitation. On retrouvera des cas semblables par la suite.

Il n'est pas facile de mesurer le degré de générosité de ces diverses catégories de bailleurs vis-à-vis de leur métayer. Contrairement peut-être à ce qu'on attendrait, ce sont les bailleurs les plus « riches » qui accordent le plus généralement les indemnités de « ferrements » qui sont en débat autour de 1615. Villageois et laboureurs sont beaucoup plus réticents ; comme eux, les petits notables de Montmarault et de Bourbon ne sont pas plus généreux. De ce fait, les baux ont semblé plus favorables quand ils sont passés à Moulins, où la part des villageois et laboureurs est plus faible. En campagne, les bailleurs ont, sans doute, moins de moyens financiers ; il n'est pas dit que leur refus de verser une indemnité de « ferrements » ne soit compensé par d'autres pratiques non inscrites au bail.

Ainsi trouve-t-on une « population » de bailleurs particulièrement hétérogène. Chez l'ensemble des non-Moulinois, en campagne profonde, 21 % seulement des baux sont passés par les catégories supérieures et 39 % par des villageois et des laboureurs. Le métayage est pratiqué par un éventail encore large de propriétaires, allant de la « rente » aristocratique ou bourgeoise jusqu'aux arrangements particuliers dans les classes populaires.

Il faut dire un mot des fermiers, dont le rôle est encore secondaire à cette époque. Ils se recrutent dans des couches de villageois et de petits notables : « marchands », officiers de petite envergure, huissiers, sergents ; sans doute des paysans difficiles à reconnaître ici ; quelques-uns vont jusqu'à la qualification de « M. » ou d' « Honorable Homme » ; un seul est un écuyer.

On ignore, dans ce relevé, pour quel propriétaire ils travaillent ; mais une bonne quinzaine des domaines qu'ils baillent sont inclus dans des « seigneuries ». C'est le cas le plus attendu : fermage de noblesse, ou fermage de seigneuries. On rencontre donc ce fermage plus fréquemment chez les notaires ruraux que chez les Moulinois.

D'autres cas relèvent de l'arrangement familial dans le monde paysan. Ainsi, Blaise Guillaumin baille à ferme à « Sire » Pierre Doriat, laboureur, envers qui il est endetté ; Doriat retrocéde à Guillaumin, en métayage, les terres qu'il vient de louer, en y adjoignant quelques parcelles supplémentaires. Ainsi Guillaumin, à la fois propriétaire et métayer, s'acquitte-t-il d'une partie de sa dette. On trouve aussi des fermages entre parents, la terre étant cultivée par un tiers, ou par le fermier lui-même. Ces pratiques renforcent sans doute la part du fermage enregistré chez les notaires ruraux.

Les baux passés par des fermiers ne diffèrent pas de ceux des propriétaires. On y trouve aussi les indemnités de ferrements avant 1615, et quelques participations à l'équipement. Quelques-uns sont durs, comme ce Baillet qui impose des charrois « dûs au fermier et au propriétaire ».

Fin du XVIIe siècle

Un sondage de comparaison a été réalisé pour 1690 -1720, dates larges, de cadre géographique comparable : 8 notaires moulinois, 5 notaires ruraux (à Lafeline, Cressanges, Agonges, Le Montet, Ygrande). Le corpus est composé de 151 baux moulinois et 140 ruraux, soit 291 textes.

Le XVIIe siècle a vu une massive expropriation paysanne, et s'achever la construction des domaines métayers. On trouve donc maintenant des ensembles de 3 à 7 domaines aux mains d'un même propriétaire ; une telle grande propriété prend souvent le nom de « Terre et seigneurie ». La structure classique château + basse-cour (réserve) + domaines est en place comme on le voit par exemple avec la « terre » d'Antoine Duvernet, écuyer : sa « seigneurie » de Preslaud comprend une « maison seigneuriale », une « maison de domaine », un « domaine dépendant de ladite seigneurie » (1706). Les métayers d'un même propriétaire supportent parfois des clauses qui les contraignent à une solidarité, en particulier pour les charrois.

Cette structure de type « seigneurial » s'est imposée comme modèle et a laissé supposer aux historiens que ces domaines métayers étaient, pour l'essentiel, possédés par la noblesse châtelaine. Et il paraissait entendu qu'il s'agissait de réserves « en toute propriété », la question du statut territorial de ces domaines, dans le MPS (directe ? ou réserve ?) étant bien rarement posée. Il convient donc de repréciser qui sont, vers 1700, les propriétaires de domaines. En reprenant le même cadre de classement que pour 1600, on obtient le résultat suivant :

	(1)	(2)	(3)	(4)(5)	(6)	Total des actes
Notaires moulinois	29	33	60	3	4	151
Notaires ruraux	44	43	44	6	7	140
Total	**37**	**37**	**54**	**4**	**5**	**291**

La part des fermiers est devenue considérable : plus d'un tiers des domaines métayers sont baillés par des fermiers intermédiaires. Mais ces 106 baux ne mettent en cause que 65 bailleurs (et même, à Moulins, 20 bailleurs pour 44 actes). On est donc entré dans le système du « fermage général » (que je préfère nommer fermage intermédiaire), avec des personnages qui sont devenus des « professionnels ». A Moulins, une association Cœur-Auclère signe pour 9 domaines. L'appellation « marchand-fermier » est abondamment utilisée, et montre parfaitement la monétarisation de cette activité, qui n'a rien d'un fermage d'exploitation. Beaucoup savent signer, mais les professions indiquées, quand elles existent, renvoient au même monde qu'en 1600 : petits officiers, notaires, artisans… et laboureurs.

La place importante prise par ce fermage intermédiaire fausse évidemment la statistique sociale des propriétaires, puisque nous n'atteignons plus alors que le métayage direct, soit les 2/3 des actes. Les fermiers interviennent sans doute davantage avec la noblesse, mais de petits notables y ont aussi recours, comme on le voit particulièrement à Ygrande. Quelques fermiers sont en rapport avec des nobles absents, mais ce fait ne saurait être généralisé : des propriétaires nobles, absents pour le service du Roi, peuvent être représentés sur place par un parent, comme le frère du propriétaire des Sacro, un d'Orvilliers en 1702, ou une épouse comme Catherine Bianki. Le fermage sert aussi des arrangements familiaux, comme on l'a déjà exposé ; on peut l'utiliser aussi pour couvrir une dette : le fermier paye le loyer, non au propriétaire, mais au créancier de celui-ci, comme aux Moquets en 1716.

Ces réserves étant apportées, la caractéristique fondamentale de la situation vers 1700 réside dans la disparition quasi-totale des bailleurs paysans et villageois : quelques unités seulement. Cette disparition pourrait signifier un mode de faire-valoir direct ; elle est plutôt à mettre en rapport avec la dépossession paysanne. Elle vient alors corroborer le témoignage des terriers seigneuriaux.

La part des propriétaires bailleurs est répartie essentiellement, donc, entre grands notables et notables locaux : 64 baux pour les premiers, 94 pour les seconds. Le fait est observable tant dans les études moulinoises, où la part des petits notables atteint 60 % que chez les ruraux (44 %). A comparer, chez ces derniers, 30 % de grands notables en 1600 contre 43 % en 1700 ; 26 % de locaux en 1600, 44 % en 1700 – sans tenir compte des notaires de Montmarault, qui sont lacunaires pour le début XVIIIe. La progression des notables locaux confirme bien leur place dans la propriété foncière issue de la dépossession paysanne : les domaines métayers n'ont pas été construits seulement par la noblesse châtelaine.

Les nobles classiques se retrouvent plus souvent chez les notaires ruraux ; les officiers, chez les Moulinois. Ces officiers sont presque toujours seigneurs, avec château. Villaines, Président-Trésorier de France dans les années 1690, fera souche de nobles titrés (marquis de Villaines) et militaires. On rencontrera aussi au XVIIIe des « Comtes de Gaulmyn », issus de la robe du début XVIIe, sans parler des Cadier anoblis au XVe siècle.

Un seul notable local porte une qualification seigneuriale : Vernin, avocat, seigneur d'Origny. On retrouve en local les officiers ruraux des châtellenies de Verneuil et de Bourbon, des notaires évidemment, mais aussi un procureur qui est en même temps fermier de la seigneurie des Sacro, Pierre Chervain.

On voit fleurir parmi cette catégorie les « sieurs de » et les « bourgeois ». J'y ai adjoint quelques commerçants et artisans moulinois, impossibles à caser en « villageois » : le tanneur Durye, le perruquier Deschier, le boulanger Fouroux, dont certains sont dits « Sire » - mais la plupart des avant-noms ont disparu dans le courant du XVIIe siècle. La qualification de « Sieur de » semble être à l'usage de bourgeois classiques, incités à se donner une marque de notabilité. Faute de prétendre à une quelconque noblesse, ils utilisent le nom de leur propriété foncière pour se distinguer du commun. C'est le Arnolphe, sieur de la Souche, des comédies de Molière. Voici, parmi nos actes, Gilbert Farjonel, marchand et administrateur de l'Hôpital de Moulins, « Sieur des Queusnes » ; ou le perruquier de Cressanges, Jean-Pomponne Deschier, « Sieur de Fontibier ». La revendication, non d'un titre (écuyer ?), mais d'une marque de propriété foncière, manifeste à sa manière que l'on passe tout doucement d'un monde « seigneurial » à un monde « rentier ». Rappelons qu'en 1600, le mot « Sieur » était peu utilisé par les bourgeois ; on le trouvait comme synonyme de « seigneur » pour qualifier des nobles, même de bon niveau.

Les domaines des uns et des autres, grands notables, notables locaux, sont tout à fait comparables en taille, pour autant qu'on ait des indications de cet ordre.

Villageois et laboureurs ont presque disparu du corpus. Les « communautés », encore puissantes en 1640, sont maintenant disloquées. Au-delà de quelques petits domaines ou de cas d'arrangements familiaux, deux personnages seulement témoignent de la survivance d'une mince frange de propriété rentière populaire : Madet et Nicolas Larue sont qualifiés de « Sieur » (en avant-nom et non comme titre, « Sieur de »), et savent signer.

Sans doute aurait-on dû adjoindre à ces personnages un certain nombre de « marchands-fermiers » très proches du peuple. Mais ils apparaissent mal dans ces qualifications de *propriétaires* ;

certains se disent sans doute « marchands », certains vont jusqu'à « Sieurs de » (d'après certaines reconnaissances aux terriers). Il est fort probable que parmi les 27 fermiers qui s'intitulent « marchands-fermiers », certains sont eux-mêmes propriétaires de domaines. C'est probablement le cas, par exemple, de Pierre Fallier, fermier d'Antoine Devaux, mais acquéreur du domaine d'Augère en 1720. Il est également possible que quelques actes passés par des gens qui se déclarent « fermiers de ... » l'aient été, en fait, en leur nom propre, pour un domaine leur appartenant.

1745 - 1752

On a renouvelé l'étude pour le milieu du XVIIIe siècle, dans la même région. Mais on a mené la recherche, pour 1745-1752, selon un biais un peu différent. Pour en rester à des éléments comparables, on ne mentionnera cette fois que des notaires ruraux, mais toujours dans le Bocage, entre Ygrande et Le Montet.

On dispose de 269 baux de métayage, 163 étant passés par des fermiers intermédiaires et 106 directement par des propriétaires.

Si l'on reprend la même présentation que ci-dessus, l'analyse sociale donne, pour 1745-1752, les résultats suivants :

(1)	(2)	(3)	(4 et 5)	6	Total des actes
61	25	60	8	7	269

La part des fermiers dépasse maintenant celle des bailleurs directs (contrat entre propriétaire et métayer), puisqu'elle atteint 61 %. Un équilibre relatif est atteint à Souvigny, Le Montet, Tronget, sites très relativement périphériques ; au cœur du Bocage, Bourbon, Ygrande, Buxières, la domination fermière est encore plus grande.

On retrouve parmi les fermiers une composition sociale proche de celle de 1700. Des « fermiers de la Terre de… » sont déjà des fermiers généraux ; quatre d'entre eux sont « Sieurs de ... » (Liandon, Delavauvre, Chapuis, Charrier) ; trois autres sont « bourgeois ». On trouve aussi la cohorte habituelle des petits notables (notaires, huissiers) et des artisans-commerçants, dont quatre aubergistes. On « voit » beaucoup mieux qu'auparavant les « marchands-fermiers », dont les patronymes renvoient à des lignées de petits notables (Barathon, Bergerolle, Petitjean) ou des laboureurs (Boutry). Certains utilisent le titre nouveau de « propriétaire » comme François Devillard, à Buxières, qui s'intitule « marchand, propriétaire et fermier » (1749). Enfin, de nombreux laboureurs (« laboureur »,

« laboureur fermier ») interviennent, dont sans doute de véritables fermiers exploitants.

On les présente souvent, dans les synthèses historiques, comme riches et bailleurs de bétail. Riches, ils le sont parfois, comme les Devillard (patrimoine de 13913 livres en 1748). Parfois aussi, même « fermiers de la Terre de ... », leur richesse est beaucoup plus modeste : Germain Loizel, fermier du marquis de Tilly, n'a, à son décès, qu'un patrimoine de 1862 livres, essentiellement en stocks et en profits de cheptel. Ces fermiers sont très rarement propriétaires de bestiaux. Les bestiaux leur sont confiés « en appréciation » (cheptel de fer) par le propriétaire du domaine, et ce sont ces bêtes que le fermier baille à mi-croît au métayer. Si l'on en reste aux « baux de cheptel », fermier-métayer, on peut en effet supposer, à tort, que le bétail provient du fermier. On retrouvera plus loin, avec le cas des Boutry, des exemples de pratiques du fermage intermédiaire.

Si l'on en reste à la statistique des baux de métayage, on n'atteint plus, en fait de propriétaires, que ceux qui pratiquent le métayage direct. Tous ceux qui passent par l'intermédiaire d'un fermier nous échappent, et ils sont désormais la majorité. Cette statistique confirme seulement la place prise par les petits notables : ils passent 60 % des baux en métayage direct. La minoration de la part des grands notables, 25 % seulement, par contre, ne peut s'expliquer que si cette catégorie utilise massivement le fermage intermédiaire.

Pour avoir une idée un peu plus proche de la réalité, il faut opérer la recherche, non sur les baux de *métayage*, mais sur l'ensemble des baux : mi-fruits, fermage, cheptel (appréciation et mi-croît). Par les baux de fermage et d' « appréciation », on remonte aux propriétaires n'utilisant pas le métayage direct. Mais on risque de multiplier indûment la répartition sociale des propriétaires, certains (les utilisateurs du fermage) apparaissant logiquement dans plusieurs types de baux, contrairement aux bailleurs en métayage direct. Je n'ai donc retenu qu'une seule occurrence par domaine. On obtient donc une *statistique des domaines*, quel que soit leur mode d'amodiation. Ont donc été enregistrés 487 domaines, à travers 410 baux (un bail de fermage d'une « Terre » couvrant plusieurs domaines). 69 % des métayages y apparaissent passés par l'intermédiaire d'un fermier, et l'on enregistre également des baux de fermage d'exploitation, de l'ordre de 15 à 20 % du total – chiffre discutable car un bail de fermage ne précise pas s'il s'agit d'un bail d'exploitation ou d'un bail de gestion, c'est le contexte qui décide.

Pour un nombre important de domaines, connus par des baux de cheptel à mi-croît ou par des baux passés par un fermier, on ne connaît pas normalement le nom des propriétaires. Ce devrait même être la majorité si le libellé du bail ne renseignait parfois sur le nom du propriétaire. On se retrouve donc avec 370 domaines à propriétaire connu, pour 341 baux.

La composition sociale de la propriété est alors la suivante :

- En statistique sur les domaines : 177 propriétaires nobles (47,8 %), 146 notables (39,5 %), 47 laboureurs (12,7 %).
- En statistique sur les baux : 155 nobles (45,4 %), 134 notables (39,3 %), 52 laboureurs (15,3 %).

La part de la noblesse et des officiers est largement rectifiée par rapport à la statistique des baux de métayage direct. C'est que cette catégorie sociale « supérieure » utilise très largement le fermage intermédiaire : ses domaines sont à 72 % baillés de cette manière, contre 40 % pour les domaines des notables locaux. Quant aux laboureurs, ils interviennent souvent par des baux de fermage : 60 % de leurs 47 domaines sont baillés en fermage d'exploitation et 20 % seulement en métayage direct. La paysannerie utilise le système rentier pour maintenir l'unité de ses exploitations : l'un des co-héritiers devient le fermier des autres et travaille lui-même le domaine.

La noblesse dispose de « Terres », c'est-à-dire d'ensembles de domaines : 20 personnages suffisent pour 96 domaines, parmi lesquels le marquis de Tilly intervient dans ce corpus pour 12 domaines, les deux Villaines, également 12, les trois Gaulmyn, pour 17. Huit autres personnages de ce niveau disposent de quatre ou cinq domaines chacun, dans les limites de notre corpus. Peu d'entre eux ont des fonctions lointaines : la plupart déclarent une résidence locale ou moulinoise. La mise en fermage intermédiaire ne peut s'expliquer systématiquement par l'absentéisme, il faut faire appel plutôt au choix conscient d'un revenu en numéraire plutôt qu'en nature. Ces domaines ne sont pas plus grands que les autres, c'est la propriété (« Terre ») qui est grande. La plupart s'étendent sur plusieurs directes, c'est-à-dire que nos personnages versent des droits seigneuriaux à d'autres. Un seul, le seigneur de Fontariol, fait régler ces droits par son fermier « sans remboursement » (1751). Dans beaucoup d'autres cas, le fermier paye, mais on en tient compte dans les bilans de fin de bail.

Les notables, comme en 1700, ne se déclarent pas « seigneurs ». Chacun d'eux possède moins de domaines que les grands propriétaires, sans qu'il y ait de différence de taille significative. On a quand même un propriétaire de 6 domaines, et un certain « Sieur Dreux » en possède quatre. Sur 86 noms, 29 se disent « Sieurs de … » ; 12 sont « bourgeois » ou « propriétaires » (ces derniers à la limite de la paysannerie). Ce sont des habitants des bourgs, Ygrande, Souvigny, Cérilly, Bourbon, Cosne, beaucoup plus que des Moulinois. Ils utilisent à peu près à égalité le métayage direct et le métayage indirect.

Quant aux paysans, on a déjà précisé qu'ils baillent pour des raisons d'arrangement, plutôt que pour vivre en « rentiers ». La plupart du temps, il s'agit de portions de domaines (pour maintenir l'unité d'exploitation) ou de petits domaines, résultat possible d'héritages ou de dots. J'ai classé avec eux une quinzaine de marchands-fermiers issus de la paysannerie : Boutry, Deschier, Patissier, Tridon, Sadde, noms fréquents dans les minutes. Ils ne disposent pas de gros domaines.

Finalement, la répartition sociale de la propriété rentière a peu évolué par rapport à ce qu'on a cru lire pour 1700. Le décompte en domaines rectifie ce qui pouvait faire supposer un recul des nobles. Il faut en rester à des chiffres globaux et ne pas s'obnubiler sur des données faussement précises : nos décomptes comportent une frange d' indéterminés, certaines situations obligent à des arbitrages discutables, tant sur le mode d'exploitation exact d'un domaine (par exemple fermage d'exploitation ou fermage de gestion), que sur le classement social d'un propriétaire. Malgré cela, une concordance grossière s'établit entre 1700 et 1750, malgré cinquante ans d'écart et une différence dans la méthode des comptages (baux directs ; tous types de baux ; comptage par domaine) : les couches supérieures détiennent 40 à 50 % des domaines rentiers, les notables (« moyens », « locaux », « bourgeois », quelle que soit l'appellation) en possèdent 40 %, la paysannerie et l'artisanat villageois, joints aux notables naissants que sont les marchands-fermiers issus de l'agriculture, disposent du reste, autour de 15 %.

Les deux premières catégories possèdent des domaines comparables en taille, la paysannerie apparaît bailleuse d'unités plus petites. Enfin les notables locaux sont ceux qui utilisent le plus le métayage direct, c'est-à-dire qu'ils traitent directement avec un métayer – et reçoivent par conséquent, dans ce cas, un revenu en nature.

L'Idéal-Type social du métayage, comme on le décrivait en 1900, apparaît donc bien constitué dès 1700-1750. Mais, nuance importante, la trilogie propriétaire/fermier/métayer, avec l'image du propriétaire châtelain, ne fonctionne que pour la moitié environ des domaines rentiers. L'analyse historique statistique met en valeur, outre un reliquat solide de propriété paysanne ou villageoise, l'importance d'une catégorie de notables locaux, notaires, petits officiers, professions libérales, « Sieurs de … », que la littérature historique a peu pris en compte. Outre tout ce que ce manque peut masquer de la société rurale bourbonnaise, on peut se demander si on ne rencontre pas là un problème d'ordre politique. S'il est (relativement) acceptable que les grands propriétaires soient d'esprit « aristocratique-réactionnaire », on peut se poser la question de l'attitude politique des notables locaux. Ils ont en effet tout du profil social (et parfois même le patronyme, comme les Petitjean, autour de Bourbon) du cadre révolutionnaire de 1792-93, voire du républicain de 1830 ou du radical de 1890... Agulhon suggère très vaguement cette possibilité : cette « bourgeoisie de bourgades et de villages a été une force d'entraînement de la paysannerie, et pas toujours dans le même sens ». La citation qu'il fait d'un travail d'Henri Contamine est plus explicative : « cette bourgeoisie moyenne représentait une force essentielle : elle seule pouvait établir le contact entre les paysanneries et les courants d'idées qui dominaient la ville » (p. 95).

1825 - 1830

Un sondage a été fait pour la période post-révolutionnaire, avant les transformations techniques du Second Empire : années 1825 à 1830.

306 domaines ont été examinés, toujours dans la même région, certains du même nom qu'en 1750. 96 domaines sont baillés directement de propriétaire à métayer (31,3 %) ; 149 le sont par l'intermédiaire d'un fermier (48,7 %) ; 61 sont exploités en fermage, y compris quelques cas douteux (20 %). Le fermier intervient donc dans 61 % des domaines « métayers » : on obtenait le même chiffre en 1745-1750 dans un calcul par baux et 69 % dans un calcul par domaines.

Le système du fermage intermédiaire aurait donc peut-être légèrement régressé. Cette évolution, faible d'ailleurs, donc discutable, est à mettre en rapport avec l'évolution de la composition sociale de l'ensemble des propriétaires. On dispose ici de 220 domaines renseignés dont la propriété se répartit ainsi :

Grands notables :	68	(31 %)
Notables locaux :	106	(48,2 %)
Paysans et villageois :	46	(20,8 %)

Ces chiffres sont assez approximatifs, vu le flou des catégories sociales. Au XIXe siècle, sauf titre de dignité, la qualité nobiliaire n'apparaît plus. On a inclus dans la partie « grands notables » les noms à particule et les noms à tiret, ainsi que toutes les personnes qualifiées par un métier « supérieur » (receveur des finances, inspecteur des forêts) et par une résidence châtelaine. On est donc sans doute un peu plus large dans la définition qu'au XVIIIe siècle, on intègre vraisemblablement des personnes qualifiées autrefois de « Sieurs de.. », comme un Thonier-Desbouis ou un Berthomier-Lally. Mais ces personnages sont châtelains, ce qui les intégre de toutes façons aux catégories supérieures. Quoiqu'il en soit, la proportion de ces personnages a diminué : seulement un tiers des domaines sont aux mains des châtelains, ce qui contredit le mythe de la fin XIXe (sauf si les choses ont beaucoup changé entre 1830 et 1900). Cette catégorie continue à utiliser massivement (à 76 %) le fermage intermédiaire.

Notables et paysans ont amélioré leur position. Les notables pratiquent bien davantage le métayage direct (52 domaines) que l'indirect (30 domaines). On y retrouve les mêmes critères qu'au XVIIIe siècle : résidence locale (sans château), professions moyennes, bourgeois rentiers (dits maintenant « vivant de ses revenus »), patronyme simple. On aurait tort cependant d'en faire des personnages sans envergure. Pratiquant l'usure, certains sont fort bien lotis en terres, comme l'ancien notaire Pierre Desbordes, qui s'inscrit ici pour 9 domaines. Pourçain Moulin, Pierre Moreau, Jeanne Foucauld, J. B. Dubost ont également chacun trois ou quatre domaines. Leurs activités professionnelles, leurs habitudes, leur connaissance du terrain, leur permettent de se passer facilement de l'intermédiaire d'un fermier. D'ailleurs, parmi eux, figurent justement quelques gros fermiers, évidemment alphabétisés. Certains ont sans doute des prétentions à la conduite directe de leur agriculture, ce qui paraît le cas d'Etienne Laporte ou de Claude Delaire, par exemple, d'après les exigences des baux qu'ils passent.

Avec les paysans, ont été comptés quelques villageois. On ne répétera pas pour eux ce qui a été dit pour le milieu XVIIIe siècle, et qui paraît toujours valable.

On mesure, par cette description rapide et sommaire, combien la Révolution a peu perturbé cette société basée sur le métayage. Sans doute, les Biens Nationaux ont-ils contribué à la réduction de la propriété nobiliaire, et peut-être favorisé quelques lignées paysannes. Mais le pays reste dominé par des propriétaires de domaines qui, notables locaux ou grands notables, n'ont pas modifié leur mode d'exploitation du paysan travailleur, y compris dans la pratique du fermage intermédiaire. Ce serait donc une erreur de faire sortir la trilogie métayer / fermier / propriétaire de l'épisode révolutionnaire.

Par contre, la Révolution a confié le pouvoir politique et administratif à cette classe propriétaire, ex-nobles et ex-roturiers confondus. On peut même penser que le pouvoir d'un « maire » a remplacé avantageusement la position de « seigneur » qui, hormis quelques grosses unités possèdant véritablement une Justice, n'avait plus qu'un intérêt révérenciel au XVIIIe siècle.

9 - Une idéologie sociale nouvelle : se dire « propriétaire »

L'analyse des terriers seigneuriaux, comme celle de la situation sociale des propriétaires rentiers et des tenanciers de la châtellenie ducale de Bourbon, a permis de montrer que la dépossession paysanne n'a jamais été totale. Certes de 1500 à 1700, le grand mouvement des rassembleurs a bouleversé la propriété foncière, dans ses formes sociales (des tenures paysannes à la propriété rentière) et techniques (constitution des domaines métayers). Mais des terres restent aux mains de la paysannerie, soit sous forme de parcelles et de petites exploitations, vraisemblablement en FVD, soit sous forme de quelques domaines, dont certains sont baillés à ferme ou à mi-fruits. Ces terres n'occupent sans doute pas plus de 10 à 20 % de la propriété foncière – mais elles existent, en dehors même des zones viticoles où elles peuvent s'étendre davantage. Or, il y a peu de vignes dans le Bocage.

Les documents utilisés, terriers et baux, laissent une petite place à quelques paysans qui ne sont, ni des quasi-prolétaires (journaliers), ni des métayers avec leur ménage et leurs domestiques. Propriétaires d'exploitations assez importantes pour ressembler à des domaines, parfois bailleurs eux-mêmes ; preneurs à ferme des domaines des riches ; membres d'anciennes communautés, s'il en reste : on trouvera après 1650 une petite population de « paysans riches ». J'ai insisté plusieurs fois sur le fait que, outre les petits notables ruraux, les « maîtres » des métayers n'étaient pas uniformément des nobles à châteaux. Il paraît nécessaire d'évoquer un peu plus précisément l'existence de ces quelques bailleurs paysans.

Deux modes de recherches permettront d'aborder cette question. D'une part, on aura recours à la micro-histoire pour, à la faveur d'une situation bien documentée, suivre les activités de trois lignées paysannes de Cressanges, les Parent, les Depligeon et surtout les Boutry, depuis la fin du XVIIe siècle. Comme dans le cas des rassembleurs, une telle étude permettra de toucher aux stratégies individuelles et familiales et de combiner les situations d'un même individu : propriétaire, fermier, membre d'une unité de vie sociale, etc...

D'autre part, dans une vision plus générale, l'étude de la qualification de « propriétaire », au XVIIIe siècle, montrera l'émergence d'une « classe-pour-soi », c'est-à-dire la prise de conscience de la singularité d'être « propriétaire paysan » dans une société qui s'exprime encore à travers le paradigme des Ordres.

Le terme de « propriétaire » n'est évidemment pas nouveau au XVIIIe siècle. Mais il est employé dans son sens fonctionnel : « être propriétaire de ... ». Il intervient conjointement avec les mots « détenteur », « maître », voire « seigneur », pour désigner une situation juridique vis-à-vis d'un bien foncier. Au XVIIe siècle, personne ne se qualifie *personnellement* de « propriétaire » : on est laboureur, bourgeois, écuyer, maître perruquier. En début de siècle, c'est l'avant-nom qui situait socialement la *personne* : « noble et puissant seigneur »... « noble homme »... « honorable homme »... « Sire »... ou « M. », selon une hiérarchie bien connue. Cette échelle est bien commode pour l'historien, du moins en ce qui concerne les prétentions du sujet. Mais elle disparaît au cours du XVIIe siècle. Le XVIIIe ne connaît plus guère, outre les titres des grands seigneurs, que des avant-noms vagues, « Sire » ou « M. », ou l'absence d'avant-nom. Subsistent seulement, après le nom, des termes de métier, et les qualifications propres à une sorte de « classe moyenne », cette expression fourre-tout venue de l'anglo-saxon ; « bourgeois » (de Moulins... du Montet...), « Sieur de ... ».

L'administration royale, dans ses pratiques, conduit de fait à une égalisation des qualifications. Les listes du Contrôle des Actes (l'ancien Enregistrement) contredisent par exemple celles d'un dénombrement de population. Le dénombrement de Moulins en 1696 s'ordonne en chapitres hiérarchiques, du clergé aux mendiants : les catégories et sous-catégories sociales sont immédiatement visibles. Les listes du Contrôle se présentent au contraire dans un ordre alphabétique sommaire qui mêle implacablement les conditions et impose une sorte d'égalité purement administrative. Le scripteur ne dispose que de trois colonnes : nom / prénom / qualité, ce qui interdit pratiquement l'usage des titres. D'une part, l'ordre alphabétique impose ainsi le voisinage immédiat de De Condé (Prince) et de Dagonin (maître de forge) (1763). D'autre part, se pose pour les nobles le choix de l'initiale : on a ainsi, pour le prince de Condé, seigneur-duc de Bourbon, les entrées : Bourbon (de), De Condé (Prince), ou M. le Prince de Condé : trois initiales différentes. Certes, ces listes ne sont qu'à usage administratif, et le sujet concerné n'est pas la personne qui tient la plume. Le document n'en reste pas moins un témoin de l'évolution globale.

Cette subégalisation administrative serait assez dans la logique d'une monarchie centralisatrice et bureaucratique, qui ramène tout habitant à la qualité de « sujet ». On ne peut s'empêcher de citer l'excellent spécialiste de l'Ancien Régime que fut Roland Mousnier, qui n'hésitait pas à évoquer « la révolution centralisatrice et *égalitaire* de la Monarchie Absolue » (*La plume, la faucille et le marteau*, p. 54).

Conséquemment aussi, si l'on peut dire, la liève de la châtellenie de Bourbon en 1789 est constituée de fiches pré-imprimées, où l'emplacement du nom du tenancier est précédé de « M. », un peu à la manière moderne : tout tenancier du duc, qu'il s'agisse du comte de St-Hilaire ou d'un paysan est ainsi « Monsieur »...

Dès la Révolution, la pratique va révéler le nouveau clivage de la société nouvelle : on sera « propriétaire » ou on ne le sera pas. Encore au début du XXe siècle, il était d'usage dans la suscription d'une adresse postale de mentionner, comme un titre flatteur, la qualité de « propriétaire » : « Monsieur Untel, propriétaire, à..., département de ... ». Il n'était pas utile pour cela d'être un « gros propriétaire » ; le terme est littéralement galvaudé, il code à la fois l'éparpillement de la propriété et sa survalorisation symbolique.

Cette survalorisation se retrouve dans les listings administratifs. Si l'on reprend les tables de l'Enregistrement, on note entre 1821 et 1824 que 40 % des déclarants à la table des transactions foncières (42 % pour les vendeurs, 38 % des acquéreurs) donnent, à la rubrique « Profession », la réponse « Propriétaire ». Ces chiffres sont encore plus élevés avant 1814, car sous la Restauration, de nombreux nobles ont donné leur titre comme profession, certains en associant la qualité de l'Ancien Régime et celle du nouveau régime. Ainsi M. de Neuchèze est « Baron de Neuchèze et propriétaire ». D'autres donnent à la fois métier et titre : « châtreur et propriétaire », « marchand de bœufs et propriétaire ». Seules quelques professions non manuelles, comme avocat, huissier, ou des femmes (« veuve » ou « femme Untel ») ne tiennent pas à afficher le terme « propriétaire ». Le mot « propriétaire » est décerné à la personne qu'on ne veut pas mécontenter ; elle-même se l'attribue pour se démarquer de plus petit que soi : le métayer, l'ouvrier, le prolétaire.

Cette longue introduction était nécessaire pour poser le problème, donner au terme « propriétaire » sa valeur et son mode d'utilisation.

En effet, cet usage du mot « propriétaire », dans le sens bien précis évoqué ci-dessus, j'y insiste, apparaît en Bourbonnais dès les années 1730-40.

Il ne figure pratiquement pas dans les listes de l'Enregistrement, où il sera si abondant autour de 1820. Sur des centaines de cas, on ne l'a rencontré, entre 1756 et 1776, que quatre fois à Moulins, cinq fois à Montmarault, toujours pour de petits personnages : laboureur, maître d'école, blanchisseur de toile, et dans des situations où le sens fonctionnel pouvait l'emporter sur la qualification personnelle : vendeurs multiples, cas de litiges.

Les rôles de tailles présentent un cas plus complexe parce qu'ils sont organisés selon plusieurs modèles différents. Le terme « propriétaire » n'y est pas toujours pratiqué : il ne figure pas dans les registres de St Pourçain-sur-Sioule, 1729, 1745, 1753. Quand il l'est, il code une situation réelle. Ce peut être un cadre global : à Noyant, la liste s'organise en cinq classes : propriétaires, laboureurs, fermiers, locataires, capitation des domestiques. Ce peut être pour définir une situation personnelle : « Collet, propriétaire, 3 livres 15 sols, plus pour la culture des vignes du sieur Marestier, 3 livres » (registre du Mayet). Il peut y avoir quelques difficultés à interpréter la valeur accordée au mot ...

Il en est de même pour les assemblées de paroisses, qui citent une liste de comparants, souvent peu nombreux ; on peut y trouver le mot « propriétaire ». Il qualifie un groupe, mais n'est pas donné à titre individuel à tel ou tel. Ni les rôles de tailles, ni les assemblées de paroisses ne fournissent *à coup sûr*, avant 1780, de cas où le terme « propriétaire » est appliqué pour valoriser une personne.

On est plus heureux avec les registres paroissiaux du Bocage dont une vingtaine ont été sollicités pour l'ensemble du siècle, tant en examinant la qualification des sujets de l'acte que celle des témoins, parrains, parents, cités en fin d'acte.

La qualification *individuelle* de « propriétaire » apparaît à partir de 1717 à Gipcy, 1730 à Noyant, 1736 à Cressanges, 1750 à Theneuille, etc... Elle est, à partir de ces dates, régulière, quoique rare et bornée à quelques lignées. Toutes les paroisses consultées, sauf quatre (Aubigny, Bardais, Couzon, Le Montet), utilisent la qualification dans les années 1760-70.

Rares sont les lignées qui se font reconnaître ainsi. Mais la série des registres paroissiaux fournit tout de même, dans la vingtaine de paroisses étudiée, 127 occurrences, ce qui permet une relative localisation sociale de ces personnages. Sur 57 cas de double qualification, on relève 50 fois « laboureur propriétaire » ou « propriétaire laboureur » ; les 7 autres sont aussi en rapport direct avec la paysannerie (journalier, fermier, vigneron), si l'on accepte que les 2 « marchands » sont des « marchands-fermiers ». Le mot n'est *jamais* associé à un notable ou à un officier ; les « bourgeois » ne sont jamais dits « propriétaires », le mot « bourgeois » paraît donc suffisant. Des 70 personnages non situables immédiatement, certains sont connus auparavant ou ailleurs comme « laboureurs » (14 cas) ou comme fermiers. Les actes où ils figurent concernent des familles qui n'ont pas de rapport avec l'office, la marchandise, la « bourgeoisie », mais au contraire avec des cousins « pauvres » : journaliers, sabotiers, métayers.

Quelques exemples situeront mieux mon propos.

A Theneuille, il y a deux Pierre Civrais qui sont, en 1750, « propriétaires *à* la Petite Borde » (et non pas « *de* la Petite Borde », nuance importante) ; l'un d'eux est en 1744 fermier du château de la Borde ; quand il meurt en 1761, il est dit « propriétaire » et est enterré dans la nef de l'église, signe de notoriété, mais les témoins sont un serger et un vigneron.

A Autry, Gilbert Berthet est en 1760 fermier de la Seigneurie d'Issards ; son fils Claude, également fermier, est dit en 1771 « propriétaire et fermier », et, plus loin, « propriétaire ». Il est plusieurs fois qualifié de « M. ». On le retrouve en relation de témoin et de parrain dans des actes touchant un Chérion, fermier, un Chassery, « propriétaire », un Janty, qui est « voiturier par terre », acquéreur du moulin de la Pirouette en 1769, et qui se qualifie de « propriétaire » en 1771.

A Cressanges, dès 1729 dans un acte notarié, la lignée des Boutry se qualifie de « propriétaire » : ils étaient en 1720, quatre frères, tous, alors, « laboureurs ». Chez les Parent, Gaspard est « marchand-fermier et propriétaire » dès 1730. Simon Depligeon est « propriétaire et fermier » en 1733. Le cas de ces trois lignées, alliées par un réseau de mariages, a paru suffisamment éclairant (et bien documenté !) pour donner lieu à une étude de micro-histoire qu'on trouvera plus loin. Aucun de ces trois personnages ne paraît s'apparenter à un notable, ni à un commerçant. Leurs relations familiales n'atteignent pas la ville, il est vrai assez lointaine.

Chez les notaires, on peut faire des remarques analogues. Les recherches menées sur des actes du début XVIIIe, ne connaissent que le sens fonctionnel de « propriétaire *de* ». En 1730-31, Gaspard Parent et Jean Boutry apparaissent comme propriétaires *à* Cressanges chez Geoffroy à Souvigny et chez Martinet à Cressanges. En 1731 Jean Boutry est qualifié de « propriétaire *du* lieu de la Petite Chaume », mais dans un acte qui ne concerne nullement une question foncière : témoin au mariage d'un de ses valets. A Moulins, la formule apparaît en 1735 chez Barbara. On reste toujours dans le milieu des laboureurs et des fermiers : la plupart de ces « propriétaires » sont analphabètes. Je n'ai rencontré le féminin qu'une seule fois, une veuve Perrin, « laboureur et propriétresse » à Ségougne (Gipcy) en 1748.

On reste sur l'impression que quelques personnages, trois ou quatre lignées par paroisse, antérieurement qualifiés de fermiers ou de laboureurs, se sont un certain moment distingués du reste de la paroisse par l'adjonction du mot « propriétaire », comme s'il ne leur avait pas été possible de viser d'autres titres. Fréquemment, ils sont associés à un domicile dans un « domaine » (et non pas « au bourg »). Ces personnages sont occasionnellement « Maître » ou « M. ». Aucun ne se dit « Sieur de … », ni « bourgeois ».

A l'extrême fin du XVIIIe, on peut trouver des cas où le terme « propriétaire » s'applique au-delà de cette étroite catégorie paysanne. Aux Assemblées provinciales de 1787 et 1788, de vrais bourgeois commencent à s'intituler « propriétaires » : Bayle, « notaire et propriétaire » à Pionsat ; Bayon « propriétaire » à Beaulon ; Barin de Chardon « seigneur et propriétaire ». Au tableau des « privilégiés » (fiscaux) de 1789, tous sont « seigneur », « officier », « bourgeois » ou non qualifiés, sauf de Salvert, au Mayet, qui est « propriétaire », bien que d'une famille noble bien connue. A la table des baux, un François Delaroche se dit « noble » en 1781, mais « propriétaire » en 1787. Ces cas témoignent pour une pénétration idéologique d'une qualification nouvelle dans des catégories sociales pourtant avantageusement qualifiées auparavant.

On retrouve la qualification chez un certain nombre de députés de paroisse en mars 1789 ; mais les listes étant réduites à des noms, l'interprétation en est difficile. Les châtellenies bocagères y figurent avec les scores les plus modestes : 34 à 38 % pour Bourbon, Cérilly, Hérisson. On peut supposer qu'il s'agit déjà de proto-leaders ruraux, à l'instar de Jean-Baptiste Lucas, procureur, député à la Constituante, né le 19 mars 1737 à Senat, son père s'y déclarant « propriétaire et marchand ».

Des considérations théoriques auraient pu laisser supposer que cette revendication d'égalité naîtrait chez les gros propriétaires roturiers, piaffant aux portes de la noblesse. La théorie dite « des Elites » en aurait été fort consolidée si cela avait été le cas. Or on a trouvé extrêmement peu de « bourgeois propriétaires » : une telle expression ne prend essor qu'après 1792. Pendant tout le XVIIIe siècle, nos maîtres de domaines se satisfont de la terminologie de l'Ancien Régime. C'est dans le vocabulaire des Ordres qu'ils s'affirment. L'usage qui est fait au XVIIIe siècle de l'expression « Sieur de … » équivaut bien à « propriétaire de … » mais dans un lexique traditionnel. Jamais un laboureur n'ose l'utiliser. « Sieur de … » est proche de « Seigneur », et, même détenteur de quelques droits seigneuriaux, un paysan n'utilise pas cette formule. Quant aux notables, le terme « bourgeois » leur paraît sans doute une marque suffisante d'honorabilité.

Ainsi, avant 1780, le mot « propriétaire » s'applique à des paysans riches, après 1792, ce sont au contraire les notables qui s'en emparent, pour pallier l'obsolescence du vocabulaire « ci-devant ». Début XIXe le mot est utilisé par tout l'éventail social de la propriété, même petite. Il est bien difficile d'en faire un pur synonyme de

« rentier » ou de « bourgeois ». Mais cela est valable dans nos zones rurales bocagères ; en ville, ce peut être différent.

On ne peut éluder un essai d'explication.

La première idée, ce serait que ce phénomène est l'expression de la montée d'une catégorie sociale nouvelle. Se faisant place parmi des structures anciennes, une couche nouvelle de ruraux aurait inventé une appellation inédite correspondant à leur place réelle. Même si c'était le cas, le choix du mot « propriétaire » révèlerait que cette notion, incongrue dans le système des Ordres, prenait une place essentielle dans l'idéologie. A l'idéologie des Ordres, on verrait succéder une idéologie de la Propriété, conséquence d'une évolution sociale de fond.

Cette idée devrait être nuancée. Les personnages qui se disent « propriétaires » en 1740 ne sont pas de nouveaux riches ; quand on les connaît auparavant, ou leur père, ils étaient alors des « laboureurs » et *possédaient déjà un domaine.* On dirait qu'ils ont senti, vers la fin du premier tiers de siècle, la *possibilité* et la *nécessité* de se démarquer des autres laboureurs, exploitants utilisant des bœufs, mais *métayers.* Ne pouvant décemment s'intituler « Sieur de » ni « Bourgeois », ils ont adopté cette nouvelle qualification de « propriétaire ».

Choix lourd de sens, il valorisait l'orgueil de posséder un domaine, la notion de propriété prenait le pas sur la vieille terminologie d'Adalberon, revue par Loyseau. Le paysan riche exprime un nouveau paradigme social, celui de la société des propriétaires – que les Physiocrates vont théoriser peu après, et qu'un individu comme Turquet de Mayerne avait déjà présenté vers 1600. Et cette idéologie nouvelle est tellement prégnante, tellement utile que l'on voit, dès avant la Révolution, quelques personnes, rares certes, préférer le nouveau mot de « propriétaire » à leur ancienne qualification, fût-elle de seigneurie (comme de Salvert) ou de noblesse (comme François Delaroche). On serait donc alors passé, vraiment et jusque dans les têtes, du MP seigneurial au MP rentier.

10 - Guillaume, Mayeul, Simon et les autres, riches paysans de Cressanges (1720 - 1770)

Dans les descriptions de la société rurale bourbonnaise d'avant 1789, il est fait peu de place au paysan propriétaire indépendant. Le terme « laboureur » désigne alors presque toujours celui qui dispose du train de labour, c'est-à-dire le métayer. Les terriers montrent que la plupart des tenanciers (des propriétaires) sont des notables, y compris nobles : les « domaines » sont donc aux mains des notables, et ce sont au sens propre des métairies, et non des exploitations en FVD. Parmi les pointages réalisés par les historiens, relevons celui de Coulandon par S. Grenier : 22 domaines sur 22 sont à des notables, y compris deux aux Bénédictins. Très peu de paysans apparaissent à la tête d'un domaine.

C'est au niveau individuel qu'on saisira les quelques cas particuliers, signalés dans les registres paroissiaux par la qualification de « propriétaire ». Les relevés de baux de métayage montrent aussi que certains fermiers intermédiaires sont également des paysans locaux. Ces personnages donnent l'occasion de voir fonctionner une paysannerie non métayère dans une province caractérisée par le métayage massif, de chercher à apprécier ses échecs, ses succès, son évolution. Comment, en particulier, se situe-t-elle dans le jeu des modes de production, le rentier et le seigneurial ?

Cette étude sera menée à partir de la paroisse de Cressanges où l'on repère quelques lignées de paysans « riches ». Ils sont bien distincts des bourgeois de village, lesquels, dans les actes, sont qualifiés de « bourgeois », et sont presque toujours « sieurs de … ». Les paysans, eux, ne sont jamais « sieurs », et le titre de « propriétaire » semble leur être réservé à partir des années 1730. Peu nombreux dans la proximité immédiate des villes (Yzeure, où la propriété paysanne est absorbée par les officiers, les artisans et le prieuré), il est possible que la profonde ruralité de la région Cressanges – Châtillon – Noyant ait été plus favorable au maintien, très minoritaire toutefois, de domaines possédés par des paysans, la micro-propriété parcellaire, ainsi que les vignobles, étant exclue de cette étude.

Trois lignées paysannes seront suivies tout au long du XVIIIe, mais surtout en première moitié de siècle, à Cressanges : les Boutry, les Depligeon, les Parent, dont les affaires sont aussi fortement imbriquées que les liens familiaux. (voir tableaux p. 204 à 206)

I – LES BOUTRY

Ils sont bien connus par suite de l'intense recours aux notaires qui est le propre de plusieurs membres de la famille. Leur réussite est manifeste à la fin du siècle : ils tiennent plusieurs domaines, à la fois en censive et en fief.

Pour le chercheur, l'acte fondateur est un partage du 25 novembre 1720, qui définit à la fois la propriété et les quatre lignées qui vont se la partager. Les terriers de Rochefort et de Dreuille signalent déjà les Boutry parmi leurs principaux tenanciers : ce sont déjà des propriétaires de domaines, mais à cette date les actes n'utilisent pas le titre de « propriétaire », ce sont donc des laboureurs.

Des quatre frères Boutry, Jean a reçu des terres excentrées. Il se manifeste ensuite, essentiellement, comme fermier de la petite seigneurie de Beauregard, à Bressolles, de 1730 à 1743. Il laisse à sa mort un mobilier médiocre, mais un millier de livres de « dettes actives ». Son fermage est repris ensuite par sa veuve, puis par un Claude Boutry. Dès les années 1750, celui-ci doit s'endetter pour régler son fermage.

Michel a reçu le domaine des Paviots au partage de 1720. Mais, dès sa mort en 1725, le domaine est partagé entre ses 4 enfants ; il reste cultivé en indivis sous le fermage de l'un ou l'autre des co-partageants (Jean Boutry, puis un gendre, Mayeul Parent). En 1735, le domaine est en mauvais état. Il est plus tard partagé, alors que les fils de Michel sont redevenus de simples « laboureurs ».

Claude se retrouve propriétaire du domaine de la Place, bien garni de bestiaux. Il meurt en 1736, mais l'un de ses fils, Michel, fait preuve d'une grande activité. S'il n'est propriétaire que d'une partie du domaine, par contre il prend régulièrement des fermages importants, dont celui des Martinats sur les de Dreuille. Marié trois fois, Michel marie ses enfants avec ceux de son cousin Guillaume. Les dots sont importantes ; les communautés, réduites à 4 ou 5 personnes, semblent solides. En 1759 et 1775, Michel acquiert le domaine de Galard, qui est un fief, et il reconstitue le domaine de la Place. En fin de siècle, notre homme est à la fois un gros tenancier de la châtellenie de Verneuil et un vassal du roi-duc.

Autre réussite, celle de la lignée du quatrième frère, Jean, propriétaire de la Petite Chaume. Jean est d'emblée engagé dans des prises à ferme successives, ce qui lui permet d'acheter dès 1731 le tiers du domaine des Pligeons. Il dirige en fait une communauté restreinte avec ses fils, Jean et Guillaume. Après le décès du père, la communauté fonctionne entre Jean et Guillaume, à qui se joignent deux des fils de Guillaume, tous deux prénommés Jean, l'un ayant épousé une Depligeon, et l'autre une Parent. C'est Guillaume qui paraît prendre le rôle moteur, fermier un peu partout, recherché comme expert officiel… et régulièrement qualifié de « propriétaire de la Petite Chaume ». Un autre Jean, frère de Guillaume, conduit la même politique : fermier de la seigneurie des Fontaines, à Deux-Chaises, il achète en 1751 un gros ensemble foncier de 7000 livres, le domaine des Grosjeans, avec sa locaterie, des parcelles supplémentaires et du bétail, et il obtient l'affranchissement du domaine des Pligeons (1751). Ce Jean a la bonne idée de mourir en 1761, sans enfants. Ses biens et son argent reviennent à Guillaume et à ses enfants. A la mort de Guillaume, en 1764, la communauté possède à coup sûr les domaines de la Petite Chaume, des Grosjeans, des Pligeons, des Perronins et de la Place ; les dots versées aux filles sont des dots de bourgeoises : 1300 livres pour Gabrielle en 1757.

L'un des fils de Guillaume, Jean « le Jeune », sorti de la communauté en 1757, a recueilli des Depligeon le domaine de Couture et achète celui des Veaux. Sa mort en 1775 montre à l'évidence un paysan riche. Il a doté ses filles de 3200 livres chacune, dispose de 12000 livres de créances, de 3290 livres de bétail ; l'inventaire de ses biens monte à 20064 livres.

En fin de siècle, ses deux fils, Jean Boutry (des Grosjeans) et Jean Boutry (de Couture) sont de gros tenanciers de la châtellenie de Verneuil, et le premier est également vassal du roi-duc pour le domaine des Pligeons, suite à son affranchissement, après avoir arrondi sa propriété par l'achat du domaine des Criards (1770).

Avec Michel (de Galard), trois lignées Boutry sont donc des paysans manifestement riches à la fin du XVIIIe.

II – LES DEPLIGEON

Ils apparaissent comme particulièrement prospères au début du XVIIIe siècle. Vers 1720, ils sont parmi les plus gros tenanciers de la seigneurie de Rochefort, en rapports matrimoniaux serrés avec les Parent et les Boutry (3 alliances chacun). Trois lignées sont bien individualisées.

La branche de Simon, « propriétaire fermier de Pouzeux » est la plus prospère. Simon cumule le fermage de plusieurs domaines, et semble posséder aussi un domaine à Couture. On suit bien cette communauté de 8 personnes, mais jusqu'en 1747 seulement.

Le domaine de Couture était début XVIIIe aux mains d'un Jean Depligeon, époux de Jeanne Parent. Au remariage de la veuve de Jean en 1733, la situation et plus médiocre. Couture est mis en fermage pour Simon Depligeon, la veuve restant propriétaire-métayère. Ses dettes s'accumulant, elle laisse Simon prendre le contrôle du domaine, avant qu'un arrangement de dot ne le fasse passer aux Boutry en 1744.

Une troisième lignée possède un bon domaine aux Vernasseaux, vraisemblablement acquis vers 1721. Mais sur ce seul domaine, ils se retrouvent cinq frères en 1744 ; c'est manifestement trop, et le domaine se trouve géré selon le statut de propriétaire-métayer. La communauté se scinde en 1757, puis en 1768 ; une partie en est vendue à un neveu sur licitation en 1773.

Aucune des trois lignées ne paraît avoir réussi à maintenir la situation favorable du début du siècle. En fin de siècle, on ne trouve de Depligeon que comme laboureurs métayers.

III – LES PARENT

Ils constituent aussi trois lignée dès 1700, dont deux fondées par deux frères.

La lignée issue de Gaspard possède le domaine des Cantes, au village du Rousseau, acheté en 1700 pour 2400 livres. Les trois fils de Gaspard ne parviennent pas à conserver le domaine. Le partage de 1740 disperse l'ensemble. Jean-Baptiste vend sa part à un notable, Martinet, fermier des Noix (1749) ; Jean meurt en 1743, endetté et appauvri ; les trois héritiers de Jacques recentrent leur part grâce à un gendre, François Bournichon, mais sur un plus petit domaine, celui des Moussets ; la situation de co-propriété amène une gestion par fermage.

La lignée issue de Jean, demeurant aux Corniers, apparaît vers 1730-40 comme la plus prospère. Jean, puis ses fils Mayeul et Gaspard, sont essentiellement fermiers (des Bordes, de Dreuille, de Fontibier). Mayeul et Gaspard, davantage que le 3e frère, Jean, par leur activité, semblent exemplaires de la position de fermier intermédiaire. Allié aux Boutry par sa femme Marie, Mayeul participe à certaines opérations de Guillaume Boutry. Mais il meurt prématurément, ainsi que sa femme, lors de la « mortalité » de 1750. Le compte de 1759 met en évidence la prospérité à laquelle était arrivé Mayeul, alors que Gaspard apparaît fortement endetté. Mayeul était plus fermier que propriétaire ; il laisse plus d'argent que de terres.

Un autre Gaspard est connu comme propriétaire aux Chaumes. Il apparaît peu dans les actes. Le domaine est partagé en 1748 entre ses trois fils, Laurent, Jean et Jacques. Laurent ayant six enfants vivants, le domaine serait complètement atomisé en 1/18 de parts s'il n'était resté en indivis. L'état de 1777 montre que c'est un fort domaine à 10 bœufs, ensemencé à 227 boisseaux de seigle, au moment où il est revendiqué par deux gendres de Laurent, les Olivier. Les Olivier sont des fermiers riches, qui ont fini par acheter le domaine qu'ils affermaient, la Velatte. Leur main-mise sur les Chaumes en ferait de gros propriétaires paysans.

Le nom des Parent n'apparaît plus guère en fin de siècle. Leurs terres, les Cantes, les Corniers, les Chaumes, ont finalement été dispersées ou sont passées à des gendres.

Ces trajets familiaux, décrits à très gros traits, montrent la variété des évolutions. Autant les Boutry et certains Parent ont réussi, autant les Depligeon ont vraisemblablement régressé. Mais plus qu'un historique individuel, ce qui intéressera ici, c'est l'utilisation des moyens d'action que leur offre la société de leur temps (relations familiales, manipulation de l'argent, usage des contrats), et l'appréciation, en termes concrets, de l'impact des dominations seigneuriale et rentière sur des lignées paysannes. Bref, comment se débrouillaient-ils ?

Le rôle du réseau familial

Tant dans leurs affaires que dans leurs alliances, les Boutry, les Parent et les Depligeon fonctionnent à l'intérieur d'un réseau assez restreint. Il ne s'agit pas, en affaires, de sociétés, d'alliances, de communautés en forme, mais on retrouve simplement les mêmes noms dès qu'il s'agit de créances, de fermages, d'association limitée à une opération. Un réseau formalisé pour les liens familiaux, informel pour l'activité économique, mais bien vivant.

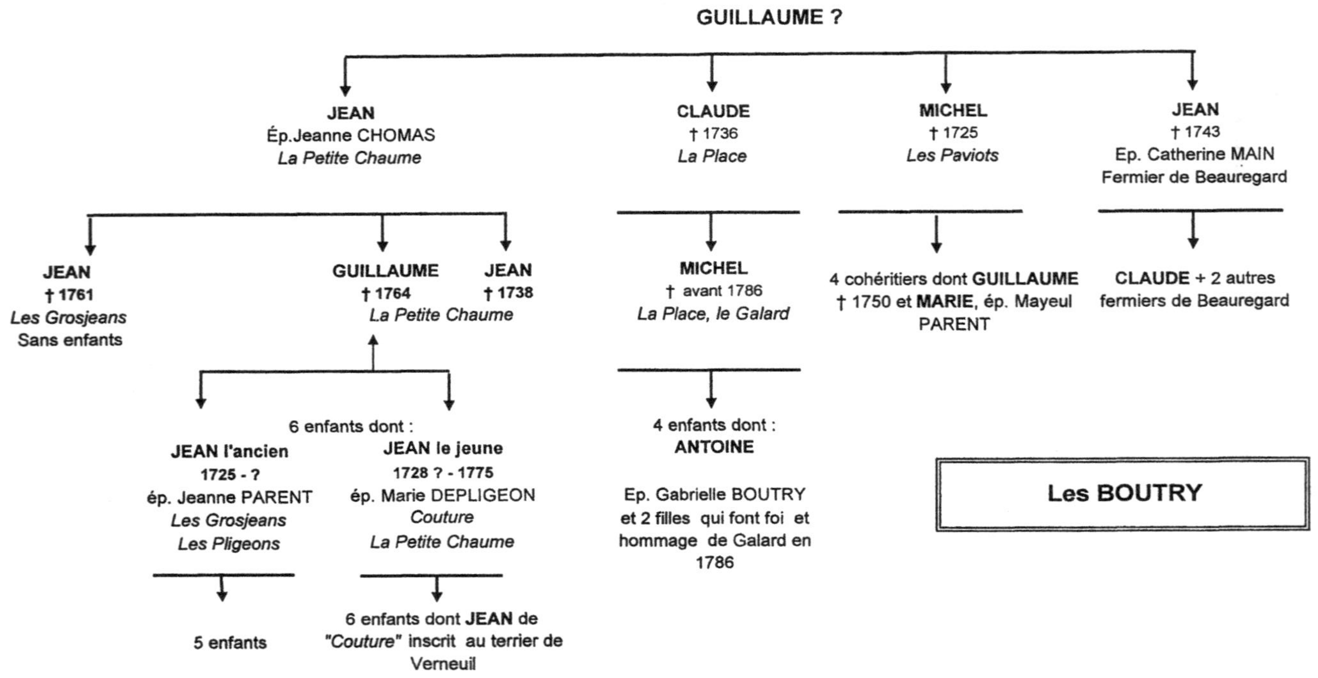

GUILLAUME ?
JEAN
Ép.Jeanne CHOMAS
La Petite Chaume
CLAUDE
† 1736
La Place
MICHEL
† 1725
Les Paviots
JEAN
† 1743
Ep. Catherine MAIN
Fermier de Beauregard
JEAN
† 1761
Les Grosjeans
Sans enfants
GUILLAUME
† 1764
JEAN
† 1738
La Petite Chaume
MICHEL
† avant 1786
La Place, le Galard
4 cohéritiers dont GUILLAUME † 1750 et MARIE, ép. Mayeul PARENT
CLAUDE + 2 autres fermiers de Beauregard
6 enfants dont :
JEAN l'ancien
1725 - ?
ép. Jeanne PARENT
Les Grosjeans
Les Pligeons
JEAN le jeune
1728 ? - 1775
ép. Marie DEPLIGEON
Couture
La Petite Chaume
4 enfants dont :
ANTOINE
Ep. Gabrielle BOUTRY et 2 filles qui font foi et hommage de Galard en 1786
Les BOUTRY
5 enfants
6 enfants dont JEAN de "Couture" inscrit au terrier de Verneuil

Les DEPLIGEON

VINCENT
Actif vers 1680

↓

3 filles, dont Anne
† 1767

Frère de VINCENT

↓

JEAN
† avant 1732
Ep. Jeanne PARENT
Couture

5 enfants dont Marie, ep. Jean BOUTRY (d'où licitation *sur Couture*) **JEAN**, propriétaire métayer *de Couture* **SIMON**, métayer

SIMON
† avant 1751
Ep. Martine SIMONIN
Fermier *de Pouzeux* et *de Couture*

5 enfants dont 2 épousent des PARENT et **ANTOINE**, ép. Blanche BOUTRY

SIMON
† 1729
Ep. Marie DURAND
Les Vernasseaux

Frérèche de 5 frères, dont **JEAN** chef de Communauté

Les PARENT

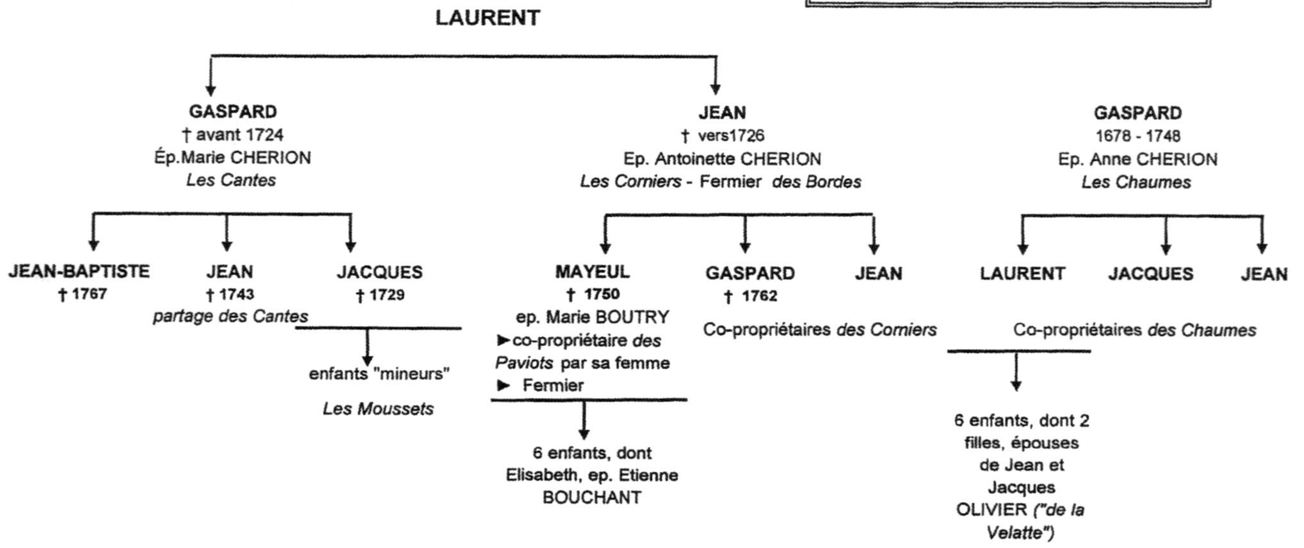
LAURENT
GASPARD
† avant 1724
Ép.Marie CHERION
Les Cantes
JEAN
† vers1726
Ep. Antoinette CHERION
Les Corniers - Fermier des Bordes
GASPARD
1678 - 1748
Ep. Anne CHERION
Les Chaumes
JEAN-BAPTISTE
† 1767
JEAN
† 1743
partage des Cantes
JACQUES
† 1729
enfants "mineurs"
Les Moussets
MAYEUL
† 1750
ep. Marie BOUTRY
►co-propriétaire des Paviots par sa femme
► Fermier
6 enfants, dont Elisabeth, ep. Etienne BOUCHANT
GASPARD
† 1762
JEAN
Co-propriétaires des Corniers
LAURENT
JACQUES
JEAN
Co-propriétaires des Chaumes
6 enfants, dont 2 filles, épouses de Jean et Jacques OLIVIER ("de la Velatte")

Ce réseau s'exprime donc avant tout par les alliances matrimoniales. Pour en rester aux Boutry d'après 1720, et sans avoir cherché à faire une étude généalogique complète, on dispose de 28 alliances, touchant 25 personnages. Ces 28 alliances s'établissent avec 14 noms seulement, dont 6 avec d'autres Boutry (mais toujours en cousinage assez éloigné), 4 avec des Parent, 3 avec des Depligeon, 2 avec des Mousset, Dupieux, Deschier, Chassery. On trouve une seule fois Delarce, Martinat, Patissier, Brémont, Joyon, Ducoust, Mallet. Seule Claudine Ducoust est mal située. Tous les autres sont d'un même niveau social : « propriétaires », marchands-fermiers, fermiers ; les laboureurs n'apparaissent que pour les alliances les plus anciennes, alors que le mot « propriétaire » n'était pas encore usité. Pour trouver un charpentier, il faut sortir de ce corpus et considérer une alliance de la belle-sœur de Guillaume Boutry, qui épouse un Jean Debros : encore, à la génération suivante, un Debros épouse-t-il une Parent. Parmi les noms cités, les Mousset, Deschier, Chassery sont fréquemment mentionnés dans les minutes notariales et auraient pu faire l'objet des mêmes observations que pour les Boutry. Martinat et Patissier sont étrangers à la paroisse, mais également bien qualifiés dans les actes. Patissier est pris par S. Grenier dans son excellent mémoire sur la châtellenie de Souvigny, comme un exemple de propriétaires fonciers paysans enrichis par leurs prises en fermage, à Besson.

Les alliances croisées sont habituelles ; si elles impliquent solidité des solidarités, elles supposent aussi des difficultés au moment des partages. Ainsi, en 1748, deux filles de Mayeul Parent épousent deux frères Bouchant. L'un des nouveaux ménages s'intègre à la communauté Parent (6 personnes), l'autre à la communauté Bouchant (9 personnes). Mais à la mort de Mayeul en 1750, s'ouvre une très longue contestation menée par le couple Elisabeth Parent – Etienne Bouchant, essentiellement contre le frère de Mayeul, Gaspard.

La répétition des alliances entre deux lignées est bien illustrée par le cas de Michel Boutry et de Guillaume Boutry, cousins germains (voir tableau ci-dessous).

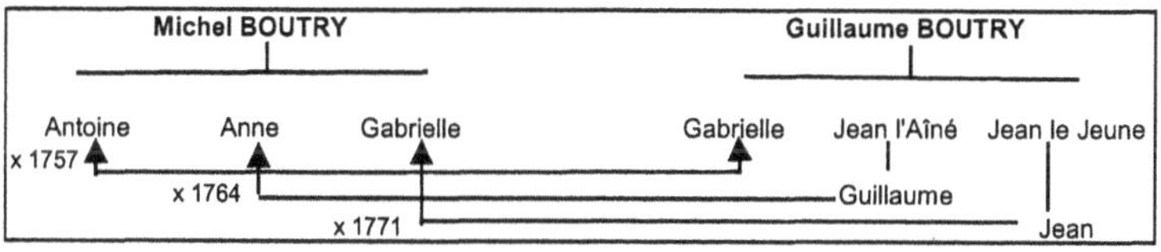

On arrive ainsi à cette extraordinaire naissance du 7.12.1763 où les deux parents, le parrain et la marraine sont des Boutry.

Il est sans doute symptomatique d'un certain niveau de richesse que ces alliances soient conclues entre partenaires plus jeunes que la moyenne : les filles ont entre 16 et 20 ans, les garçons autour de 20 ans. Aucun n'a manifestement à attendre une occasion d'établissement. Jean Boutry, « l'Ancien », par exemple, né le 26 janvier 1725, épouse Jeanne Parent le 21 janvier 1744, donc à 19 ans. Le même jour, Jean Boutry « le jeune », donc âgé de moins de 19 ans, épouse Marie Depligeon, née en 1727, donc âgée de 16 ans. Blanche Boutry, née le 28 mai 1730 épouse Antoine Depligeon le 7 février 1747. Elisabeth Parent, citée ci-dessus a épousé Etienne Bouchant à 17 ans et demi. Son père, Mayeul Parent s'était marié en 1729 à 19 ans. On multiplierait les exemples.

Tous ces personnages évoluent dans un réseau restreint et socialement homogène. On peut descendre au niveau « laboureur » pour certains Depligeon, mais on ne va pas à « journalier » ni, dans l'autre sens à « bourgeois ». S'ils ne sont pas propriétaires d'un domaine, au moins ont-ils des parcelles et, surtout, sont-ils fermiers. Les contrats de mariage, quand on les retrouve, signalent des dots de plusieurs centaines de livres. Mais, jusqu'aux années 1770, tous et toutes sont analphabètes, sauf Gaspard et Jean-Baptiste Parent. Aucun ne se prétend « sieur de » et, s'ils sont souvent qualifiés de « propriétaire », on leur accorde rarement l'avant-titre de « maître ».

A côté des réseaux d'alliances, il faut rappeler que la communauté familiale de type ancien est toujours pratiquée. Si le début de cette étude est marqué par la dissolution de la communauté des quatre frères Boutry en 1720, on a remarqué que Guillaume Boutry a toujours été membre d'une communauté , d'abord avec son père et son frère, puis avec ses deux fils, puis avec un seul. Simon Depligeon est, en 1747, à la tête d'une communauté de 8 personnes. Une autre branche Depligeon est une frérèche de cinq membres. Pourtant, la tendance vers l'affaiblissement des effectifs communautaires, donc vers l'individualisation, est évidente. Ainsi, Jean Boutry, ayant acquis par licitation, au nom de sa femme Marie Depligeon, le « grand domaine de Couture » trouve-t-il utile de sortir de la communauté Boutry pour mener une existence plus indépendante. Il abandonne ses droits sur les acquêts de la communauté, fermes, grains et bestiaux, mais reçoit pour sa part 2500 livres, du vin et du seigle. Il fonde ainsi une sous-lignée de Boutry, celle des « Boutry de Couture » qu'on retrouve en fin de siècle.

La communauté a subsisté longtemps, dans la mesure où l'exploitation d'un domaine réclame le travail de trois ou quatre hommes adultes : on sait que les contrats de métayage sont généralement conclus avec un groupe de « parsonniers » (père et fils, gendres, frères, avec les épouses). Une exploitation en FVD n'échappait sans doute pas à cette contrainte technique. Mais les conditions de maintien d'une propriété foncière bien structurée conduisaient aussi à la persistance de formes communautaires.

Famille et propriété foncière

Il faut noter d'abord que les patrimoines ne paraissent pas être essentiellement le résultat d'un lent rassemblement de parcelles. Presque tous les actes concernent la transmission de domaines entiers, ou de parts de domaines dans le cas d'arrangements familiaux. Les bases foncières de nos lignées telles qu'elles paraissent vers 1720 sont en partie le fait d'achats récents. Il en est ainsi de la Petite Chaume et des Paviots pour les Boutry. De même, les Parent ont acheté leur domaine du Rousseau (les Cantes) en 1700. Par la suite, on ne trouve qu'un ou deux achats de prés par les Parent, et de quelques œuvres de vignes par Guillaume Boutry. Tout le reste est acquis par domaines entiers ou parts de domaines.

Si la plupart de ces domaines paraissent de taille moyenne, on n'oubliera pas cependant que le grand domaine des Cantes, partagé par les Parent en 1740, était le résultat de la coalescence de deux domaines plus petits, dans lesquels des parcelles avaient été regroupées, aboutissant à un grand pré de 14 chars et à des champs de 50 à 80 boisselées. Le domaine des Chaumes était, en fin de siècle, « garni » de 5 paires de bœufs. Autour d'un domaine, il y avait bien acquisitions et remembrement. La plupart des domaines, cependant, ne sont pas jointifs et restent indépendants pour leur exploitation. Ils « circulent » aussi comme des unités indépendantes dans les opérations de fermage ou d'arrangements familiaux.

Dans cette société où règne le partage égalitaire, un des dangers les plus grands est la division des patrimoines.

Le problème se pose de façon d'autant plus aiguë que les conditions démographiques du XVIIIe siècle permettent la survie jusqu'à l'âge adulte de nombreux co-héritiers. Guillaume Boutry a deux garçons et quatre filles atteignant l'âge du mariage ; Michel Boutry a un garçon et trois filles ; Jean « le jeune », quatre garçons et deux filles. Les Parent sont encore plus régulièrement prolifiques : six enfants chez Mayeul, lequel a cinq frères et sœurs. Les Depligeon sont un peu moins bien connus ; mais il y a les cinq garçons de la frérèche des Vernasseaux ; et Simon (« de Couture »), comme Jean, a aussi cinq enfants. Ces paysans riches n'en sont pas encore à « compter leurs enfants »...

L'éventualité de la division est fréquemment indiquée dans les actes. Pour l'éviter, plusieurs solutions sont possibles. La communauté en est une. Mais il est rare que le domaine soit assez grand pour faire vivre quatre ou cinq couples adultes.

L'autre solution, l'indivision, est de fait dans bien des cas. Dans la communauté, les co-propriétaires demeurent et travaillent ensemble. L'indivision ne concerne que le statut juridique : chacun possède une part, mais vit et travaille ailleurs. Se pose alors le problème de l'exploitation. On utilise souvent la solution du fermage : l'un des co-propriétaires est déclaré fermier des autres parts de la propriété. Ainsi, les co-propriétaires touchent-ils un loyer, mais il est minime s'ils sont plusieurs à se le partager. Ainsi, aux Paviots, domaine des Boutry, deux des co-propriétaires sont fermiers successivement, d'abord Jean, puis son beau-frère Mayeul Parent. Ce dernier, co-propriétaire des Veaux, laisse par contre le fermage de sa part à Louis Demercières, co-propriétaire et bourgeois de Noyant.

Mais on doit en arriver souvent à la division. L'exemple des Vernasseaux est significatif des difficultés de la propriété foncière paysanne. Les Vernasseaux sont en 1745 aux mains d'une frérèche Depligeon dont seul le chef est marié : il y a donc six adultes à vivre sur ce domaine. Débiteurs de Jean Boutry, à la suite d'un arrangement touchant le mariage de Marie Depligeon, la communauté emprunte ailleurs... c'est-à-dire chez son fermier, Maître Antoine Bernardon, sieur des Bordes, bourgeois demeurant à Moulins, les Depligeon étant vis-à-vis de lui en situation de propriétaires-métayers. Il est vrai que Bernardon leur doit deux ans de loyer, soit 525 livres... mais il est vrai aussi que les Depligeon doivent 1335 livres à Bernardon. Situation dont on se tire classiquement, mais temporairement, par la constitution d'une rente de 60 livres, soit 1200 livres de capital.

Dette envers Boutry, dette envers Bernardon, faire vivre 6 adultes sur la seule part métayère d'un domaine, la situation est bien compromise. L'acte de fermage de 1744 montre que ce domaine est seulement moyen, baillé à 270 livres par an, équipé seulement d'une paire de bœufs, avec 720 livres de cheptel.

Une licitation en 1757 charge encore plus l'acquéreur qui achète la part de ses frères pour 800 l. En 1768, seconde licitation portant sur 1/10 ; les contractants ne demeurent plus aux Vernasseaux : ce sont de simples laboureurs (métayers vraisemblablement) à Neuvy-lès-Moulins. Enfin, il existe une vente à un neveu en 1773 : l'acquéreur habite à Comps, et le vendeur à Toulon, le domaine étant toujours exploité par un fermier. Le montant de la vente est couvert par les créances de l'acquéreur.

Ainsi, dots, arrangements, licitations, ont eu raison d'un domaine paysan moyen ; l'unité d'exploitation est maintenue par le fermage, mais les co-propriétaires sont dispersés dans des métairies proches de Moulins.

Le domaine des Cantes, celui des Paviots ont subi des évolutions comparables.

On tente parfois de limiter les dégâts en organisant la licitation d'une ou plusieurs parts : les héritiers s'affrontent pour racheter, aux enchères, une portion du domaine. Le « vainqueur » peut se retrouver avec une propriété viable, mais moyennant un débours important, souvent couvert par un emprunt ou une rente. Cette procédure a été utilisée, on l'a vu, aux Vernasseaux (1757), et aux Chaumes (1777).

L'achat de parts peut aussi se faire sans procédure de licitation. Louise Parent réunifie ainsi le domaine des Moussets en 1753 en rachetant la part de sa sœur Jeanne – mais elle emprunte pour ce faire 348 livres à des parents : Gilbert Mousset et Blanche Boutry.

On en arrive souvent à la division pure et simple. C'est le cas du domaine des Cantes, partagé en 1740 entre les trois frères Parent, Jean-Baptiste, Jean et Jacques (ou plutôt ses héritiers mineurs). Ce partage est justifié ainsi : « considérant qu'il n'était pas facile de jouir ensemble de l'héritage et de ceux qu'ils ont acquis, et que par ailleurs les parties doivent différentes sommes » : on écarte ainsi la possibilité de la communauté. On fait donc trois lots subégaux, y compris des bestiaux, et l'on tire au sort « par un jeune enfant trouvé par cas fortuit dans la rue ». Il est prévu que le lot qui « arrivera aux mineurs sera affermé au plus offrant ». En fait, les lots de Jean et de Jean-Baptiste se révèlent non viables, et seront dispersés et vendus. Celui des « mineurs », par contre, subsista comme « domaine des Moussets », alors qu'il paraissait plus faible.

Au partage de 1720, qui conclut la dissolution de la communauté Boutry (frérèche de quatre hommes mariés), les parts avaient été attribuées aux enchères.

On essaye parfois d'éviter partage et vente en recourant au système du propriétaire-métayer, cité ci-dessus pour les Vernasseaux. Mais ce ne saurait être qu'un palliatif. Un propriétaire en difficulté donne son domaine à loyer à un fermier. Celui-ci, par le même acte, baille le domaine en métayage… au propriétaire bailleur. Ainsi celui-ci reste-t-il sur les lieux, il garde la moitié des produits (part métayère) et touche le fermage en argent (rente propriétaire). C'est une rentrée d'argent frais (ou une diminution de dette !) au prix de la cession de la moitié du produit. Outre les Vernasseaux, voici le cas des Gomots, locaterie baillée à ferme à Mayeul Parent par Jean Auberger qui « demeure dans led. lieu comme colon pendant le cours de lad.ferme, à moitié fruits ». Le fermier fournit un petit cheptel de brebis à mi-croît.

Les débris des partages peuvent certes se retrouver à l'intérieur du réseau familial. Ainsi, Anne Depligeon, désirant sortir de l'indivision avec ses sœurs Gabrielle et Blaisine vend sa part, 1/3 d'un domaine aux Vernasseaux, à son cousin germain Jean Depligeon, laboureur à Couture (1721). Mais ce sont souvent des étrangers à la famille qui profitent de cette occasion : c'est sur des co-héritiers endettés que Guillaume Boutry a acheté en 1750 un « domaine de la Place ».

Il est difficile de savoir s'il y a une vraie solidarité en ce domaine à l'intérieur des réseaux. Emprunte-t-on même, préférentiellement, parmi les relations directes ? L'abondance des références au moment des règlements ne doit pas faire illusion : la plupart des créances proviennent d'opérations et d'arrangements de toute sorte plutôt que de simples emprunts, encore moins de facilités.

On est frappé de l'action en fait destructrice des relations familiales. Il faut pourvoir aux dots, soit en s'endettant, soit en cédant des « droits ». Les licitations supposent de grosses sorties d'argent. Les partages à l'amiable atomisent les propriétés. Seule la communauté constitue un véritable maintien de l'unité de la propriété. Mais autant une petite communauté, de deux ou trois couples, comme celle des Boutry, semble bien fonctionner, autant les grandes frérèches échouent.

Dots, licitations, partages génèrent des cascades de dettes et de créances. Les dots ne sont pas intégralement payées, pas plus que les achats ne sont réglés. On vit d'obligations et de créances, que l'on fait circuler. On les « consolide » parfois en les transformant en rentes, mais la pratique en paraît moins fréquente que chez les bourgeois. Arrive une situation de règlement de comptes (fin de tutelle, inventaire en fin de bail, décès), et on perçoit la complexité de ces situations croisées. Au règlement de l'héritage de Mayeul Parent (1759), ses frères Gaspard et Jean se posèrent comme créanciers : l'examen des comptes les renvoya en fait comme débiteurs de fortes sommes, 3645 livres pour l'un, 2397 pour l'autre.

Les exemples d'atomisation des domaines sont courants. A la mort de Michel Boutry en 1725, son domaine des Paviots fut d'abord partagé entre ses quatre enfants, mais exploité par un seul homme, comme fermier des trois autres. A la mort de l'un d'eux, Guillaume, sans enfants, il y a repartage de sa part entre les trois survivants, chacun se retrouvant avec 1/3 du domaine. La mort de Mayeul Parent, l'un des co-propriétaires, en tant que gendre de Michel, implique le partage de son tiers entre ses cinq enfants vivants : voilà maintenant des 1/15 de domaine. Situation intenable : le domaine est vendu en 1758. Autre exemple, celui du grand domaine des Chaumes, indivis entre des Parent et leurs gendres : on en est en 1760 à des 1/18 de parts, l'unité d'exploitation ayant aussi été conservée.

Mais, comme on le voit aussi sur ces exemples, il arrive que l'unité d'exploitation reste assurée, par l'utilisation des baux du système MPR, le fermage ou le métayage. C'est le rôle de ces baux et leur utilisation par les Boutry, Parent et Depligeon qu'il faut maintenant examiner.

Fermage et métayage

Si nos personnages sont généralement qualifiés de « propriétaires » dans les actes publics, il ne faut pas oublier qu'ils sont tout autant fermiers.

Par fermier, il faut comprendre en Bourbonnais le fermier intermédiaire entre le propriétaire et le métayer. Le fermier exploitant par lui-même est, statistiquement parlant, plutôt rare : 80 % des domaines intéressés par des baux passés entre 1746 et 1749 dans la région de Cressanges sont, de façon certaine, des métairies avec fermier intermédiaire ; et les 20 % restant comprennent aussi les cas douteux.

Pour nos trois lignées, il est probable que certains fermages, ceux qui concernent l'exploitation de domaines en co-propriété, sont des fermages d'exploitation. Mais, pour les actes passés hors famille, on a presque toujours la preuve que le domaine a bien fait l'objet d'un bail de métayage : le fermier a été exactement un intermédiaire entre propriété et métayer. Cette situation n'est pas facilement visible à travers le bail de fermage lui-même car celui-ci se présente avec le même ensemble de stipulations techniques et de redevances qu'un bail d'exploitation ; et seule la formule d'en-tête (« bail à prix d'argent ») et l'indication du montant du loyer le distinguent d'un bail de métayage.

Qui sont les propriétaires bailleurs ? Toutes les catégories sociales sont représentées dans cet échantillon pourtant quantitativement limité : des nobles ruraux (de Dreuille), des bourgeois locaux (Pomponne Deschier, maître chirurgien), des artisans urbains (Antoinette Terret, veuve d'un cordonnier moulinois), des propriétaires lointains (Me Louis Estienne, marchand de « St Charond en Lionois »), le curé de Besson, Pierre Janet. En fait, les preneurs s'intéressent à des domaines proches de chez eux, leur rayon d'action est faible ; il leur faudra surveiller le métayer, et gérer un ensemble de contraintes qui ne se limitent pas au propriétaire et au métayer, comme on le verra plus loin. Ajoutons que le preneur vient parfois habiter le domaine loué, sans pour autant se couper de ses réseaux familiaux.

L'usage du fermage dans les relations de famille a déjà été signalé. Le fermage est utilisé pour gérer des domaines en co-propriété ; le fermier peut être l'un des co-propriétaires, comme aux Paviots ; ou un parent : Mayeul Parent et fermier des Corniers, co-propriété de ses deux frères. Rappelons le cas des mineurs des Cantes : par contrat leur part est remise en fermage à l'un de co-partageants.

En dehors de la propriété familiale, des acquisitions nouvelles se trouvent exploitées soit en métayage direct, soit remises à un fermier intermédiaire ou exploitant. Dans les années 1730 – 40, en ce qui concerne au moins Guillaume Boutry, la solution du métayage direct semble avoir la préférence : domaine des Pelligeons (1734), domaines de la Place et des Perronins (1738). Mais plus tard, Jean Boutry baille les Pelligeons et les Grosjeans en fermage (1751), les Grosjeans dès leur acquisition sur de Dreuille. Cette pratique se généralise pour la gestion de l'héritage de Jean Boutry autour de Deux-Chaises.

Le fermage permet aussi la pratique de stratégies complexes comme la situation de propriétaire-métayer, qui a été signalée précédemment.

Aussi le fermage apparaît-il, au-delà de sa fonction canonique d'intermédiaire, dans des utilisations multiples et souples, dans des arrangements familiaux variés.

En tant que fermiers intermédiaires, nos paysans sont toutefois de petits personnages relativement aux véritables bourgeois ruraux (« sieurs de.. ») ou aux officiers urbains. Voici, à titre d'exemple, J.B. Delavauvre, maître chirurgien, sieur de la Guerche, fermier du marquis de Tilly : il est preneur de cinq domaines pour 1275 livres en 1748. Il est rare que nos vrais paysans soient preneurs de tels blocs, de ces « terre et seigneurie », surtout accompagnées de directes. Trois cas peuvent être considérés comme des exceptions.

Le premier est celui de Jean Boutry, qui reste longtemps fermier de Beauregard : c'est un « fief, terre et seigneurie » qui comporte château, deux domaines « en dépendant » avec 1828 livres de bestiaux, une tuilerie, des étangs, une dîme et quelques « articles de devoirs ». Le bailleur en est Jean Berger, écuyer, seigneur de Beauregard, capitaine au régiment de Champagne. Boutry y succède à Etienne Tortel, personnage dont la lignée fera fortune. Il est lui-même qualifié de « marchand », et non de propriétaire. Son loyer est de 900 livres par an. A sa mort en 1743, 13 ans après son premier bail, Boutry est toujours fermier de Beauregard.

Le second cas est celui de Gaspard Parent, plus hasardé et plus bref. En 1730 également, il prend le fermage de la seigneurie de Dreuille : château, trois domaines, trois locateries, avec 2106 livres de bestiaux. Gaspard est qualifié à cette occasion de « marchand, fermier et propriétaire de la paroisse de Cressanges ». Son loyer est de 1500 livres par an. Il ne semble pas que ce fermage ait été renouvelé.

Le troisième intéresse la « terre et domaine » de la Sauzée, baillée 700 livres, avec des étangs et des dîmes (1731). Le bailleur en est François Renaud de Girardière, écuyer, lieutenant au régiment de Navarre. Les preneurs sont l'association Mayeul Parent-Guillaume Boutry. Le morceau est assez important pour justifier un sous-fermage partiel ; le bail s'achève sur des contestations.

En dehors de ces cas, il s'agit de domaines moyens, de l'ordre de 100 à 300 livres, montant à 360 pour les Bordes (à Mayeul Parent) ou 250 pour la Brosse (Guillaume Boutry).

Il n'est peut-être pas inutile de faire remarquer que les gros fermages ont été traités au début des années 1730, période qui paraît plus favorable que les années après 1740. C'est vers 1730 que Simon Depligeon est essentiellement « fermier de Pouzeux », Mayeul Parent, « fermier des Bordes », Jean Boutry, « fermier de Beauregard », Gaspard Parent, « fermier de Fontibier ». Mêmes propriétaires par ailleurs, la ferme est leur résidence déclarée. Depligeon demeure à Pouzeux, Mayeul Parent aux Bordes, puis aux Corniers, Jean Boutry, à Beauregard. Seul Guillaume Boutry reste fixé à la Petite Chaume, dont il s'affirme régulièrement « propriétaire ». Pourtant, il enchaîne les fermages, ne les renouvelant par systématiquement, sauf peut-être Bareschapt. L'accusera-t-on d'épuiser un domaine avant d'en prendre un autre ?

C'est que le rapport propriétaire-fermier est souvent conflictuel. Un certain nombre de procès-verbaux montrent qu'il y a contestation en fin de bail. Guillaume Boutry est plusieurs fois mis en cause. Bien que rien ne permette d'apprécier, dans chaque cas, la bonne foi de chacun des adversaires, le renouvellement des plaintes laisse supposer que le personnage n'était pas facile à manier et qu'il en prenait sans doute à son aise avec les clauses de son contrat. Il y a aussi une affaire de tromperie sur une vente de cheval qui ne plaide pas en sa faveur. En 1748, Guillaume Boutry est accusé d'avoir fait semer de mauvaises semences. Le procès-verbal des 5 et 7 décembre 1740, à l'encontre de Mayeul Parent et Guillaume Boutry, fait état d'un véritable pillage du domaine de la Sauzée : bétail et haies négligés, arbres coupés, étangs et prés en mauvais état ; mais qu'y a-t-il de vrai dans ces accusations ? En 1741, par contre, c'est le propriétaire, Gilbert Martinet, sieur de la Chaume, qui reconnaît que les bois coupés dans le domaine dont Jean et Guillaume Boutry étaient fermiers l'ont été sur son ordre et que les fermiers ont correctement payé leur loyer ; en fait, c'est un « arrangement », Martinet étant généralement débiteur des Boutry. Il est probable que les coups fourrés entre fermier et propriétaire n'étaient pas rares.

Par précaution, l'entrée est souvent marquée d'un procès-verbal d'état du domaine, à la requête du fermier entrant. C'est ce que fait Jean Boutry pour le domaine de Bareschapt en 1729 : bâtiments, étables, prés, vignes, sont en mauvais état. Mais, par ailleurs, que signifie cette clause par laquelle « le bailleur sera obligé de reprendre les choses affermées en tel et semblable état que le preneur les laissera » et ne pourra demander aucun dommage et intérêt ? Il est vrai que les terres sont de peu de valeur, non ensemencées, et que le contrat est passé entre des apparentés, un Delarce et un Boutry.

Avec les métayers, il y a moins de traces de conflit. Les baux passés par nos fermiers ne diffèrent pas du modèle normal de l'époque. Ils accordent les mêmes avances, mais exigent tout autant leur remboursement. Servines, charrois, ne sont pas plus lourds qu'ailleurs, peut-être même moindres que chez certains seigneurs dont les réparations immobilières impliquent des charrois nombreux. Mais la réalisation du bail est strictement vérifiée, et les dettes doivent être payées. En 1735, Guillaume Boutry saisit le mobilier d'un de ses métayers... et le lui reloue à 5 %, pour diminuer une dette de 407 livres ; même opération en 1740. Les opérations d'exègue (compte de bestiaux) ne sont pas tendres pour le métayer. Ainsi de cette affaire entre deux Martinat, l'un fermier, l'autre métayer où le fermier essaye de tricher sur la valeur originelle des bestiaux ; le notaire n'a pu s'empêcher de noter la plainte de Jacques Martinat contre son fermier : « vouloir s'approprier le bien propre et la peine d'un pauvre colon avec tant d'injustice ». Les comptes retenus officiellement sont ceux du fermier selon la formule « suivant l'arrêté de compte qui s'est trouvé sur le livre de compte du nommé... ». Avant le milieu du XVIIIe, on est bien entré dans un monde où le fermier intermédiaire est un « maître » (terme officiel) tâtillon et redoutable face à un métayer que ses dettes font apparaître complètement désarmé.

On a souvent dit que ces fermiers se conduisaient comme des « banquiers de bestiaux ». C'est en ces termes que Jacques Péret décrit les coqs de village en Gâtine poitevine. Il évoque évidemment les baux à cheptel, mais ne parle pas des baux d'appréciation dont il sera question ci-dessous. Serait-ce une spécialité bourbonnaise ?

Les contrats de métayage se doublent en effet presque toujours d'un « bail à cheptel » : le fermier met à la disposition du métayer un bétail important : deux ou trois paires de bœufs, quelques vaches et veaux, valant souvent près de 1000 livres, sans compter les brebis, toujours présentées à part. C'est un contrat à moitié croît et perte. Le bétail doit être représenté (« venir à exsègue ») à la sommation du fermier « pour être le principal cheptel levé et ensuite le croix ou perte partagé par moitié » (contrat de Bareschapt, par Jean Boutry, fermier).

Pourtant, la plupart du temps, ce bétail n'est pas la propriété du fermier. Il l'a reçu lui-même du propriétaire. Le bétail se trouve considéré comme une partie de la propriété, au même titre que la terre et les bâtiments. Il doit être rendu en fin de bail « bête pour bête, sans dol ny fraude » (19/6/1740) : c'est le contrat dit « d'appréciation » : « se chargera ledit preneur par obligation d'aprétiation de tous les bestiaux tant gros que menus, aussy bien que de la quantité des gros bleds qui se trouvent pour lors ensemencés pour en rendre pareille somme, quantité, qualité, nature et espèce (...) à dire d'experts » (fermage du domaine de Paradis, à Comps, 17/9/1727 ; c'est chronologiquement l'un des premiers emplois du mot « appréciation »).

Cette pratique du « principal cheptel » ou « cheptel de fer » est favorable au propriétaire qui, certes, ne gagne rien sur le bétail, mais ne le perd jamais et ne le voit pas vieillir ! Tout le risque retombe sur l'association fermier-métayer, moitié-moitié, et ce risque ne fut pas mince lors de l'épizootie de 1746-47. Ainsi, à l'inventaire après décès de Jacques Mison, marchand-fermier de la seigneurie de Soupaize, on trouve pour 3890 livres de bestiaux , mais l'appréciation en avait été de 4358 livres : il y a donc 468 livres de pertes, à régler au propriétaire, sans compter les brebis. Ce contrat d'appréciation, ignoré apparemment en Gâtine poitevine, figure pourtant au Code Civil (« cheptel donné au fermier ou cheptel de fer ») : il est inconnu du dictionnaire Lachiver.

C'est exceptionnellement que le bétail appartient au fermier preneur : c'est le cas dans un contrat du 5/12/1733, où le preneur obtient ainsi une diminution de son loyer. Mais un fermier aussi actif que Guillaume Boutry n'a pas de cheptel propre, si ce n'est celui qu'il loue aux métayers de ses propres domaines ; dans sa fonction de fermier intermédiaire, il prend le bétail en appréciation. Son fils Jean dispose à sa mort en 1775 du bétail de ses trois domaines propres (la Petite Chaume, Couture et les Veaux), mais non point dans ses fermes des Escherolles, des Habits, des Bourdins et du Bouchet.

On aimerait comprendre si le fermier gagne plutôt sur la vente de sa part de récolte ou sur le croît du bétail. Malheureusement nous ne disposons pas, au moins pour nos paysans de Cressanges, de documents comptables. Les ventes, qui donnent lieu parfois à des contrats, ne nous apparaissent qu'indirectement à partir d'impayés ou d'inventaires. Si l'on admet, par hypothèse que nos fermiers utilisent leur domaine propre pour leur subsistance (à la mort de Mayeul Parent, les 1400 boisseaux qui se trouvent aux Corniers sont « destinés à la nourriture des communs et des mineurs ») et qu'ils vendent la totalité des produits du fermage, on estimera le revenu des récoltes à 200 ou 250 livres pour un domaine moyen, ensemencé à 150 boisseaux de seigle et froment, produisant au grain 4 et semences déduites 225 boisseaux, et en y ajoutant avoine et orge. A 150 livres la paire de bœufs, il est difficile de supposer que le mi-croît du cheptel rapporte chaque année une somme équivalente, sauf à supposer un élevage orienté sur les vaches et les veaux, ce qui ne semble pas le cas ici. Mais il peut en être autrement ailleurs ou plus tard. Le cheptel d'un domaine a en priorité une fonction de travail et de simple reproduction, le croît éventuel restant limité.

La fonction du fermier ne peut être restreinte à celle d'un intermédiaire (utile ou parasitaire) dans la relation centrale du MPR : propriétaire-travailleur. On ne l'épuise pas en évoquant d'une part le bail de fermage, d'autre part le bail de métayage, ni en réduisant le rapport fermier au payement sec d'un loyer annuel ou semestriel. Par ses activités multiformes, au-delà même du mouvement des cheptels, le fermier apparaît dans la micro-société de Cressanges comme un véritable banquier.

C'est au moment de la reddition des comptes et des « mises à plat » des situations familiales que l'importance du fermier apparaît. Prenons l'exemple de Mayeul Parent, parce qu'il est bien documenté. Mayeul Parent est, si l'on suit les minutes notariales, le type même du fermier actif. Il mène diverses opérations avec son beau-frère Guillaume Boutry (des Paviots) et avec le cousin de sa femme, Guillaume Boutry (de la Petite Chaume). Il meurt en 1750. L'inventaire de ses biens nous échappe malheureusement, ayant été passé chez le notaire Liandon, dont les minutes ne sont pas archivées. Mais le compte de tutelle de ses enfants mineurs, rendu par son gendre Bouchant et sa fille Elisabeth Parent en 1759 nous est connu par un papier de famille, et évoque le testament de 1750.

Mayeul ne disposait pas d'une grosse propriété personnelle (co-propriétaire des Veaux, et pour 1/4, par sa femme, des Paviots). Il était essentiellement fermier. Fermier des Bordes après son père, il était aussi fermier des Paviots pour ses beaux-frères, et, depuis 1742, fermier des Corniers, propriété de ses deux frères Jean et Gaspard. Il avait pris, avec Guillaume Boutry, l'important fermage de la Sauzée. La ferme des Corniers fut reprise à sa mort par son gendre Etienne Bouchant. Notons qu'aux Corniers ne résidait aucun des deux co-propriétaires, mais bien le fermier lui-même.

Gaspard et Jean, propriétaires des Corniers, se présentèrent comme créanciers des enfants de Mayeul, celui-ci n'ayant pas réglé son fermage, « oubli » que prolongea Etienne Bouchant jusqu'en 1759. Pourtant le notaire signale d'emblée que, si les Corniers appartiennent bien à Jean et Gaspard, « ledit Mayeul (en) était créancier de sommes considérables ». Comment cette situation pouvait-elle se créer ?

On s'aperçoit alors que, par sa situation de fermier (et de frère), c'est Mayeul qui réglait de fait les gros débours monétaires des deux frères : avances sur des achats de vignes, fournitures diverses, règlement de dots pour leurs sœurs Agathe, Jeanne et Anne. Il payait aussi les droits seigneuriaux, également 87 livres pour l'impôt du dixième, 126 livres pour des lods et ventes. Apparaissent également des réparations de bâtiments pour 65 livres. Bouchant, le gendre successeur, continue à payer des droits seigneuriaux pour près de 300 livres au total, 56 livres pour les vingtièmes, plus de 80 livres de réparations. C'est lui qui règle 140 livres dues par Gaspard au fermier de Beaufort. Du côté du propriétaire n'apparaît aucune avance de récolte, aucune vente de bétail ; la taille est normalement payée par le métayer. Finalement, dépenses de solidarité familiale, et dépenses classiques du fermier pour son propriétaire, c'est ce dernier qui se retrouve très largement débiteur au moment des redditions de comptes. Gaspard est ainsi débiteur de 3645 livres, et Jean de 2397, bien qu'Etienne n'ait jamais réglé son fermage de 120 livres par an.

D'autres situations semblables apparaissent à l'occasion dans les actes. Ainsi, dans ce compte du domaine des Janigons, où le fermier Bart se trouve en solde créditeur face à son propriétaire, Nicolas-Joseph Bourgeois, sieur des Janigons, pour 912 livres, en 1748. 752 livres étaient dues « d'ancienneté », et 160 livres s'ajoutent que « ledit Bart se trouve avoir payé de plus que ne se montent les années de jouissance de ladite ferme ». Un autre acte montre que ce même Bourgeois est aussi redevable de cens envers Antoine de Charry, marquis des Gouttes, contre qui il a malencontreusement plaidé en Parlement, ce pourquoi il doit en outre 106 livres de frais de procès.

Parmi nos personnages, Simon Depligeon, fermier de Couture (1735), ne règle que 10 livres sur son loyer, ayant payé les tailles, les salaires et les arrérages de cens au compte du propriétaire-métayer, qui est par ailleurs son débiteur.

Ainsi, il n'est pas besoin d'évoquer les filouteries des fermiers. La pratique conduit à les considérer comme l'argentier-banquier du propriétaire, ce qui leur donne une position fortement créancière au rendu des comptes, au moins dans le cas de propriétaires négligents et dépensiers comme paraît l'être Gaspard Parent. Le propriétaire qui ne se soucie ni de réparations, ni de droits seigneuriaux, ni d'impôts royaux ne dépense certes rien, mais il ne reçoit guère non plus : ces frais-là absorberaient donc le loyer...

Il faut considérer aussi que le fermier est le banquier de son métayer. Situation connue : avances pour la nourriture à l'entrée du bail, avances pour les semences, avance pour la taille. L' « exsègue » du bétail peut être défavorable au métayer, ce qui s'ajoute à la dette. Cas extrême, cette petite communauté Lauzier qui doit 1800 livres à son fermier, Henri Tridon, « toutes déductions faites des ventes et achats de bestiaux » (1748).

Les inventaires après décès montrent que les fermiers traînent un réseau de débiteurs, en dehors de tout rapport foncier précis : ils pratiquent l'usure. Mayeul Parent a ainsi prêté à de nombreuses personnes de Cressanges, y compris un bourgeois comme Martinet. Jean Boutry le Jeune a, parmi ses débiteurs, M. des Echerolles, lieutenant-colonel, pour 3600 livres et un conseiller du Roi, M. de Villeneuve, pour 2400 livres, outre les marchands qui n'avaient pas réglé leurs achats (1775).

Cette situation suppose une intense manipulation monétaire, concrète en monnaies sonnantes (Mayeul Parent a 750 livres en argent monnayé à sa mort), et plus souvent virtuellement par la circulation d'obligations et de rentes. Les recettes sur les récoltes et les bestiaux doivent être assez importantes pour « amorcer » le mouvement à la prise de bail. Car on doit se rendre compte que beaucoup de créances sont irrécupérables : les métayers sont insolvables, comme sans doute la plupart des petits emprunteurs. Les propriétaires, eux, peuvent être saisis ou s'acquitter en nature : c'est ainsi que Guillaume Boutry achète le petit domaine de la Place pour 1300 livres, couvertes par des créances (1750).

Le danger le plus grave pour le fermier provient sans doute du bail d'appréciation, c'est-à-dire le reversement du cheptel de fer. La somme en cause est importante, 700 à 1000 livres pour un seul domaine ; le partage de la perte avec le métayer est illusoire si la perte est importante, le métayer étant alors hors d'état de « répondre ». L'épizootie de 1746-47 a manifestement gêné de nombreux fermiers.

Cette épizootie qui se manifeste en Bourbonnais en 1746 et 1747 est une peste bovine particulièrement mortelle. Elle aurait pris naissance en Bohême et arrive en France par l'Alsace, la Franche-Comté et la Lorraine en 1742. Elle sévit de 1745 à 46 dans la France entière et s'éteignit au début de 1748. Des ordonnances royales organisent dès 1739 (connaissance de l'existence du fléau en Hongrie) le seul moyen de lutte : l'embargo sur les importations, et ensuite l'interdiction du transport d'animaux de province à province. Selon Poitrineau, l'Auvergne y aurait échappé grâce à l'isolement sévère imposé à cette province par l'Intendant et ses subdélégués de 1744 à 1749.

En 1748, les dégâts de l'épizootie commencent à se faire sentir dans les baux de la région de Cressanges. Le bail de métayage du 22/11/1748 entre le fermier Jardillet et le métayer Mousset montre que le cheptel comporte 780 livres venues en appréciation du propriétaire, mais aussi 720 livres pour « six bœufs et deux vaches garnies acheptées par led. Jardillet depuis la mortalité des bestiaux dudit domaine ». Ainsi, le fermier Jardillet a-t-il dû acheter la moitié du cheptel du domaine pour compenser les pertes. C'est aussi ce qu'a dû faire Guillaume Boutry, qui a dû compenser pour 280 livres « par rapport à la maladie épidémique, led. Boutry ne s'étant point trouvé le nombre de bestiaux » prévu par l'appréciation, qui se montait à 1180 livres.

La situation a dû être pire pour le métayer, responsable par son bail à cheptel de la moitié des pertes. Ainsi le métayer (direct) de Hugon de Fourchaud se trouve-t-il en 1749 redevable de la valeur de la moitié de son cheptel, soit 232 livres, « les bêtes ayant péri de la maladie épidémique » ; Hugon, magnanime et compréhensif, décharge son métayer de cette dette. Un autre métayer, Jardillet, conteste les termes du contrat avec son fermier dans une situation semblable : « perte qu'ils firent sur les bestiaux morts à cause de la maladie épidémique » (2/3/1750). En fait, le métayer « s'arrange » avec son fermier sous forme de livraison de grains, moutons et cochons.

Les fermiers n'étaient pas sans défense (juridique) contre l'épizootie dès qu'elle s'est déclarée. Ainsi, en décembre 1746, les mariages d'Antoine Piquet et de sa fille avec Marguerite Charbonnier, veuve Laribe et Henri Laribe, son fils, sont-ils contractés sous la réserve suivante : « parce que ledit Laribe et ladite Charbonnier ont plusieurs fermes qui ne sont point encore expirées, dans lesquelles fermes ils sont chargés de quantité de bestiaux et pour de grosses sommes, sont convenues les parties que dans le cas où la maladie épidémique qui avoisine leurs fermes saisiroit lesd. Bestiaux et viendraient à mourir, les biens ny la dot desdits Piquet et de sa fille ne seront point garands ni responsables ». Pourtant, les deux couples doivent constituer une communauté de quatre personnes, avec 800 livres venues des Piquet (qui se déclare « propriétaire de son vignoble de la Couarde ») et 800 livres venues des Laribe ; pourtant encore, le chef de la communauté sera Antoine Piquet ; et la résidence est fixée au château de Laugère. Voici donc une communauté de fermiers qui met d'emblée hors de portée la moitié monnayée de son patrimoine… Les communautés permettaient ce genre d'échappatoire : le débiteur désigné se prétendait étranger à la communauté au moment des faits ; dans l'exemple du métayer Jardillet cité plus haut, c'est ainsi que Jardillet se défend : il n'était point parsonnier de cette communauté à l'époque de l'épidémie...

Autre défense, qui suppose la solidarité des réseaux : le montant de l'appréciation elle-même. Le 14/11/1746 s'ouvre une curieuse discussion à propos d'un bail d'appréciation : comment apprécier les bestiaux en temps d'épizootie « sans avoir égard à la circonstance de la maladie épidémique » ou « les prendre eu égard au temps présent et à la calamité publique » ? Tout dépendra des experts... L'un d'eux porte l'appréciation à 700 livres, mais le second, qui n'est autre que Guillaume Boutry ne dépasse pas 415 livres. Protestations du propriétaire : deux bœufs ont été achetés 280 livres et deux autres 164 livres, sans compter les vaches, taures et taureaux ! Un troisième expert intervient cinq jours après ; c'est François Martinet, fermier de la seigneurie des Noix : son estimation va à 510 livres « eu égard à la maladie ». Ainsi, le jeu des experts, qui sont des fermiers, revient-il à apprécier trop bas, ce qui aboutit à protéger les preneurs (fermier et métayer) contre le propriétaire. Deux jours après, le bétail est remis à mi-croît au métayer sous la valeur déclarée de 510 livres. Si l'on n'a point d'autres textes aussi précis, les baux passés en novembre-décembre 1746 paraissent fortement sous-estimés : 800 livres pour un cheptel de huit bœufs (4 décembre), 365 livres pour 4 bœufs, 4 vaches, une jument (18 novembre) ; pour ce dernier domaine, nous avons l'appréciation du 5 juillet 1746 : elle était de 439 livres.

On aimerait apprécier ce que le fermier gagne réellement. Rien ne permet malheureusement de se prononcer. Si les plaintes des propriétaires sont exactes, le fermier gagne aussi sur des pratiques de pillage de la propriété : coupe d'arbres, vente de stocks (paille, semences), pêche des étangs. On aimerait tout autant apprécier si le fermier gagne plutôt sur ses fermes ou sur l'exploitation de son propre domaine, classiquement, avec sa famille et quelques valets et bergères. L'habitude de prendre des fermes laisse supposer que l'opération est normalement bénéficiaire : nos personnages apparemment les plus prospères sont fermiers. Encore faut-il avancer le premier terme (théoriquement...), se charger d'une lourde « appréciation » de bétail, et avoir quelque esprit d'entreprise, même s'il se ramène à la fréquentation des foires et à la surveillance attentive du métayer.

C'est peut-être sur cet « esprit d'entreprise » que les individus réagissaient différemment. Il y a sans doute ceux qui osaient et ceux qui n'osaient pas. Mais la différence n'est pas dûe seulement à la hardiesse personnelle ; les circonstances, les charges de famille, la place dans les réseaux ont dû jouer. Guillaume Boutry, par exemple, s'appuie sur une petite communauté efficace. Ses parentés avec des Depligeon, au début, puis des Parent et des Mousset par la suite sont fort bien dirigées.

Manifestement, l'usage des formes rentières, particulièrement du fermage intermédiaire, a permis à certaines lignées d'éviter des partages qui se révèlent fatals à la propriété d'un domaine. La disposition de sommes d'argent (et d'un crédit) relativement importantes, quelques milliers de livres vers 1760, permet de doter les filles, de liciter contre des co-héritiers, de constituer, par achat, des propriétés « secondaires » immédiatement mises en fermage ou en métayage direct, et qui, lors d'un partage, permettent de ne pas toucher au noyau principal. Certaines lignées Boutry et Parent ont pu ainsi s'en sortir malgré la présence de cinq ou six héritiers.

Mais, si le fermier est un manieur d'argent, il reste, par ses propriétés personnelles et ses relations étroites avec les métayers et avec ses pairs, par les relations d'expertise, un véritable paysan. Il est capable, plus que d'autres, de surveiller des cultures, de vendre du bétail. Usurier, expert et paysan, il a tout du « koulak ». Aucun de nos personnages ne paraît tenté par des innovations techniques ou juridiques. Ils jouent parfaitement des structures fondamentales du MPR sans chercher à améliorer la production. S'ils l'ont fait, ce ne saurait être que très partiellement et empiriquement, cela ne paraît pas dans les baux, à la différence des fermiers du XIXe siècle. Leur niveau d'alphabétisation ne leur permettait pas d'utiliser des traités d'agriculture. Ce ne sont pas des « farmers » à l'anglaise...

Relations avec le système seigneurial

Les relations avec le système seigneurial sont beaucoup moins visibles. La région de Cressanges est pourtant une zone de féodalité active. Les Bénédictins de Souvigny, la châtellenie ducale de Verneuil, bénéficient de redevances lourdes, génératrices d'arrérages parfois considérables : les de Dreuille doivent des centaines de livres aux Bénédictins. La châtellenie a pour fermier le célèbre Mestraud, apôtre de la réaction seigneuriale. Et Cressanges est dans la zone d'action du marquis de Tilly, qui commence à réunir des seigneuries dès 1730 et à exiger cens et carpots tombés en désuétude.

Nos personnages sont inscrits aux terriers de Dreuille, de Rochefort, de la châtellenie de Verneuil, et d'autres encore. Sans doute payent-ils régulièrement leurs redevances car je n'ai pas trouvé d'actes de contestation. Guillaume Boutry participe normalement à un pérèquement demandé par un bourgeois, Antoine Deléage. Quelques-unes de ses parcelles au moins sont franches de droits (alleux ?) : on le constate à l'occasion d'un achat. Rien n'indique que de telles parcelles soient plus recherchées que d'autres. Mais chacun profite de circonstances pouvant conduire à l'affranchissement de leurs terres : lors de l'achat des Martinats contre de Dreuille, les Moussets se font affranchir toutes leurs parcelles tenues en directe du terrier de Dreuille. C'est aussi ce qu'obtient Jean Boutry pour le domaine des Pelligeons en 1751. Il est intéressant de constater que les Martinats sont un domaine qui fit partie de la censive de Dreuille ; le seigneur l'avait acquis contre son propre tenancier. Avec l'achat par les Moussets et l'affranchissement, le domaine sort tout à fait du système seigneurial, après l'intermède d'un passage par la « réserve » du seigneur. Bel exemple de la perte d'emprise spatiale du MPS ...

En dehors de Jean Boutry (de Beauregard) et de Gaspard Parent, aucun ne se risque à prendre à ferme une seigneurie avec directe. Ils ne s'intéressent pas non plus au fermage des dîmes. Ils sont manifestement plus à l'aise dans la pratique du fermage purement foncier, impliquant une grande proximité du travail agricole. Il faut peut-être mettre en avant leur manque de familiarité avec l'écrit : la gestion d'un terrier suppose des écritures, au moins des quittances, et la possibilité de vérifier des clauses sur un texte : c'est plutôt affaire de notaire... Nos paysans sont rompus aux comptes, aux pratiques, aux arrangements, mais non à l'écrit.

Nicole Lemaître a souligné, sur des exemples limousins du début XVIIe l'intérêt de l'écriture pour gérer à long terme un domaine foncier et rentier. « *Le scribe et le mage* », ou l'alliance efficace du notaire et du prêtre : nous sommes un cran au-dessus de nos paysans de Cressanges.

Par ailleurs, aucun de nos personnages ne semble avoir acquis la moindre parcelle de droits seigneuriaux : cela se faisait au XVIe siècle, mais plus guère au XVIIIe.

Pourtant, Jean Olivier, Michel Boutry, Jean Boutry sont inscrits au Sommier des Fiefs du Bourbonnais à la fin du siècle. Ne nous hâtons pas d'en faire des « seigneurs » de la Velatte, des Galards, de Pligeon : le titre ne leur va guère et ne leur est pas donné. Leur « terre » est simplement un fief, vassal du roi-duc, soit acquise comme tel (les Galards), soit affranchie de cens par l'ancien seigneur. Les officiers du duché de Bourbon avaient en effet réussi à faire admettre que toute terre affranchie tombait *ipso facto* dans la vassalité royale : c'était le cas de la Velatte et de Pligeon. Ces paysans sont donc des vassaux, mais pas vraiment des seigneurs. Ils illustrent en somme la très vieille querelle historiographique entre féodalité (au sens strict) et seigneurie (ou MPS). Le rédacteur du Sommier des Fiefs les qualifie, ainsi que font notaires et curés, de « propriétaires » ; « laboureur », comme tel micro-vassal, détenteur du fief de la Lande, à St-Germain d'Entrevaux, serait trop faible pour eux ; mais ils n'ont évidemment pas droit, ni à « bourgeois », ni à « sieur de.. ». Ce qui les situe à leur niveau socio-idéologique exact.

Conclusion

Résumons. Vers 1700-1720, les Parent, les Depligeon, les Boutry, s'inscrivent parmi les « principaux habitants » de Cressanges et parmi les forts tenanciers de la seigneurie de Dreuille. Les Depligeon étaient déjà honorablement cités dans les registres paroissiaux sous Louis XIV. Chacune des lignées a « profité » (?) des difficultés de la fin du XVIIe siècle pour arrondir ses propriétés en acquérant un ou deux domaines : la communauté Boutry a acquis la Petite Chaume sur Louise Dumaignaud, veuve du Sieur Renaud, et les Paviots sur une dame Montenel ; les Depligeon achètent une bonne partie des Vernasseaux sur un certain Gardet ; Gaspard Parent achète en 1700 le domaine du Rousseau (ou des Cantes).

C'est à partir de ces bases que va évoluer la situation au XVIIIe siècle. Malgré les astuces pour sauver l'unité d'exploitation, les partages successoraux, succédant pour les Boutry à la dissolution de leur grande frérèche en 1720, eurent raison de quelques belles unités. Les Paviots sont partagés en quatre ; les Vernasseaux échappent à la frérèche Depligeon ; le grand domaine des Cantes, en communauté à trois frères Parent, est partagé en 1740, et les frères tombent dans la médiocrité. Les fortes dots concédées aux filles impliquent des dettes importantes, leur non règlement intégral amène d'interminables contestations et la manifestation de « droits » qui poussent à des licitations onéreuses. Ces domaines paysans apparaissent sensibles aux divisions familiales que la diminution de la mortalité infantile rend plus aiguës : dans les années 1740, chacun de nos personnages laisse derrière lui quatre ou cinq enfants majeurs.

Les lignées qui réussissent sont plutôt celles qui, s'appuyant sur un domaine entier, entrent dans le jeu du fermage intermédiaire. C'est là, apparemment, que se fait la fortune de Guillaume et Michel Boutry, de Simon Depligeon, de Mayeul et Gaspard Parent. Les rentrées d'argent produites par les profits de la prise à ferme permettent à ces personnages, à la fois de doter leurs filles, de maintenir leur crédit et même d'augmenter leur propriété. Du côté des Boutry, le poids des six enfants de Guillaume est en quelque sorte compensé par la stérilité du mariage de l'oncle Jean, dont les largesses et l'héritage (les Grosjeans) assurent la prospérité de la lignée : Jean « le Jeune » est un homme riche dans les années 1770. Chez les Parent, fermiers des Bordes et de Fontibier, occasionnellement de Dreuille – Mayeul, très actif, étant mort à 40 ans en 1750 – Gaspard a acheté le domaine des Chaumes : malencontreusement divisé en 1757, ce superbe domaine à 10 bœufs paraît reconstitué par les deux gendres Olivier (de la Velatte), eux-mêmes parfait exemple d'une lignée de fermiers actifs, et parvenue à la vassalité par l'acquisition de la « terre » de la Velatte en 1763.

Mais aucune de ces lignées ne perce en dehors de sa catégorie sociale : paysans ils étaient, paysans ils restent. Très honorablement connus, certes, décorés du titre de « propriétaires », enterrés dans l'église comme Guillaume Boutry… Mais aucun de leurs enfants ne parvient aux grades supérieurs ni « bourgeois », ni « sieurs de … », ni petits officiers, ni membres du clergé.

Champions des pratiques du MPR (fermages, pratique du métayage-propriétaire) ces personnages cherchent à l'occasion à se dégager des charges seigneuriales. Ils deviennent, avant l'heure, de véritables propriétaires. Mais ils sont aussi, avec régularité, des habitués du fermage intermédiaire. C'est peut-être en ce domaine que se marque le mieux leur évolution : « laboureurs-propriétaires » en 1700, ils sont plutôt « marchands- fermiers » en 1770.

Leur exemple nous a permis d'avoir une meilleure idée de ce que sont les fermiers du XVIIIe siècle en Bourbonnais, bien mieux que les baux, figés dans une formulation technique et traditionnelle. Dans une société en voie rapide de monétarisation, ils détiennent l'argument-clé : l'argent. Encore que leurs pratiques de vente nous échappent, il est certain que ces fermiers sont d'abord des manieurs d'argent, avançant à tout le monde et accumulant ainsi droits et créances. Sans doute rongent-ils autant la propriété qu'ils exploitent le métayer. Pourtant, ils ne détiennent ni le bétail, ni le savoir. Ils restent des paysans.

La réussite d'un Mayeul Parent, d'un Jean Boutry « le Jeune », plus encore d'un Guillaume Boutry, est éclatante. Mais aussi, que d'activité ! Guillaume est partout, comme fermier intermédiaire, mais aussi comme expert, comme commissaire aux saisies, comme centre d'un réseau familial ; apparemment très fier de son titre de « propriétaire de la Petite Chaume », il termine sa vie en chef de communauté à qui l'on porte « honneur, obéissance et respect » (1757). Dur en affaires, certainement filou quand il le peut, il est, avec son frère Jean, la base de la réussite de son fils Jean « le Jeune » qui meurt riche en 1775.

La vraie richesse de ces « propriétaires », c'est le fermage, à partir duquel ils dominent leur voisinage. Ni scribes, ni mages, comme les Terrade célébrés par Nicole Lemaître, ce sont des maîtres de l'agriculture monétarisée, mais ce ne sont pas encore des notables.

11 - La création des domaines rentiers

Le métayer, en tant que personne, est assurément moins connu que le seigneur ou le propriétaire. Il l'est un peu mieux que la masse des « petites gens », les domestiques et surtout les journaliers, « locataires » (preneurs d'une micro-exploitation), et petits propriétaires, dont on n'apprécie le nombre qu'en dépouillant les registres paroissiaux et en consultant les rares « rôles de taille ».

Le métayer se définit évidemment comme le preneur en métayage (bail dit aussi « à mi-fruits »). Toute prétention à définir socialement le métayer passe par la connaissance du système où il figure l'exploité ; puis, secondairement, par ses rapports avec les domestiques agricoles dont il a loué le service dans un cadre de salariat de type ancien (salariat coutumier ; logement et nourriture avec le maître). Le métayer est alors « l'exploiteur » dans un système pré-capitaliste. C'est un fait souvent oublié, difficile à connaître pour l'Ancien Régime, mais qui apparaîtra en pleine lumière lors de la construction des syndicats, au XXe siècle, où ces structures de classes ne pourront plus être occultées : syndicats de bûcherons, syndicats de domestiques, « syndicats de métayers » (en fait, syndicats d'exploitants agricoles).

Dans le cadre de ce travail sur les structures sociales de l'Ancien Régime, il faudra d'abord exposer ce qu'est le « domaine » métayer, définir le métayage à partir des baux, examiner l'évolution de ces baux, sans oublier le problème des contrats de cheptel. Les questions touchant à l'exploitation subie par le métayer et à sa misère n'interviendront qu'ensuite.

L'origine des métairies

Le Moyen Age a fonctionné sur la base du mode de production seigneurial (MPS), qui a été largement évoqué ci-dessus. Cela signifiait que l'exploitation agricole fonctionnait très grossièrement en FVD, le paysan étant propriétaire (tenancier sous réserve de droits seigneuriaux) de sa tenure, et la travaillant dans un cadre familial , soit ménage simple, soit les diverses modalités de la « communauté paysanne » : ménage élargi de type frérèche, parsonnerie limitée (association de 2 ou 3 personnes), communauté classique (« grande maison » abritant plusieurs ménages, sous l'autorité d'un « chef et gouverneur de sa communauté »). Les tenures « à taille » ou « à bourdelage » impliquaient pratiquement la communauté plus ou moins large, pour éviter la retenue seigneuriale en cas de décès sans enfants.

Il était fréquent que des parcelles, voire une petite exploitation, soient cultivées sous des rapports plus hiérarchisés : location courte, bail à part de fruits, bail à rente. Mais il ne s'agissait que de situations occasionnelles, temporaires, limitées. On recourait, pour les gros travaux, à l'aide de journaliers ou de saisonniers, dans un cadre local coutumier, qu'on ne peut guère qualifier de « marché du travail ». Pour le Bourbonnais, province fort peu urbanisée, on ne rencontre pas de ces formes pré-modernes qu'on trouve dans le Bassin Parisien, avec les grandes fermes généralistes ou spécialisées. Laissons à part la question des vignobles, qui n'intervient pas dans le Bocage. René Germain, dans sa thèse sur « *Les campagnes bourbonnaises à la fin du Moyen Age* » reste très succinct sur ces situations (p. 319-320), qui paraissent en effet sans surprises.

Ceci étant, l'exploitation agricole correspond à la tenure (ou à *des* tenures) à quelques parcelles près, prises ou données en location. Mais les tenures sont de taille diverse. Les terriers étudiés ci-avant portent témoignage de l'existence de « grosses tenures » (200 boisselées, soit 15 ha), qu'on assimilera à de « grandes » exploitations ; mais on les trouve souvent aux mains de communautés ou, en tout cas, de familles élargies.

Les « mas » font l'objet chez René Germain d'un développement spécial. On rencontre encore au XVIe siècle ces blocs fonciers : les terriers ne les décrivent pas parcelle par parcelle, mais en définissant leurs limites, souvent matérialisées, soit par des faits naturels (ruisseaux, forêts), soit par des chemins, des fossés ou des lignes de haies. Mais le mas est une unité de perception seigneuriale : il est inscrit sous le nom de plusieurs co-tenanciers. On n'en connaît pas le mode d'exploitation : la co-solidarité de redevance n'implique ni n'interdit l'exploitation communautaire. Il est plus vraisemblable de supposer qu'on a en fait plusieurs unités d'exploitation, car les péréquements futurs mettent en cause des personnages sans lien entre eux.

Qu'il existe de grosses exploitations paysannes, cela est certain. Mais elles ne sont très vraisemblablement pas exploitées selon le mode rentier (propriétaire oisif/locataire travailleur), ou alors il faudrait en apporter les preuves. Ce n'est donc pas de ce côté que l'on cherchera, sauf exceptions à découvrir, la naissance des domaines métayers.

L'origine des métayages a évidemment fait l'objet de spéculations multiples. René Germain rattache implicitement (p. 322) toute métairie à une seigneurie. Les seigneurs châtelains disposaient traditionnellement, près du château, de terres agricoles et de terres ludiques. Longtemps cultivées par les corvées imposées aux tenanciers, avec l'aide probable de salariés occasionnels et des domestiques de la maison, ces « réserves » auraient été ensuite cultivées à part de fruits, du fait de la disparition des corvées. L'historique des réserves seigneuriales, la sensible diminution de leur surface au bas Moyen Age font l'objet de développements abondants dans les synthèses historiques, celles de Duby par exemple. De fait, on a trace en Bourbonnais (voir Germain) de « métairies » quand on rencontre des descriptions de seigneuries. Il s'agirait alors d'une exploitation agricole, établie sur la réserve possédée directement par le seigneur, très proche du château, lequel comportait, comme on sait, des bâtiments agricoles. La taille de ces exploitations est mal connue. On peut les supposer « grandes », cependant les « basses-cours » qu'on trouve au XVIIIe siècle sont généralement plus petites que les « domaines dépendant de la seigneurie de ... ». Faute de documents notariaux pour le XVe siècle, on n'a pas d'indications très nettes sur le mode d'exploitation de ces « métairies »... qui ne sont peut-être pas des « métayages » - mais quoi d'autre ?

A ces métairies seigneuriales, il faudrait ajouter quelques anciennes granges monastiques, ces gros domaines constitués au Moyen Age et cultivés soit par corvées, soit par le travail manuel des moines eux-mêmes. C'est le cas de Charboulat (« la grange ou métairie des religieux »), base des biens fonciers de St-Vincent de Chantelle. Cette grange était établie dans un village avec une église, sans doute un village de corvéables. Quand Charboulat est qualifié de « métairie », il n'y a plus trace de village, et l'église est intégrée dans les bâtiments agricoles.

Dès la fin XVe, on a trace également de quelques rassemblements « bourgeois », taillés dans des directes seigneuriales, et qui sont baillés à métayage. L'hôpital St-Julien de Moulins achète en 1519 une métairie de Montlevé constituée auparavant par Philippes Billonat, veuve de Philippe Bonnet, sur la directe du seigneur de Demoret et du Bessay (lignée des Bonnay). Existe à la même époque (1517), la « metterie du lieu et thénement appelé le thénement de Johannin et Guillaume de Marnier », venue du même Bonnet et qui semble reprendre une grosse tenure paysanne.

On n'est sans doute pas loin de la même situation avec la métairie de la Tronsay, à Chevagnes. Cette métairie est vendue à Anne de France (1506), laquelle la donne à l'hôpital St-Julien en 1514. Elle vient de Jean Cordier, Sieur de Vallière, d'une lignée d'officiers du duché (Michel, maître de la Chambre aux Deniers 1410-1422 ; ses successeurs, châtelains de Moulins) ; je ne sais lequel a constitué cette métairie, qui est d'après la description de 1506, une partie d'un ensemble avec des « mothes comprises dans ladite mestairie avec boys, garennes et estangs », des dîmes, une rente : ensemble, donc, mi-foncier, mi-seigneurial.

Mais on arrive là dans la catégorie sociale des officiers. Les officiers du duché, à l'époque de sa splendeur (1450-1520), se sont construit des fortunes foncières. On connaît assez bien le détail des *seigneuries* acquises autour de Moulins (Mattéoni, carte p. 418). On sait également qu'ils ont reçu des ducs, ou qu'ils ont acquis, de simples terres, parcelles, étangs, dont certaines, en censive, n'ont pu être exploitées qu'en métayage, fermage ou salariat. Mattéoni, si précis pour les seigneuries, reste vague concernant les métairies des officiers (p. 420). « La transformation de nombreux domaines ou parties de seigneuries en métairies est révélateur de cette volonté de profit », (mais y avait-il d'autres solutions pour exploiter des terres en censive ?). L'auteur ne fournit ensuite aucun exemple d'une métairie d'officier, se contentant de rappeler de façon générale que le métayage « connaît en Bourbonnais un grand succès aux XVe et XVIe siècles », renvoyant ici à R. Germain. L'érection, par les ducs, de ces parcelles en censive au statut de fiefs a dû permettre d'en rester souvent à l'exploitation en MPS, par accensement.

L'absence de séries notariales ne permet donc pas d'être très explicite sur cette création de domaines métayers au XVe siècle. Le terme « métairie » est assez fréquent dans les documents qui évoquent la consistance des seigneuries. Les granges monastiques et surtout les métairies « bourgeoises » ou « officières », sur des directes, restent fort mal documentées dans le détail, même si leur existence est certaine – mais, sans aucun doute, encore exceptionnelle.

A l'orée du XVIe siècle, l'enquête sur les fiefs des années 1503-1504 donne des indications chiffrées sur les métairies seigneuriales. 180 fiefs sont répertoriés dans la châtellenie de Moulins ; 42 ne paraissent consister qu'en collection de droits, sans assise foncière. Parmi les 138 autres, on trouve 44 mentions de « domaine » et 10 de « métairie ». Le terme « domaine » code à peu près certainement une propriété foncière organisée ; le terme « métairie » est sans doute plus précis. Quand on peut saisir quelques indications annexes, on reconnaît la réserve seigneuriale sous le nom de « métairie » : « maison-forte de Bonnay, avec tout le pourpris, garenne, bois, métairie » ; « métairie des Fossés » ; « fief noble de Montbailhou, à présent en métairie ».

Sur les 97 fiefs de la châtellenie de Bourbon, cadre du Bocage, on trouve aussi 9 mentions de « métairies » et de nombreuses mentions de « domaine ». On notera pourtant qu'à l'aveu du seigneur de Lespine, Jean de Saint-Aulbin (grosse unité de 50 livres de revenu déclaré), ne figure pas le terme « métairie », alors qu'une enquête de 1499-1501 relevait 4 noms de métairies (voir ci-après).

La statistique de 1503 est donc à prendre avec précautions. Elle signifierait tout au plus que quelques seigneuries comportaient bien une métairie. Dans quelques cas, la métairie est à elle seule un « domaine-fief » (cas de Gilbert Meschin, avec étang, moulin, colombier ; cas de l'écuyer Gabriel Daureux avec « maison, fossez, basse-cour, mestairie », qui ne déclare que 30 sols de revenu). La plupart du temps, elle est au centre d'une seigneurie complète, par exemple la « maison-forte du Chasteau, compris les mestairies et fiefs ». De cette statistique médiocre, on ne tirera rien de plus que cette preuve de l'existence des métairies seigneuriales.

Pour une idée plus précise, on utilisera un texte bien connu des spécialistes, la description de la seigneurie de Lespine, autour d'Agonges, figurant au terrier de la seigneurie (1499-1501). On dénombre 4 métairies dans cette grosse unité seigneuriale : la métairie centrale, dite la Salle ; deux autres, comportant une ancienne motte, c'est-à-dire deux noyaux seigneuriaux anciens, annexés (« motte et ancien chasteau du Vernoy », « autrefois la maison noble du Champ Ressaut ») ; une autre, dite aussi « mesterie noble », Picquesatin. Cette seigneurie de Lespine apparaît exceptionnelle en ce qu'elle résulte en fait de la coalescence de cinq unités seigneuriales, dont le noyau a été transformé en métairie. Mais il resterait à savoir exactement si ces indications supposant l'absorption de « petites » seigneuries voisines, même réduites à un noyau, désignent un phénomène courant au XVe siècle.

Après 1500, on rencontre donc des traces de ces métairies, et, à partir de 1530, quelques baux. On a vu que le mouvement de création s'accentue dans la deuxième moitié du siècle, comme structure d'organisation des terres « rassemblées ». En fin de siècle, dans les années 1630-1690 au plus tard, la référence au maillage des « domaines » (ce terme élimine celui de « métairie ») l'emporte sur la référence à la seigneurie. Le système perdurera jusqu'au-delà de la première guerre mondiale.

L'usage des termes « métairie » et « domaine » a une histoire qui n'est peut-être pas insignifiante. Fin XVe, il semble que le terme « domaine » désigne quelque chose comme étant une propriété ; il s'utilise au sens large, mais peut convenir à une exploitation agricole. Un fief comporte ainsi : hôtel, cens et domaine. Le mot intervient aussi dans la terminologie des grosses tenures paysannes qui sont « lieu, tènement, max et domaine » (par exemple, les Coulons, encore en 1631), mais ce n'est pas obligatoire : les grosses tenures à La

Condemine de Buxières : La Mothe, Chez Piaud, Maltaverne sont « lieu et tènement ».

« Métairie » apparaît dans le sens plus précis d'unité organisée et habituellement louée. Sans préjudicier du statut du propriétaire, ni même du mode d'amodiation, la « métairie » est un domaine rentier, quelquefois roturier (sur censive), le plus souvent rattaché à un château. Tout au long du XVIe siècle, le mot « métairie » reste couramment utilisé dans ce sens. On peut interpréter comme une réserve seigneuriale proche du château une métairie désignée par des formules du type « lieu, domicile et hôtel du Pleix et métairie » (1506), « lieu et métairie de La Condemine » (1561, lieu d'où sont datés certains actes de la seigneurie de La Condemine, avec château, à Buxières), « la métairie de la terre et seigneurie du Chambon » à Dompierre (1644), « lieu et domaine proche le chasteau de La Faye appelé la mestairie de La Faye » (1613), « maison de la métairie du seigneur » (Brugheas – 1628). La formule du château de La Faye pourrait presque faire transition : le terme « métairie » semble employé ici comme un terme d'usage traditionnel pour coder ce qu'un usage plus officiel dit « lieu et domaine ».

Evidemment, d'autres appellations sont moins explicites : la methenerie de la Saudine (1472), le « lieu et metherie » des Potiers (1500), le « lieu, domaine et méthairie de la Mollière (1573), la métherye de Bord (1565), etc…

Ce terme de métairie s'efface doucement entre 1600 et 1650 au profit de « domaine ». Déjà, les *baux notariés* l'ont assez peu utilisé pour désigner le bien loué. En 1531, on dit simplement « le lieu et tènement » ; en fin de siècle, on a presque toujours « lieu et domaine », sauf quelques cas qui évoquent la seigneurie : « lieu, domaine et métairie de la Jolivette », « métairie de Filloux », qui appartient à une commanderie, « la métairie du Chatel de Raiz » (1580). Les notaires moulinois, contrairement aux ruraux, disent encore « domaine et métairie » dans les années 1630.

On peut supposer que cet emploi notarié découle de l'usage de « domaine » pour désigner l'exploitation paysanne. Dans les actes d'achat de nos rassembleurs, l'unité paysanne est soit décrite par une énumération « maison, jardin »… (parcelles) (cf Les Tains, Les Foucauds), soit qualifiée de « lieu et domaine » (Les Moussons, 1621, Les Chenauds, 1613). A partir de là, l'exploitation garde le nom de l'ancienne communauté paysanne ; quand le nouveau propriétaire la loue, il ne lui impose pas un nouveau nom. On voit se multiplier la dénomination « le lieu et domaine *des*… » (par exemple, chez le notaire Deschiers, à Noyant, 1594). Elle triomphe dans les années 1620-1640. En 1619, le dénombrement des Gouttes cite trois « domaines » (et non métairies) : Cheux le Maistre, de Denis, des

Correts. Actes de vente, dénombrements, baux, utilisent presque uniquement le mot « domaine » au-delà de 1650. C'est le nom qui est devenu courant et quasi unique par la suite pour désigner l'exploitation agricole bourbonnaise quand elle est d'une certaine taille.

1630-1650, c'est aussi le moment où la formule « sieur de... » commence à s'appliquer à de petits notables, soucieux d'affirmer leur propriété : Jean David, marchand-fermier et « Sieur de Paraize » vers 1650 ; Gilbert Desvaux, fermier et « Sieur de Bonnefond » en 1622 ; Tamisier, « Sieur de Marcassat » vers 1655.

L'usage généralisé du terme vague (ou à connotation paysanne) de « domaine » au lieu de place de « métairie » est un marqueur lexical de la nouvelle organisation des terroirs. Là où « métairie » pouvait avoir un relent seigneurial (le domaine de la réserve seigneuriale), la généralisation des grandes exploitations construites par les rassembleurs *dans les directes*, et non plus seulement en réserve, a dû amener l'usage du mot plus habituel et moins marqué de « domaine ». D'autant que le nom de l'unité a repris le nom paysan ancien. En 1468, on a une « parsonnerie des Coulons », devenue après achat par le seigneur des Gouttes le « lieu, maix, domaine et tènement des Coulons » (1600), puis, tout simplement le « domaine des Coulons ».

On s'est demandé avec raison si ces premières métairies (*mitanariam* au XIIIe siècle) sont bien des domaines exploités en métayage, ou si le mot ne désigne pas simplement un domaine agricole. Il est de fait qu'une métairie peut fort bien être exploitée « par valets » ou « accensée » pour une redevance fixe (donc un fermage). Mais il semble qu'il s'agisse alors de situations temporaires entre deux baux « à mi-fruits ».

Néanmoins, les hésitations sur le mode d'amodiation sont encore justifiées au XVIe siècle. Le « bail de mesteryes » passé en 1539 pour le « lieu, domaine et métairie » de Beaulieu à Néris, donnera une idée de la question. Le bail comporte les clauses techniques du métayage, mais sommairement : « faire ou faire faire les bledz dud. écuyer », « labourer bien et profitablement », « tenir les prez clouz et bouchés comme les autres métayers ont accoustumé de faire », etc... Mais on ne mentionne pas la *durée* du bail, ni le *partage* des récoltes et des semences. Le preneur paye ce qui ressemble à un droit de laitage, mais aussi 7 livres 10 sols « pour les entraiges de lad. Métairie ». Il est tenu de fournir tout le matériel : « ferts, fusts, reilles, rechanges et charettes » ; le bétail n'est pas mentionné. Toutes ces stipulations font penser à un accensement de type MPS. La rédaction sur parchemin laisse aussi supposer un acte durable, il est enregistré par Jean Chanteau de Marcellange, garde des sceaux du duché. On hésite donc sur la véritable nature de cet acte qui ressemble tant à un métayage, mais qui à des caractères de la tenure à cens. La situation pourrait s'expliquer par le fait que cette terre est déjà tenue à cens par le bailleur : domaine constitué, donc, sur la directe d'autrui, il ne peut officiellement être baillé à cens (« cens sur cens ne vaut »), d'où une rédaction bâtarde.

Voici un autre texte de la même époque : 1519. Un domaine de réserve seigneuriale (« du propre domaine de la demoiselle » de La Perrine), Mussy, est baillé pour six ans, avec les clauses techniques du métayage. Mais il n'est jamais désigné comme « métairie » ; et le preneur prend « à la quatrième gerbe » c'est-à-dire qu'il verse un quart de la récolte. Cette situation de « métayage au quart » est connue des historiens.

Ces textes ne nous font connaître que des situations ponctuelles. Intéressante sera donc une liève du terrier de Boishaut (Livry) qui couvre 30 ans, de 1527 à 1557. Outre les tenures classiques (cens, bourdelages) et les dîmes, on y trouve un « max des Mothas ». Il est affermé chaque année et semble jouxter une tenure à champart (1/4) dite les Mothas. Ce champart est bien une tenure, avec quatre co-tenanciers permanents, donc théoriquement et vraisemblablement « propriétaires ». Le max, lui, est affermé chaque année à un personnage différent : on est en système rentier, avec un fermage en nature. Le loyer varie donc d'une année sur l'autre, entre 14 et 30 boisseaux de seigle ; à partir de 1542, le loyer est stipulé en huile. Mais, et voici l'intérêt de la série, on trouve en 1543, « au tiers », puis en 1547, 1551 et 1552, « à moitié ». On serait donc passé d'un loyer annuel en nature à un métayage de fait, malgré la forme « seigneuriale » que rappelle le terme « max », et l'annualité du bail. Malheureusement, on perd tout renseignement en 1557.

Il y a hésitation dans tous ces textes parce qu'ils utilisent, par habitude, un lexique seigneurial qui correspond mal à la situation. Beaulieu, Mussy, le max des Mothas sont bien des propriétés « utiles » (et non des propriétés « éminentes »), le bailleur est bien un propriétaire. On a sans doute « copié » une situation de champart lourd (au quart), redevance *seigneuriale*, pour fixer la redevance *rentière* d'un domaine, soit réserve (Mussy), soit taillé sur une directe voisine (Beaulieu), ou, vraisemblablement, sur la directe même du bailleur (le max des Mothas).

Le Bourbonnais connaissait une forme de champart spécifique, la percière, qui portait sur une culture autorisée temporairement par un seigneur sur des terres médiocres et non appropriées. R. Germain, qui fait un long et subtil commentaire de cette forme (p. 298-305) y voit un système « qui présente en germe les éléments fondamentaux du contrat de métayage » (p. 304). Sur ces parcelles, en effet, la redevance était lourde (entre 1/6 et 1/4), la prise du tenancier y était aléatoire (le seigneur pouvait reprendre sans discussion). La « propriété » restait donc bien au bailleur ; d'ailleurs la percière n'était pas considérée comme une tenure, « n'emportant pas directe seigneurie ». On sait, au contraire, combien les vraies tenures sont dites « en directe seigneurie, portant lods et ventes ».

Un autre cas de type semblable était la redevance sur une vigne, dite « carpot » : le bailleur prend 1/4 comme le nom l'indique. La vigne étant une culture de longue haleine, le preneur en carpot se trouvait de fait avec une possession longue et héréditaire : on débattait encore au XVIIIe siècle (et combien après 1789-92 avec la suppression des droits seigneuriaux) pour savoir si le carpot devait être compris comme « seigneurial » (propriété, donc, à l'exploitant ; et après 1793, libérée de sa redevance) ou comme « rentier » (propriété au bailleur, et redevance assimilée à une rente perpétuelle). Le XVIIe siècle penchait pour un droit seigneurial ; mais en 1791, pour éviter la perte de leur « droit », les bailleurs ont prétendu l'inverse : il ne s'agissait, disaient-ils, que d'une sorte de colonage à la fois perpétuel et précaire (Adresse au Comité des Droits Féodaux et de Législation).

L'ambiguïté de la percière vient de ce que la propriété réelle de la parcelle est peu claire au départ : elle n'est pas taillée dans la réserve bien constituée près du château seigneurial, mais sur une terre vacante et habituellement inculte. Lorsque le preneur « à la percière » parvient à conserver la parcelle et à la transmettre, il en est devenu, de fait, propriétaire. La percière tend alors à être considérée comme une tenure, sous réserve de contestations lorsque se pose le problème d'un dû de « lods et ventes » en cas de mutation.

Quelle que soit l'évolution lente et longue de ces percières, cette forme de redevance partiaire sur un terrain concédé à l'origine pour un temps bref a pu inspirer les « inventeurs » du métayage. C'est ce qu'on pourrait soutenir à propos de l'exemple de Mussy, avec sa redevance au 1/4 pour 6 ans.

Mais une autre situation a dû interférer, c'est celle du fermage, en particulier du fermage de seigneurie. Le seigneur a souvent pratiqué au XVe siècle cette forme d'amodiation : un fermier verse au seigneur un revenu annuel, fixé par un bail court, à charge pour lui de percevoir tout ce qui est dû au seigneur : rentrée des redevances sur la directe, dîmes, revenus de la réserve. Cette situation n'imposait pas une forme particulière d'exploitation de la réserve. Mais elle a fourni un modèle immédiatement utilisable pour exploiter un domaine qui ne pouvait être accensé seigneurialement, soit par choix si le domaine était en réserve, soit par impossibilité juridique s'il était en censive.

Les deux sources possibles du système métayer se trouvent réunies dans le max des Mothas, au XVIe siècle, cité ci-dessus : tantôt loyer en nature, tantôt loyer partiaire ; or un loyer partiaire « à moitié », c'est un métayage. L'accensement annuel protège la propriété du bailleur mieux que ne le font le champart et la percière, où le statut de la propriété reste ambigu. Il permet également de moduler la redevance, ce que ne faisait pas l'accensement seigneurial. Avec des formes anciennes, s'est donc créé un système beaucoup plus souple, sauvegardant bien la propriété, et *utilisable tant sur une réserve que sur la directe d'autrui,* donc hors de la logique seigneuriale. C'est pourquoi on peut soutenir que le métayage n'est pas une variété d'exploitation seigneuriale particulièrement dure, il est autre chose, un autre système, fondé sur la *propriété,* et non sur le *pouvoir,* le système rentier.

Quoi qu'il en soit de ces origines, les baux de métayage sont connus autour du Bourbonnais dès le XVe siècle (Sologne par exemple). Seules, probablement, les lacunes de l'archivage notarial nous privent de tels documents. Les premiers actes que je connaisse datent de 1531, ils sont issus de deux études différentes : Desphelipon à Cressanges et Cantat à Moulins, pour une dizaine d'actes. La plupart sont d'emblée des rédactions tout à fait typiques du métayage. Au moins un acte (27 décembre 1531), bien que dit « bail de meterie », sur un « lieu et mesterye », est en fait un fermage en nature. Un autre précise « en forme de mesterie par moictier ». Trois actes s'accompagnent d'un bail de cheptel, deux pour une paire de bœufs, l'autre pour trois paires. Les baux moulinois sont prévus pour 3, 6, 9 ans ; ceux de Cressanges pour 3 ans. Les actes de Cressanges sont malheureusement lacunaires en tête, ce qui nous prive de la qualification des bailleurs. Ceux de Moulins, par contre, proviennent de bourgeois ou d'officiers, sauf un Pierre de Baudent, écuyer. Si l'on peut supposer que les baux passés par un apothicaire et par deux veuves de bourgeois sont taillés sur des directes, on n'avancera rien de tel pour les baux d'officiers, en particulier ceux de Jean Chanteau, seigneur de Marcellanges. Mais il est hors de doute que dès 1530, le domaine métayer n'est pas impérativement construit sur une réserve châtelaine.

Je considère donc que, dès les années 1530 (et peut-être avant), le domaine métayer est constitué, et qu'il est régi par un bail dont l'économie générale subsistera sans grand changement pendant quatre siècles.

Qu'est-ce qu'un domaine XVIIe - XIXe siècles ?

Il est temps maintenant de tenter une description de ce type d'exploitation agricole.

Pour fixer les idées, on partira d'un rapport du sous-préfet de Montluçon, rédigé en 1809, en vue d'instruire son ministre sur les réalités de l'agriculture dans sa circonscription. La région est un peu excentrée par rapport au Bocage, la date est tardive : on verra à moduler par la suite. Le domaine-type aurait donc, d'après ce rapport, une surface totale de 40 ha, dont 32 en terres labourables « qu'on ensemence tous les trois ou quatre ans, c'est-à-dire 10 ha par an », 4 ha de pré et 4 ha de bâtiments, cours, « jardin, chenevière et oulches ». Cette métairie « laboure à trois charrues appelées arraires et tirées par une seule paire de bœufs ». Cette charrue est dite adaptée aux terres légères et graveleuses, peu profondes. L'ensemencement est variable selon la qualité des sols, mais s'établit en moyenne à 15 ou 16 myriagrammes (150 à 160 kg) par ha, pour le froment et le seigle. Le calcul donne donc, pour le domaine entier, un ensemencement annuel de 1500 kg soit environ 150 boisseaux de Moulins (pris, à cette époque, pour 20 livres au boisseau). Le meilleur rendement du seigle est au grain 6, le rendement moyen à 4. « Les terres fromentales sont le 16e des terres à seigle ». Une telle métairie se loue 600 à 800 F.

On retiendra les critères qu'on retrouve le plus souvent dans les documents, et qui sont significatifs, et des réalités, et des préoccupations des agriculteurs de ces périodes : surface totale/surface ensemencée par an /nombre de paires de bœufs.

En termes anciens, les chiffres du sous-préfet peuvent donc se lire ainsi :

- surface totale : 40 ha, soit environ 570 boisselées moulinoises
- ensemencement : 1500 kg sur 10 ha, soit 150 boisseaux
- 3 paires de bœufs.

On rappellera que, par définition, un boisseau ensemence une boisselée. Le boisseau (Moulins ou Bourbon, pour rester dans le Bocage) pèse 20 ou 25 livres ; on le prend pour 0,66 ou 0,80 doubles décalitres. Selon la qualité des sols, on sème un boisseau sur une surface métrique variant de 600 à 900 m2, soit 12 à 16 boisseaux à l'ha. Il ne faut jamais chercher une grande précision dans les mesures anciennes et dans leur traduction en système métrique.

L'ensemencement proposé par le sous-préfet est « normal » : il met la boisselée à 666 m2 (150 boisselées pour 10 ha). Par contre le travail des bœufs semble peu performant : 3,3 ha par paire. On ne gardera la valeur du loyer que pour mémoire, la monnaie étant essentiellement fluctuante de 1500 à 1900.

Ces chiffres peuvent être comparés, comme première vérification, à ce que proposent les auteurs du XIXe siècle. Méplain, avec le célèbre « Grand Jacquet » est le plus précis. Larminat donne aussi quelques éléments.

	1	2		3	4	5
Grand Jacquet 1832	80	21	272	4	68	1/4
Larminat 1880	60 à 70	15	184	4	46	1/4 à 1/5

(1) Surface en ha
(2) Ensemencement en ha puis en boisselées
(3) Cheptel (nombre de paires)
(4) Ratio : boisselées/paires
(5) Ratio : surface ensemencée/surface totale

D'autres auteurs, Gaume (Isabelle), Vernaison, Gagnon, Fraix de Figon, parlent de domaines de 40 à 60 ha ; Garidel, qui présente son travail sous forme de monographies, décrit des exploitations de 48 à 64 ha. On se gardera de prendre ces chiffres pour des réalités : seuls les baux nous donneraient des séries réelles… s'ils mentionnaient les surfaces concernées.

Il n'est pas inutile cependant de s'intéresser à la vision idéologisée des choses, en particulier au Grand Jacquet. Ce domaine est une construction littéraire, présentée comme « livre de lecture » pour les écoles bourbonnaises. Elle vise à conter l'évolution édifiante d'un grand domaine, exploité par « l'association » d'un propriétaire intelligent et d'un métayer modèle (docile et actif). Les chiffres repris ci-dessus sont proposés par l'auteur comme le point de départ de son récit : cet « inventaire de 1832 » serait l'image de la situation traditionnelle ancienne. A partir de là, pourront s'enclencher les améliorations techniques, celles en gros du Second Empire. La surface totale est le double de celle que propose le rapport de 1809. Elle correspond à l'idée avancée par ailleurs par Larminat : « autrefois », les domaines étaient plus grands, jusqu'à 120 ha. Pour accentuer l'effet de progrès, on tendait en effet à majorer tous les espaces médiocres susceptibles d'être utilisés par les domaines : broussailles, « bruyères », « paturaux », « rouches ».

En fait, la « surface totale » d'un domaine ancien restait assez élastique, comportant des « droits » sur des communaux ou sur des bois. Les contemporains s'intéressaient peu à la surface totale d'un domaine. Les chiffres utiles étaient ceux de l'espace constamment exploité : les terres labourables sont réduites dans les présentations à *l'ensemencement annuel* et les prés sont mesurés en production de foin (« chars »). La société ancienne mesurait en capacités de production et non en surfaces géométriques.

C'est à partir de ces critères qu'on raisonnera.

Les domaines constitués de 1550 à 1650 sont rarement caractérisés dans les baux par leur surface, même transcrite en utilitaire. Mais nous connaissons l'une des valeurs caractéristiques, le train de labour, mesuré en paires de bœufs. Dès cette époque, les valeurs habituelles vont de 1 à 4 paires, plutôt deux. Un texte de 1642 établit un rapport entre la main d'œuvre et le train de culture : il faut 4 hommes adultes pour un domaine à 8 bœufs. En 1577, un bail impose 3 laboureurs et 3 pâtres, outre les femmes. La dénomination des preneurs montre qu'on est souvent dans des configurations-types : soit un couple avec un ou deux enfants en âge de travailler (ou un gendre, ou un domestique), soit deux ou trois frères, dont un marié. Il doit y avoir environ trois travailleurs de force (« laboureurs »), trois femmes (épouses, brus, servantes) et deux ou trois pâtres (enfants jeunes), pour un gros domaine. C'est encore ce qu'on trouve dans les recensements du XIXe siècle.

Compte-tenu du fait que, grâce aux « obligations de cheptel », on connaît assez souvent le train de labour des domaines, il est important d'examiner le rapport (réel) entre le nombre de bœufs et les surfaces ensemencées, d'où l'on passe, avec plus ou moins d'incertitude, à la surface totale. On peut avoir une idée de ce rapport dans les contrats dits « obligations de cheptel et d'ensemencement » : ces contrats, passés entre propriétaire et fermier décrivent le cheptel et imposent une valeur d'ensemencement, le fermier devant en fin de bail laisser le domaine dans l'état où il l'a pris, état mesuré par le cheptel et par la quantité de grain semé. Cette recherche a été faite pour les années 1745-1752, sur un ensemble de quelques dizaines de domaines.

Un domaine à 2 bœufs ensemence presque toujours moins de 100 boisseaux (seigle, + froment s'il y a lieu), avec deux cas « aberrants » de 105 et 108 boisseaux. On est entre 50 et 100 boisselées, soit de l'ordre de 3 à 8 ha. Un seul texte début XIXe vient corroborer en système métrique : un « petit domaine de Ste-Anne » a 2 bœufs et 3,35 ha ensemencés.

Quatre bœufs est l'équipement courant. Sur 12 domaines de ce type, on est toujours entre 120 et 200 boisseaux ensemencés, soit 60 à 100 boisseaux par paire, chiffre qui correspond tout à fait au ratio calculé pour les domaines à 2 bœufs.

A six bœufs, on est déjà dans les « grands domaines ». On observe deux valeurs aberrantes de 103 et 117 boisseaux, valeurs trop faibles, domaines suréquipés (mais dans l'un, on précise six « jeunes » bovins). Les autres valeurs s'échelonnent de 160 à 210 boisseaux, soit 50 à 70 par paire. On est dans une moyenne plus faible que pour les domaines plus petits.

Le cas du grand domaine Olivier, vers 1770, qui, avec 10 bœufs, ensemence 220 boisselées (44 boisseaux par paire) semble aller dans le même sens : les domaines à 6 bœufs et plus seraient moins performants en intensité du travail bovin. On peut suggérer que certains attelages sont utilisés alors dans des terres difficiles ou pour des défrichements. Le modèle proposé par Larminat au XIXe donnait 46 boisselées pour 1 paire de bœufs, dans un domaine à 4 paires. Par contre le Grand Jacquet (21 ha pour 4 paires) est parfaitement dans la moyenne : 68 boisselées par paire.

En appliquant un coefficient de 4 entre l'ensemencement et la surface totale, on obtient l'ensemble des résultats suivants

	Ensemencement		**Surface totale**	
	ha	**boisselées**	**ha**	**boisselées**
Domaine à 2 bœufs	3,5 à 7	50-100	15 à 30	200-400
Domaine à 4 bœufs	7 à 15	120-200	30 à 60	400-800
Domaine à 6 bœufs	10 à 16	160-210	40 à 70	550-900
8 bœufs (Gd Jacquet)	21	272	80	1100
10 bœufs (Olivier 1777)	17	220	68	950

On ne devrait atteindre ou dépasser les 100 ha qu'en cas de grosses surfaces en bruyères ou en bois. Les domaines de La Faye, vendus en Bien National, s'étendent sur 200 à 400 boisselées, sans compter les prés, le maximum étant de 600 boisselées et 46 « milliers » de foin, au domaine des Chiers, valant 15000 livres. Ces valeurs correspondent à ce qu'on peut trouver dans les baux au début du XVIIe siècle : ensemencements de 60 à 200 boisselées, soit une surface totale de 300 à 800 boisselées, 20 à 60 ha. Au XVIIIe, quand on est plus précis sur les chiffres, 300 boisselées ensemencées, quatre paires de bœufs sont des maxima rarement atteints. Il est difficile d'affirmer qu'il y ait une différence de taille significative entre 1600 et 1800.

Dans la littérature historique locale, les données apparaissent variables et surtout hétérogènes. Minard, qui traite de l'agriculture vers 1650, voit des métairies de 5 à 8 ha, 37 ha étant un cas maximum. Comme il suppose pour ces domaines des trains de 4 à 6 bœufs

« arants », les données de 5 et 8 ha ne peuvent concerner que l'ensemencement – qui nous renvoie à de petites unités de moins de 40 ha de surface totale. Barraud, qui étudie le métayage en XVIIIe siècle, propose au contraire une fourchette très large, de 20 à 75 ha ; ses exemples de baux de cheptel concernent des trains de 2 et 3 paires, et des ensemencements de 40 à 80 quartes de seigle, soit 160 à 320 boisseaux. Il est donc un peu plus généreux que moi, mais à peine. Décrivant la châtellenie de Souvigny, Suzanne Grenier réduit la fourchette des surfaces de 50 à 70 ha. Elle donne comme exemple un ensemencement de 50 boisseaux pour 70 ha, ce qui est beaucoup trop faible. A Noyant, elle utilise les rôles de taille pour établir des ratios :

- 2 paires de bœufs pour 36 à 80 ha
- 1 paire pour 27 à 60 ha.

La différence des trains de labour ne correspond qu'à une trop faible différenciation des surfaces. Le ratio pour 2 paires correspond à ce que j'ai proposé ci-dessus.

Il semble qu'on puisse en rester, pour le XVIIIe siècle au moins, aux valeurs que j'ai proposées ci-dessus, basées sur quelques dizaines de contrats de cheptel et d'ensemencement, et que je rappelle :

- Une surface totale de 20 à 70 ha, fourchette très large, englobant de grosses unités ; des surfaces de 80 à 120 ha, comme suggérées par les écrivains du XIXe doivent être très rares, et propres à des situations très particulières.
- Des trains de 1 à 4 paires de bœufs
- Un ensemencement annuel de 4 à 20 ha (60 à 300 boisselées)

L'ensemencement est celui des céréales d'hiver, presque entièrement du seigle et un peu d'orge d'hiver, et, dans quelques domaines, une proportion variable de froment (1/3 à 1/10 du seigle). Mais il y a des nuances locales.

Les surfaces en prés ne sont pas connues de manière statistique. Les domaines de La Faye comportent 94 « chars » pour 1446 boisselées, soit très approximativement 30 ha en pré contre 120 ha ensemencés. Tout dépend de la valeur du « char », ou plus exactement de la surface nécessaire pour remplir un char de foin…

L'effectif humain a été calculé par Annie Antoine, pour les Mauges, à 1 homme et 1 femme pour 10 ha exploités. On ne va pas en Bourbonnais au-delà de 3 ou 4 hommes. Cet effectif découle de quelques baux qui imposent à un preneur un minimum de main d'œuvre, voire l'obligation d'embaucher un « fort domestique ». Larminat, en 1881, pour un domaine de 8 bœufs, avec les normes « nouvelles » issues de la modernisation, a besoin de 4 adultes, 3 filles et 2 jeunes pour « toucher les bœufs ». Deux hommes semblent suffisants pour un domaine à 2 bœufs. Une réclamation fiscale du début XVIIIe, à propos du vingtième, qui exagère donc sans doute « les charges » du propriétaire, dit 4 valets et 3 femmes, nourris avec 400 boisseaux de blé dans l'année, payés 186 livres et équipés d'un train de quatre bœufs. A raison d'un boisseau par semaine de 6 jours (ratio utilisé couramment pour la nourriture des moissonneurs), 1 homme consomme 60 boisseaux par an : les 400 boisseaux sont donc plausibles… s'il y a bien sept adultes dans un domaine à 4 bœufs. Ces effectifs donnent, avec les jeunes enfants, des maisonnées de 10 à 15 personnes maximum, pour un bon domaine, chiffre qu'on retrouve dans les recensements du XIXe siècle.

Le matériel agricole est, jusqu'à la première mécanisation du XIXe siècle, particulièrement simple. Il se réduit à un outillage à main, toujours en bois, sauf évidemment les lames. L'outillage peut être décrit d'après un contrat d'association de 1653 : l'associé qui apporte le matériel énumère « arnoix de labourage comme charrette, joux de bœuf garny de liens, herreaux (araires), serpes, cougnées, cordes de charrettes, chesnes de fer et aultres harnoix servant aud. labourage ». Les « charrues » sont des araires très légers (un homme peut l'emporter au champ, sur l'épaule), en bois armé d'une simple pointe en fer, la reille. La pièce la plus lourde, la plus chère est la charrette, dont on renouvelle les roues « charronnées » tous les trois ans : le propriétaire accorde, par contrat, le « bois d'une charrette » tous les trois ans. En 1710, une charrette est prisée pour 23 livres, à une époque où la paire de bœufs se négocie entre 100 et 130 livres ; en 1746, on a, de même, deux charrettes pour 50 livres. En 1619, aux Bouchereux (Yzeure), on estime la charrette à 6 livres, l'araire ferré à 18 sols, le jeu complet de petit outillage à 50 sols ; dans ce même inventaire, une arquebuse coûte 12 livres ; à cette époque, la paire de bœufs est estimée autour de 50 livres.

Néanmoins, si misérable que nous paraisse cet équipement, la charrette et le train de labour établissent entre le domaine et la « locaterie » du journalier un abîme considérable. Le preneur en locaterie est un semi-chômeur, dépendant du domaine voisin pour ses labours et pour lui apporter en saison un complément de salaire indispensable. Certains baux de métayers stipulent bien l'obligation de cette « association » avec une locaterie.

Ajoutons, sans pouvoir ici creuser le problème, que la création des domaines a manifestement modifié le paysage : parcelles plus grandes, réseau de haies. On a déjà dit que la campagne se structure territorialement, dès le XVIIe siècle, par la référence aux domaines plus que par le maillage des directes (seigneuries). On pourrait ajouter que le dessin des parcelles ne correspond même plus aux parcelles inscrites, pièce à pièce, dans les terriers anciens. Les cartes font foi de la superposition de deux réseaux, celui des articles de terrier et celui des parcelles des domaines – ce qui alimente la contestation sur les droits seigneuriaux, par la difficulté de faire correspondre les champs qu'on a maintenant sous les yeux et les « articles » définis dans le terrier. Les indications de modification du paysage sont nombreuses dans les terriers. Au Bois-Rousseau (Livry), on repère des limites « sur anciens chemins où à présent il n'y a que les divisions des terres » ; à Livry encore, dès 1603, on décrit une parcelle de 40 boisselées qui était autrefois « en plusieurs quartiers de présent joincts ensemble ». Des chaumes communaux disparaissent ; le chaume des Bruères est réduit en surface, « le surplus ayant été pris et mis en terre labourable au domaine du Gravelat » ; ailleurs « la chaulme commune fait à présent partie dud. sieur Dagnion » (1729).

Ainsi apparaît, au niveau le plus élémentaire des paysages ruraux, la mutation entre les systèmes seigneuriaux et rentiers, à travers la construction des « métairies » et des « domaines ».

12 - Le rapport métayer à travers les baux

Le domaine tel qu'il vient d'être décrit fournit la matérialité du rapport social du système rentier. C'est le cadre de travail du dominé, la structure technique de l'exploitation d'une classe par une autre, comme le latifundium était le lieu matériel de l'esclavage, comme l'usine l'est pour le rapport capitaliste du XIXe siècle, comme « l'entreprise » l'est de nos jours.

Les baux de métayage formalisent ce rapport, par un contrat d'homme à homme. D'une part, le bailleur (propriétaire direct, ou propriétaire médiatisé par un fermier), d'autre part le preneur (ou un petit groupe de « parsonniers », un ménage, une frérèche). Ces baux ont conservé pendant quatre siècles la même structure générale, ne se modifiant ou se particularisant que sur des clauses annexes, lesquelles n'étaient pas forcément, dans le poids du rapport d'exploitation, des détails.

Ils se caractérisent d'abord par leur courte durée – ce qui les différencie d'emblée du bail seigneurial « à cens ». Le domaine est confié au métayer pour quelques années, soit la succession canonique trois, six, neuf (séries de trois ans renouvelables trois fois), soit un chiffre dans cette fourchette. Dès le XVIIe siècle, s'introduit une clause de révocabilité dès la première année, qui accroît le caractère précaire du bail, et qui est, de fait, assez fréquemment utilisée. Aux XVIIIe et XIXe, on formule plutôt en baux d'une année, reconductibles.

Autre différence fondamentale avec le bail à cens. Ce dernier transmettait de fait la propriété de la terre : le preneur pouvait transmettre en héritage, et pouvait vendre, le bail à cens s'appliquant automatiquement au nouveau propriétaire. Il s'agissait plutôt d'un rapport entre deux « terres » : un château et une parcelle agricole (une exploitation), qu'un rapport entre individus. Le bail à cens était donc « perpétuel », et comportait une clause de soumission à la taxe de mutation qu'étaient les « lods et ventes ». Il ne mentionnait pas d'obligations techniques, à l'extrême limite une obligation de cultiver ou d'entretenir, de manière à garantir la redevance. Le preneur « à cens », ou plutôt le reconnaissant, est un propriétaire libre et indépendant, qui mène son travail à sa guise ; le preneur à métayage (ou à fermage) n'est qu'un exploitant précaire, dont le travail est défini et surveillé par le bailleur : en ce sens un bail de fermage n'est pas différent d'un bail à métayage. La base du rapport métayer est le partage de tous les produits, « fruits naturels et industriaux », moitié au preneur, moitié au bailleur, d'où le nom habituel de « bail à mi-fruits » et l'étymologie du terme « métayage ». Pour donner une idée générale de ces baux, on peut résumer les clauses essentielles dans le tableau suivant, en rappelant à nouveau que ces baux prétendent régler à la fois la marche technique de l'exploitation (ce qu'il faut faire) et les modalités du partage (ce que chacun doit recevoir).

Apports	**Par le bailleur**	**Par le preneur**	**Moitié/Moitié**	**Produit du domaine**
Le fond : terre, bois	√			
L'immobilier	√			
Entretien des bâtiments	Couvreur payé	Couvreur nourri Entretien des torchis		Chaume pour couvrir
Semences			√	
Salariés domestiques		√		
Saisonniers (sarclage, moisson, battage)	Indemnité et/ou nourriture	Nourriture Organisation du travail	Parfois « moitié frais »	
Charrettes	Indemnités de ferrements ; autorisation de prendre du bois	√		Utilisation du bois du domaine (charrettes, chauffage)
Petit outillage		√		
Charrois		√		Avec les bœufs du domaine
Cheptel	√ Cheptel de fer		Parfois au XVIe, souvent les porcs	
Travail		√ Directives techniques du bailleur		

Charges fiscales	**Par le bailleur**	**Par le preneur**	**Moitié/Moitié**	
Dîme			√	
Droits seigneuriaux	√			
Taille royale		√		
Impôt foncier (après 1789)	Théoriquement	Réellement par impôt colonique		

Produits	**Pour le bailleur**	**Pour le preneur**	**Moitié/Moitié**	**Usage exclusif dans le domaine**
Récoltes			√	
Jardin		√ sauf exceptions !		
Croît du bétail			√ (en valeur)	
Lait et volailles	Indemnités de «laitage» ou «servines»	√		
Foin, fumier, paille				√
Charrois	√ (limites larges ou déterminées)	Droit de charroyer pour son compte (selon périodes)		En théorie

Les clauses annexes sont très variées. Elles portent sur :

- des parties du domaine que se réserve le bailleur : une chambre ou une partie du logement, un jardin, un verger, tel ou tel pré, où le métayer doit cependant des travaux déterminés : cueillettes, fauchaisons, etc…
- des services domestiques dus par la famille du métayer : lessive chez le bailleur, fourniture d'une servante lors des présences du bailleur.

- des services agricoles sur les terres du bailleur, soit dans le domaine loué, soit ailleurs (réserve châtelaine, par exemple) : fauchage ou labour (limité), garde d'une jument ou d'une vache, confection de fruits confits, plantation d'arbres, etc…

On peut à bon droit juger certaines de ces clauses comme « abusives » ou attentatoires à la dignité. Il n'est pas sûr qu'elles soient prises comme telles sous l'Ancien Régime. On ressentait par contre, lourdement, les travaux qui n'avaient pas un rapport direct avec le domaine : les charrois pour réparations du château, les travaux sur la réserve. Mais le bailleur raisonnable compensait en autorisant une chèvre, l'usage de la « seconde herbe », en accordant une indemnité. Dans ce domaine des clauses annexes, on rencontre vraiment de tout. Il faut bien être conscient, cependant, qu'il y avait « texte », et qu'il y avait « réalité ». Certains bailleurs tâtillons s'ingénient à tout prévoir et à tout régler ; d'autres, derrière un bail classique et sans fioritures, exigeaient peut-être autant, sous prétexte d'habitudes locales ou sans autre raison que celle du plus fort.

L'évolution des charges

La rédaction des baux témoigne d'une grande fixité apparente : le bail du XIXe siècle ressemble, au langage près, à celui du XVIe siècle. Les clauses fondamentales, structures même du système, mises en tableau ci-dessus, ne changent pas. Certains partages coutumiers subsistent très longtemps : partage des frais et de la nourriture des saisonniers (1 boisseau de seigle pour 6 jours de travail), du couvreur (servi et nourri par le métayer), fourniture du bois de charrette tous les trois ans, parfois deux ans. Le payement des droits seigneuriaux reste au bailleur, celui de la taille royale au preneur.

Mais du schéma primitif quelques clauses ont évolué.

Les « indemnités de ferrements », c'est-à-dire l'aide pécuniaire pour la réparation de l'outillage (appel aux services d'un charron), les frais de sarclage et de moisson, voire la fourniture de l'outil le plus onéreux, la charrette, tendent à s'atténuer, voire à disparaître. Vers 1615, les notations « bailleront lesdits bailleurs aulcunes ferrailhes ny cerclailhes », ou bien « les preneurs ne pourront prétendre au droit de ferrage » se multiplient. Ce refus est plus net et plus répandu chez les notaires de la campagne profonde que chez les Moulinois. Avant 1615, sur 77 actes, on a relevé 52 payements explicites de ce qui est présenté comme un « droit », et 8 refus. De

1616 à 1639, sur 142 actes, on note 24 payements explicites, 58 refus et 60 cas d'absence de payement indiqué. De cette dernière série, 71 % des 60 baux passés à Moulins continuent à mentionner l'indemnité ; ce n'est le cas que de 30 % (sur 82 cas), des non-Moulinois. Quelques cas sont partiellement compensés par la remise du « droit de laitage » : par exemple en 1624, cette clause très précise chez le notaire Sauldoys à Moulins : « seront tenuz les preneurs de faire tous serclaiges à leurs fraictz, et de fournir toute ferrailles sans que led. Duret soit tenu leur en payer aulcunes choses, ny pour ledict droit de levaige des bledz comme sus est dict, moyennant quoy ils ne seront tenuz de payer aud. Duret chascung an aulcung droict de poulletz, fromaige, ni letaige ». En fait, on retrouvera plus tard de façon explicite et générale, le payement par le métayer d'un droit de laitage, rebaptisé *servines* : des poulets, du fromage, du beurre, des œufs.

Au moment donc (début XVIIe) où la paysannerie est contrainte, massivement, à vendre ses terres, les métayers perdent l'une des clauses favorables de leurs baux, particulièrement dans le Bocage.

Si l'on se place vers 1700, le système paraît s'être encore durci contre le métayer. Les charrois se sont alourdis dans certains cas de métayage indirect : le fermier ajoute quelques contraintes à son profit, outre celles dues au propriétaire. Par ailleurs, les baux anciens acceptaient souvent que le métayer fasse des charrois pour autrui, à son profit – ou n'interdisaient pas cette pratique. On en trouve encore vers 1700 : 34 baux sur 151, au rythme d'une fois par semaine, sauf période de gros travaux. Mais à Ygrande, campagne profonde, aucun charroi pour le métayer n'est quantifié, et 4 actes seulement sur 73 en mentionnent la possibilité, après autorisation du bailleur. Chez les autres notaires ruraux étudiés, on ne trouve que 3 autorisations quantifiées, au rythme de seulement trois ou six par an.

L'aide apportée par le bailleur aux moissons et battages, qui était coutumière, se dilue en formules individuelles. Rarement monétaire (sauf autour de Moulins), elle se borne à la « fourniture » d'un homme (c'est-à-dire d'un salaire) ou de la nourriture d'un saisonnier (1 boisseau pour 6 jours et par homme). En dehors de gros travaux, toute aide du bailleur prend la forme d'avances remboursables : « blé pour blé », s'il s'agit de grain, ou argent qui entre dans le bilan de fin de compte. La fin du bail se traduit alors, à cette époque, par un rappel de dettes anciennes qui atteignent facilement 200 ou 300 livres.

La fourniture de beurre, fromages, poulets, par le métayer, a connu une évolution contrastée. Courant XVIIe, les quantités exigées sont assez faibles, de l'ordre de 6 livres de beurre, 6 poulets, 6 fromages. Se produit alors une évolution sémantique dont le sens m'échappe. Vers 1700, cet ancien « droit de laitage » prend des dénominations variées, ce qui semble manifester une sorte de rupture de légitimité. On parle de « charge de métairie » à Ygrande, de « reconnaissance » chez Sauldoys à Moulins, mais on utilise de plus en plus le mot nouveau de « servines ». Les formulations se perdent en justifications inédites. Sauldoys lie ces « reconnaissances » à la « récompense » versée par le bailleur au moment des moissons (12 livres) ; un autre dit « ce que les métayers ont accoustumez de donner à leur maistre ». Le droit de laitage avait été parfois supprimé, en compensation du refus des bailleurs de payer les « ferrements » : il reparaît massivement sous ce nouveau nom de « servines ». En Auvergne, on en restait alors à la notion de « laitage » ou de « pitance », compensation versée au bailleur pour tenir compte du lait des vaches consommé par la maisonnée du preneur. Ces servines peuvent d'emblée être lourdes, imposer la fourniture d'oies, voire d'argent.

Les baux sont également plus précis sur les travaux exigés du métayer hors du domaine. La fourniture de lait et de lavandière était connue précédemment. Mais on voit désormais les bailleurs, fermiers ou propriétaires, stipuler des services particuliers : l'un fait « ferrer sa cavale », l'autre oblige à « nourrir des oies sans en prendre », les services de fauche, de charrois, de semailles sur la réserve sont fréquents.

Il est difficile de comptabiliser ces pratiques. La valeur des servines est très différente d'un bail à l'autre, autour d'un noyau habituel de 6 ou 12 livres de beurre, 6 poulets et quelques fromages. Certaines stipulations peuvent s'expliquer par des rédactions plus tâtillonnes du contrat. On en reste donc plutôt sur des impressions, rebelles à la statistique.

La situation au XVIIIe siècle ne paraît guère évoluer. Chez les notaires moulinois, on constate le maintien d'une autorisation de charroi, pour le compte du métayer, quantifiée à une ou deux par semaine.

Les servines restent la plupart du temps assez légères en nature, 6 à 8 livres de beurre, exceptionnellement dix (La Brosse-Cadier – 1772). Mais elles peuvent s'accompagner d'une somme en argent, non négligeable : 18 à 24 livres chez Pornotte en 1788 étant un maximum, ou prennent la forme de fournitures diverses, par exemple 30 boisseaux de seigle, 12 livres-argent et la moitié des dindes et oies (1783). En 1774, on trouve une servine de 7 livres par an, somme peu élevée, mais exigée *d'avance* pour un bail de 9 ans, soit 63 livres à payer à l'entrée.

Sur un schéma général inchangé, les clauses peuvent devenir plus tâtillonnes, charrois précisés « sans rétribution », « faire la moisson à leurs frais » (1766) ; quelques clauses « modernisatrices » apparaissent, avec leur surcroît de travail : procéder à cinq labours successifs, créer des fossés, quérir du fumier en ville, mais ce ne sont que détails exceptionnels.

Pourtant, cette époque se plaint de la misère du métayer. On discutera plus loin de cette question de la misère. Le XVIIIe siècle voit une hausse des prix : le Bourbonnais a sans doute bénéficié des bons prix du bétail. Mais le montant de la taille suit la hausse des prix, et cette taille, c'est le métayer qui la supporte. Elle atteint 80 à 120 livres pour un gros domaine en fin de siècle. Le bilan des rentrées et des dépenses reste difficile à apprécier.

Par contre, si l'on se place *immédiatement après la Révolution, vers 1825,* on constate un changement réel.

Les servines n'ont guère évolué, peut-être un peu plus lourdes sur le beurre (12 livres souvent), mais plutôt moins de poulets et de fromage. On en reste aux fournitures devenues coutumières en nature, y compris sur les grosses volailles (oies, dindes, canards).

Les charrois autorisés disparaissent des baux de 1825-1830. On en rencontre pourtant encore la pratique en l'an II, avec le maître de forges Rambourg qui fait appel aux « cultivateurs » pour charroyer ses matériaux aux forges de Tronçais. Le charroi est désormais réservé au domaine et aux besoins du bailleur, lesquels peuvent s'étendre, à l'occasion, jusqu'au transport de charbon.

Le point le plus grave est sans doute l'instauration de l'impôt colonique qui formera une partie importante des revendications des années 1905-1912. Là, en effet, il y a un prélèvement hors des normes anciennes. Il s'agit de l'obligation faite au métayer de payer chaque année une somme importante, de l'ordre de 300 F., soit la valeur d'une paire de bœufs ; on va jusqu'à 500 F. aux Grandes Cours (1827) mais y compris les servines. Cette somme est justifiée par le propriétaire de différentes manières, la plus fondée étant le report sur le métayer de la « contribution foncière », l'impôt de base de l'Etat post-révolutionnaire. Autrement dit, le propriétaire fait supporter au métayer la réforme fiscale le plus profonde de la Révolution, c'est-à-dire la transformation de la taille en un impôt foncier. Ainsi la propriété reste toujours privilégiée, et l'impôt porte sur l'exploitant.

Cette opération, en tout cas fort peu morale, ne découlait nullement d'une obligation législative : c'est bien le propriétaire qui reste inscrit aux registres du percepteur. C'est par un contrat, renommé parfaitement libre, que le métayer est censé l'avoir acceptée… On peut toujours comparer avec l'ancienne taille. L'impôt colonique de 300 F. représente trois fois une taille de 100 livres (pour un bon domaine) ; mais ce multiplicateur de trois représente à peu près la hausse des prix de la période 1790-1825, mesurée sur le loyer d'un domaine.

Malheureusement pour le métayer, l'impôt colonique n'est pas limité par la coutume. Il découle de la volonté du bailleur, acceptée par le contrat signé par le preneur. Au cours du siècle, l'habitude se prend de le fixer de plus en plus haut, perdant tout rapport direct avec l'impôt foncier. Les théoriciens avancent toutes sortes de justifications : location de l'habitation, intérêt sur la valeur du bétail « prêté », péréquation entre domaines fertiles et domaines pauvres à l'intérieur d'une même « terre », etc… Le métayer, lui, voit que sa charge augmente, ne comprend pas pourquoi, et tend à restreindre son effort pour éviter d'être surimposé au prochain bail. On dépasse ainsi la relative équivalence impôt colonique/taille, observée pour les années 1825-1830.

Ainsi, en se limitant à l'étude des baux, on peut avancer l'idée d'une dégradation continue aux dépens du preneur métayer. La coutume des XVIe-XVIIe imposait aux bailleurs d'accorder un certain nombre de facilités aux métayers : indemnités de ferrements, autorisations de charroi, voire possibilité de continuer à cultiver leurs propres parcelles s'ils en avaient. Les ferrements codifiés ont disparu vers 1615, les autorisations de charroi se sont raréfiées en campagne profonde ; des clauses plus subtiles, plus précises sont venues s'ajouter, sans qu'on puisse deviner s'il s'agit effectivement de charges nouvelles ou si elles officialisent des pratiques. Mais le gros morceau a été l'instauration de l'impôt colonique, qui a amené le métayer à payer l'impôt foncier qui portait, théoriquement, sur le propriétaire. Les servines, assez légères, ont été ressenties comme injustifiées quand elles ont obligé le métayer à fournir des grosses volailles, souvent sans pouvoir partager avec le maître. Le métayer de 1840 a signé un contrat plus lourd que celui de 1600.

13 - Le problème des cheptels

L'exploitation d'un « grand domaine » de 30 ou 40 ha n'est concevable qu'avec un bon train de labour. Si l'outil, l'araire, ne pose pas de problème, vu sa rusticité, il n'en est pas de même des bêtes de traction. En Bourbonnais, il s'agit toujours de bovins et, pour les domaines, de bœufs et non de vaches, et jamais de chevaux. On est dans le système technique bœuf-araire-seigle.

Le véritable investissement lourd du domaine, outre les bâtiments, réside dans les paires de bœufs. C'est que leur prix est considérable. Il faut compter 50 livres dans les années 1570, 70 livres vers 1630, 100 à 130 vers 1700, 150 vers 1750 et 180/200 vers 1780. Encore s'agit-il des estimations des experts lors des sorties de bail. Il semble, sur les foires, qu'on atteigne 200 livres vers 1700. Très grossièrement, c'est la valeur d'un salaire annuel moyen d'un bon artisan urbain.

Il faut considérer aussi la nécessité du renouvellement biologique de ce cheptel. Le bœuf n'est en somme que le produit d'un troupeau comportant des vaches et des « jeunes » d'un an, deux ans, trois ans. Le cheptel de base avec deux paires de bœufs comportera donc quatre ou cinq vaches et autant de « jeunesses », soit une quinzaine de bêtes. Au total, on a couramment des cheptels de 500 livres vers 1750, alors que le loyer du domaine n'est que de 200 à 300 livres.

On laisse à part pour le moment les autres animaux d'élevage : vaches laitières, moutons, porcs, grosses volailles, souvent une jument.

Dès l'origine, il est bien compris qu'un tel investissement n'est pas dans les possibilités d'un métayer. On retrouve la coupure franche entre le domaine rentier et la tenure paysanne, dans laquelle le tenancier est normalement propriétaire d'un cheptel de moindre envergure. Un apport moitié-moitié pour un petit domaine est encore concevable jusqu'au début du XVIIe ; on en a des exemples clairs en 1532, 1580, 1600, 1632. Le contrat qui organise cette situation est *le bail de société.*

Mais il est beaucoup plus habituellement convenu que le bailleur « est tenu » de fournir le bétail convenable. A l'époque, le métayage direct est largement dominant. Le bail à cheptel qui est passé entre propriétaire-bailleur et métayer-preneur est un *bail « à mi-croît »* ou bail à cheptel simple. Une estimation du bétail est faite à l'entrée du métayer. En fin de bail, le bétail doit être représenté et estimé. Le profit ou la perte sont partagés entre preneur et bailleur, soit en nature, soit plus souvent en argent. L'opération paraît simple, la pratique peut être plus subtile, on y reviendra.

Par la suite, il faut tenir compte de plus en plus du fermage intermédiaire. Le système qui se met en place a déjà été évoqué, citations à l'appui, à propos des activités de la lignée paysanne des Boutry. Il sera schématisé comme tel par le Code Civil.

J'examinerai d'abord les expressions juridiques et théoriques de ces baux à cheptel, avant d'essayer de comprendre les pratiques réelles auxquelles l'élevage bovin amène bailleurs et preneurs.

Le vocabulaire théorique

Première étape. Le propriétaire remet au fermier, en même temps que le domaine et ses ensemencements, un cheptel de base, correspondant aux nécessités techniques de l'exploitation, essentiellement des bovins. On finit par considérer (malgré, en Bourbonnais, l'opposition du juriste Auroux des Pommiers, encore en 1732) que ce cheptel, dit *cheptel de fer*, est, au même titre que la terre et les bâtiments, un *immeuble* : le fermier rendra donc, en fin de bail, un cheptel semblable à celui qu'il a pris à l'entrée, comme il rendra une terre ensemencée et des bâtiments en bon état. « Les choses ainsi placées deviennent une partie du fonds puisqu'on ne pourrait les enlever sans le détériorer et le dégrader essentiellement, et sans rendre son exploitation impossible » (Treilhard, an XII).

Le propriétaire bailleur est assuré de garder un équipement en cheptel, le fermier preneur n'est tenu que de le rendre, et garde pour lui les profits – mais supporte la perte s'il y en a. L'Encyclopédie Diderot présente ainsi ce type de bail : « Le bailleur peut donner à son fermier les bestiaux par estimation, à la charge que le preneur en percevra tout le profit pendant son bail et rendra à la fin des bestiaux de même valeur. C'est ce qu'on appelle bêtes de fer ».

Ce bail entre propriétaire et fermier est dit au XVIIIe siècle en Bourbonnais *« appréciation »* : le contrat est fait sur la base d'une valeur monétaire, qu'on doit retrouver à la sortie. Mais on peut aussi stipuler « tête pour tête », ce qui oblige à un rendu matériellement semblable. Les deux formulations ont évidemment une signification toute différente en période de rapide évolution des prix.

La deuxième étape intervient quand le fermier, s'il n'exploite pas lui-même le domaine, passe contrat avec un métayer. On est cette fois sur la base du « mi-croît », décrit ci-dessus. Pendant la durée de son bail, le métayer ne dispose pas à sa guise du bétail, il ne peut vendre ou acheter sans l'accord du bailleur. L'Encyclopédie constate cette situation sous le nom de *cheptel de métairie.*

Résumons. Le propriétaire conserve l'intégralité d'un cheptel immortel (de fer), sans bénéfice. Le fermier et le métayer se partagent moitié-moitié les bénéfices ou les pertes. Le Code Civil, et d'ailleurs la pratique du XVIIIe renvoyaient au fermier seul la charge de la perte si elle était trop importante, le colon partiaire étant généralement pauvre et donc insolvable, et le propriétaire étant toujours protégé. On a vu, dans le chapitre Boutry, comment les experts pouvaient arriver à faire participer le propriétaire, dans les périodes difficiles.

Ces deux contrats forment un cadre assez rigide, d'une part par la nécessité du cheptel de fer, d'autre part par la périodicité assez longue des représentations (exsègues). Ils paraissent logiques dans le cadre d'une société rentière : le propriétaire est protégé, le fermier dispose d'un mi-croît disponible pour la vente, assurant le payement de son loyer, concurremment avec la vente des céréales, le métayer travailleur dispose de l'autre moitié du profit.

La logique impose que le domaine soit effectivement « garni de bestiaux ». C'est le cas dans l'énorme majorité des prises en fermage. Quant au métayer, jamais il ne prendrait un domaine sans bestiaux, inexploitable. Mais enfin il y a des impondérables. Un propriétaire peut recourir à un tiers pour compléter un cheptel. Un fermier pauvre (ou, au contraire, possédant un troupeau) peut trouver intérêt à prendre un domaine sans bestiaux, dont le loyer sera faible.

Historiquement, on rencontre de grosses perturbations du système : une épizootie, comme dans les années 1746-1748 ; une fluctuation importante des prix. La première ruine le fermier, contraint à rendre un cheptel de fer. La seconde défavorise le propriétaire, à qui on rend une valeur qui ne correspond plus au cheptel nécessaire. C'est pourquoi le Comité de Salut Public, favorable aux propriétaires, imposa le 2 thermidor an II un rendu en quantité/qualité, et non en valeur.

Ce type de solution, jouant sur « valeur » et « quantité », avait déjà fonctionné sous l'Ancien Régime, apportant une véritable souplesse au système.

Une clause de rendu en quantité pouvait être introduite dans le contrat, par la formule « à rendre tête pour tête » (cas habituel pour les moutons), voire plus précisément « à rendre vache pour vache » (10 novembre 1747, par exemple). La pratique semble bien, assez souvent à cette époque, un rendu de valeur pour le gros bétail (avec partage du profit dans le cas du métayer) et un rendu « tête pour tête » pour les moutons, parfois pour les vaches. On peut ajouter que ces reprises « tête pour tête » sont comptées, en cas de déficit à régler, pour la même valeur qu'à l'entrée : voir l'obligation du cheptel aux Brosses en 1707 : quatre bœufs estimés 240 livres, mais les vaches, estimées 18 livres pièce, « à la charge de les reprendre pour le mesme prix ». Les formules, dérogeant du cheptel à mi-croît habituel, ne ramènent pourtant pas au cheptel de fer. Formule de dérogation (10 décembre 1747) : « le tout en cheptel, sauf les vaches à prendre et à rendre ». Le compte des Brosses, au début du siècle, montre que malgré la formule « tête pour tête », les profits sur les vaches et les moutons sont partagés.

Même les théoriciens raffinent sur ces stipulations en fin de siècle. Rouyer, qui commente la Coutume du Bourbonnais en 1779 expose un système complexe qu'il justifie par l'usage. En fin de bail, le bailleur commence par prélever, tête pour tête, la composition qu'il a fournie à l'entrée. Mais on ne se contente pas de cette reprise purement matérielle : on apprécie, à dire d'expert, la *valeur monétaire* de ce cheptel de fer, et le bailleur « fait raison au preneur de la moitié de l'augmentation de prix s'il y a lieu ». Ensuite, on traite le surplus matériel, qui est le *croît naturel*, et ce croît est à son tour partagé en deux. Il y a donc partage à la fois du profit monétaire, résultant mécaniquement de la hausse des prix, et partage du croît naturel. Troplong (1795-1869) allait dans le même sens, d'après Virlogeux. Rouyer nomme « cheptel simple » un tel contrat si le bailleur traite avec « n'importe qui » ; et « cheptel de métairie » s'il s'agit d'un métayage. Ces deux termes s'appliquent pour lui, en fait, au même système du bail à mi-croît.

Toutes ces formulations sont fondées sur une estimation ou description à l'entrée, à confronter avec une situation à la sortie. Prises au pied de la lettre, elles laissent supposer qu'entre entrée et sortie, il ne se passe rien qu'une évolution naturelle : des naissances et des morts. Ainsi le métayer gagnerait-il seulement, en fin de bail et en cas favorable, sa demi-part sur les croîts (naturels) et les profits (monétaires), selon les termes de Rouyer. La théorie ne dit pas à qui reviennent, matériellement, les bêtes en surplus, la réalisation étant laissée évidemment à l'accord des parties : ou bien chacun « emporte » sa bête, ou, plus vraisemblablement, le bailleur garde les bêtes et paye sa demi-part au métayer, laquelle somme entrant dans un compte plus général qui englobe avances de nourriture, payement de la taille, fournitures diverses dans un sens comme dans l'autre. C'est ce compte qui est bien connu des historiens et qui sert à discuter des revenus du métayer.

Les exposés des auteurs du XIXe siècle, et quelques indications des XVIIe-XVIIIe montrent que les bêtes en surplus après un rendu de cheptel (exsègue) sont, soit vendues (au bénéfice du mi-croît), soit intégrées dans le troupeau sous la forme d'un compte à moitié entre bailleur et preneur. On voit réapparaître ainsi la notion juridique de *contrat de société* ou *cheptel à moitié*. Le compte à moitié ne peut fonctionner qu'avec le nouveau métayer. L'usage du XIXe siècle (mais en est-il de même au XVIIIe ?) est que le métayer entrant paye au métayer sortant la valeur du mi-croît : le sortant a retiré sa part en argent, l'entrant a acheté sa part de société (Isabelle Gaume).

Pourtant, on ne saurait conserver des bœufs dont on n'aurait pas besoin de la force de travail selon la taille du domaine : mis à l'engrais, ils sont vendus comme « bœuf gras » pour la boucherie. Le troupeau réel du domaine se trouve cependant dépasser le fameux cheptel de fer dès qu'on entre dans une économie plus monétarisée, au moins dès 1700.

« Un cheptel n'est pas un agrégat de bêtes de commerce ; c'est la machine fondamentale de cette usine agricole qu'est un domaine », rappelle encore un théoricien, René Virlogeux (1921). On distinguait donc bien, en théorie, un cheptel et des animaux destinés à la vente. Dans l'exemple cité par Virlogeux, un domaine de 30 bovins ne comporte en cheptel de fer courant que quatre bœufs de travail et six vaches : c'est bien le cheptel de fer courant aux XVIIe XVIIIe siècles. Le problème, pour l'Ancien Régime, est d'estimer dans quelle mesure on dépassait ce cheptel de fer.

Techniquement, la charge réelle d'un domaine en bétail est difficile à chiffrer pour le chercheur. La part des surfaces en herbe est suffisamment faible dans les domaines, avant les timides essais de prairies artificielles en fin XVIIIe, pour qu'on puisse supposer que le cheptel de fer, plus les moutons, porcs et quelques vaches « à rendre tête pour tête » constituent bien l'essentiel du troupeau. Le rapport de 1809, déjà cité, mentionne « le propriétaire fournit tous les bestiaux nécessaires au labour, à la reproduction ou à l'engrais », mais il minimise ensuite l'engrais pour la raison de l'insuffisance des foins ; il laisse supposer qu'avant la Révolution, on engraissait parfois « avec du bled » (il s'agissait plutôt des « menus grains »).

Beaucoup plus que les céréales, partagées de façon simple à la moisson ou au battage, et quelles que soient les fraudes probables, la gestion des cheptels apparaît en théorie délicate, entre les divers types de calcul (valeur ou croît naturel) et les diverses formes de bail : appréciation, rendu tête pour tête, mi-croît, société. Les modalités de partage peuvent être subtiles. Que penser, par ailleurs, du rôle des experts estimateurs, après ce qu'on a pu relever sur leurs magouilles au moment de l'épizootie de 1746 ?

En fait, il y a constamment, au moins au XVIIIe siècle, un mouvement d'achats et de ventes pendant toute la durée du bail. Ces opérations sont sans doute plus importantes pour bailleur et preneur que les « remises à plat » en fin de bail – mais ce sont ces bilans que les archives ont conservés. Il faut examiner ces pratiques de transaction pour saisir l'importance des bestiaux dans le rapport bailleur/métayer.

Mais il est utile, auparavant, d'aborder rapidement la question du rôle des fermiers comme « banquiers de bestiaux ».

Pratiques des bailleurs et preneurs dans la gestion des cheptels

Voyons d'abord ce problème du fermier « banquier de bestiaux ». La formule, lancée par Louis Merle, est reprise comme un élément de fait dans la plupart des synthèses, et dernièrement par Jacques Péret (1999). Elle signifie que les marchands-fermiers auraient investi dans des cheptels, qu'ils confiaient selon le mi-croît classique à des métayers quelconques, en dehors d'un bail de métayage où eux-mêmes auraient été les bailleurs. Cette situation suppose la défaillance fréquente de propriétaires, louant des domaines sans bestiaux. Jacques Péret soutient par exemple que des baux à cheptel isolés (non intégrés dans des contrats de location) s'interprètent comme une situation où le bailleur de cheptel n'est pas le bailleur du domaine, propriétaire ou fermier intermédiaire. Notons qu'un tel bailleur de cheptel n'est pas nécessairement un fermier, ce peut être un notable quelconque, spéculateur sur bétail, mais le marchand-fermier est un personnage beaucoup mieux coté dans l'historiographie que le notable rural. Pierre Massé cite, d'après un « érudit local de Civray » le cas d'un inventaire de « bourgeois » (et non de fermier) où l'on trouve des dizaines de baux à cheptel en cours.

Evidemment, il existe des baux de cheptel isolés. On a rarement la série complète des quatre baux qui vont définir les rapports propriétaire-fermier-métayer : un bail de fermage, un bail de métayage et deux baux de cheptel, un en « appréciation », un en « mi-croît ». Dans mon étude sur les propriétaires de domaines, utilisée ci-dessus, j'ai intégré des cas où le domaine n'apparaissait que par un mi-croît entre un fermier et un métayer : cas typique du bail de cheptel isolé. J'ai utilisé 20 cas de ce genre chez le notaire que j'ai le plus sollicité pour la période 1745-52, Geoffroy. Mais, dans 14 cas, on a une indication par ailleurs que ce bail est bien couplé à un bail de métayage, passé à une autre date par exemple. Restent six cas où le bailleur en bestiaux pourrait en effet être un personnage extérieur. En tout état de cause, pour un bail couplé, on peut soutenir que l'on ignore aussi qui est le propriétaire des bestiaux : sont-ils tenus « en appréciation » ou sont-ils la propriété du fermier ?

Souvent, en effet, on ne peut être sûr de la réponse. On argumentera plutôt sur les faits généraux. Par exemple, pour en rester au cas du notaire Geoffroy, on constate que les grands fermiers pratiquent généralement les prises de bestiaux en appréciation : c'est le cas de Pierredon, de Laribe, de Delavauvre (un notable, pourtant), des deux Maillet, de Clément. Dans les baux de « Terre et Seigneurie », on peut affirmer que presque toujours on a preuve que le bétail appartient au propriétaire.

C'est déjà le schéma classique présenté par les textes anciens ou par les historiens. Le rapport de 1809 du sous-préfet de Montluçon l'affirme clairement ; Pierre Massé, pour la Vienne, écrit « dans la quasi-totalité des cas, c'est le propriétaire qui fournit les bestiaux », les domaines baillés sans bétail seraient l'exception (travail de 1977). Même son de cloche chez Brigitte Maillard pour la Touraine, régulièrement pour le Lochois (p. 224), moins souvent autour de Chinon (p. 221). Pour le Bourbonnais, le schéma classique est régulier quand on a la série complète des contrats. Les contre-exemples avérés sont clairement indiqués comme étant extraordinaires. Ainsi mentionnera-t-on « domaine sans bestiaux » pour justifier la faiblesse d'un loyer, ou bien notera-t-on « bétail acheté par le fermier ». Ces formules sont rares. Quand, en 1750, on la rencontre dans un domaine de Guillaume Boutry, c'est que le bétail tenu « en appréciation » étant mort lors de l'épizootie de 1748, le fermier a dû en racheter précipitamment pour permettre au métayer de continuer son exploitation. Il en est de même pour le fermier Jardillet, dans un bail du 22 novembre 1748. Ces cas apparaissent exceptionnels et ne sont pas liés à une spéculation.

L'argumentation en faveur de fermiers-banquiers s'appuie surtout sur des inventaires et des comptes. On peut en trouver quelques cas en Bourbonnais, mais il faudrait une recherche systématique pour voir s'il est possible de sortir de situations particulières, nonobstant l'argumentation générale esquissée ci-dessus. Gaillardon, (inventaire du 10 novembre 1750), maître-maréchal, est aussi fermier de deux domaines : dans l'un, il a, à lui, 430 livres de bestiaux ; dans l'autre, le bétail est tenu en appréciation du propriétaire. Antoine Devillard, l'un des plus gros fermiers du pays, fait procéder à un inventaire avant de se remarier (17 avril 1747). Il est alors fermier de 8 domaines : dans trois d'entre eux, il possède une partie du bétail, le reste étant au propriétaire de la terre, seigneur de La Condemine. Parmi ses dettes, figure la somme de 495 livres, pour achat de quatre bœufs. Encore sommes-nous en période d'épizootie, et Devillard a pu être obligé de rééquiper ses métayers. Quant au fermier de la Terre de Tilly, Germain Loizel, décédé en décembre 1752, le seul cheptel qu'on lui attribue est « à titre de profit (210 livres) » et non comme propriétaire.

On ne saurait justifier, pour le Bourbonnais, l'idée que le bétail serait détenu par les grands fermiers. Il est la plupart du temps, au vu des contrats « d'appréciation », aux mains des propriétaires rentiers. Les fermiers intermédiaires, a fortiori des personnages extérieurs, ne sont pas les principaux pourvoyeurs de bestiaux. Propriétaires, à l'occasion, de quelques bêtes, le titre de « banquiers de bestiaux » paraît un peu trop large pour eux.

Il faut maintenant en venir aux pratiques insuffisamment définies par les baux et les bilans, qui « photographient » seulement un état des choses, de loin en loin, et sa traduction juridique.

Le cheptel est un élément vivant et fluctuant : un bœuf doit naître, être élevé, être dressé, travailler, puis être éliminé. Constamment, le domaine doit maintenir son effectif, non seulement en nombre, mais en qualité : tant de bœufs, tant de vaches, tant de veaux, et parmi ceux-ci, mâles ou femelles. La vie est donc rythmée par des entrées et sorties fréquentes : achats de jeunes ou remplacements, ventes d'animaux âgés (bœufs, vaches) ou en surnombre (veaux), auxquelles il faut ajouter, ce que ne dit pas le juriste, des pratiques de spéculation. Autrement dit, on passerait peu à peu d'une économie céréalière à une agriculture mixte : élevage et seigle, ce qui est vraisemblable après 1750.

Le journal tenu par le propriétaire des Brosses, à Agonges, entre 1704 et 1714, coté E 612, peut nous aider à mieux saisir, en pratique, les relations d'un propriétaire et de ses métayers, surtout en ce qui concerne l'élevage.

Dans cette douzaine de feuillets le maître inscrit au fur et à mesure les opérations qui lui permettront, annuellement, de faire compte avec ses métayers, nommés Chollet et Bodène (et les successeurs de celui-ci : cinq noms se succèdent en dix ans). Avec Chollet, les bilans comptables annuels sont à peu près équilibrés, avec Bodène ils sont régulièrement déficitaires au détriment du métayer. Chollet semble occuper le domaine proche du château, il a des rapports comptables avec la femme du maître pour des détails, alors que Bodène est sur une métairie « ordinaire ».

Les opérations concernant Chollet sont nombreuses. Les ventes et achats aux foires sont faits par le métayer : « Chollet a vandu une vache », « Chollet a acheрté à Moulins deux bœufs » etc... En cas de vente, l'argent est soit gardé par le métayer, soit reçu par le maître, soit immédiatement partagé (ce qui supposerait une situation de « société »). On a donc tous les cas de figure ! Ainsi, le 14 mai 1706, Chollet vend à Souvigny un poulain pour 17 livres, « qu'il a reçues » et « encores une vache 26 livres (...) que j'ay reçeu ». Il a encore vendu à Jean de Fonteaux 26 moutons pour 65 livres « que nous avons partagé ». Le maître lui-même commerce avec des voisins ou des connaissances : le 8 novembre 1704, il achète à « M. Couppery » deux taureaux « pour Bodène à ajouter à son cheptel ». Il ne dédaigne pas les foires : il achète deux bœufs au Montet le 19 juin 1705. Tout cela suppose confiance entre maître et métayer. « Chollet m'a envoyé à Moulins 13 livres pour ma moitié des cochons par luy vendus, ainsy il n'y a rien à compter » (8 janvier 1706). « Chollet m'a dit que je luy debvois sept livres cinq sols qu'il a payé pour moi à Pinaud (...) et vingt-neuf sols qu'il avoit presté à ma femme, laquelle somme il faudra luy compter ». Il est même arrivé que le métayer prête du grain au maître (compte de 1706). Le maître laisse aussi à Chollet des sommes provenant d'une vente dans le but de régler d'autres achats de bestiaux à prévoir : sur une vente d'un bœuf pour 132 livres en 1706, le métayer garde la somme et le maître ajoute 25 livres « pour achepter des bœufs ».

Les grosses sommes (ventes et achats de bœufs) semblent ainsi gérées en partie par le métayer. S'il y a consultation (probable) du maître, le texte ne mentionne jamais de formules du genre « j'ai autorisé ». Sont immédiatement partagés par moitié les produits de la vente des porcs et des moutons. Les porcs sont apparemment achetés « en société » et donc vendus de même : « nous avons prix chacun une truie » (24 novembre 1706). Quant aux moutons, il semble qu'on en vende de temps en temps, sans doute en veillant à maintenir le troupeau prévu à l'entrée du bail.

Comme par ailleurs, il arrive que le maître achète à Chollet, ou lui vende, on doit reconnaître que les comptes sont compliqués et que, même s'ils se règlent par des clearings partiels, ils reposent sur une confiance réciproque. Le cas des Brosses serait-il idyllique ?

Avec Bodène, c'est le plus souvent le maître qui reçoit, bien que les opérations soient du même type. Mais Bodène est largement endetté : le compte de 1706 est créancier pour le maître de 180 livres. Le maître lui a avancé du grain et a payé pour lui la taille royale : Bodène apparaît comme le métayer ordinaire, alors que Chollet semble favorisé.

Ces comptes montrent en tout cas un système plus souple que ce que semblent dire les baux. Il n'y a sûrement pas « association » au sens idyllique du XIXe siècle, mais une sorte de partenariat comme on dirait aujourd'hui. Le châtelain des Brosses paraît résider à Moulins en hiver, de décembre au début de l'été ; les transactions sont alors peu nombreuses, mais Chollet en rend compte.

La gestion des cheptels forme la quasi-totalité de ce journal. A part quelques ventes de fruits, que deviennent les récoltes de grain ?

Manifestement, le partage étant fait à la récolte, les deux parties, maître et métayer, sont quittes, et le maître n'a plus de compte à tenir avec son métayer. S'il vend sa part de récolte, il n'a pas de raison de le mentionner sur ce journal. Quant au métayer, sans doute consomme-t-il sa part. On sait que Chollet ensemence 129 boisseaux de « bled » (seigle et très peu de froment). En tout cas, grâce au bétail, l'argent circule. Il n'y a peut-être pas spéculation, mais il y a activité monétarisée. Achats et ventes de bœufs se font généralement par paires : on peut donc supposer des renouvellements du train de labour, avec vente des bœufs âgés, comme « bœufs gras ». Ils seraient remplacés par des paires achetées plus jeunes. Cependant, le troupeau devrait pouvoir se renouveler par le croît naturel issu du domaine : il y a des vaches et des « jeunesses » et l'on vend peu de veaux. Peut-être certaines paires sont-elles achetées pour être revendues peu après, on en calcule immédiatement le profit, aussitôt partagé, par exemple cette « série » : achat à 190 livres, vente à 230, mais s'agit-il des mêmes animaux ? On toucherait alors à la spéculation.

Sur la dizaine d'années qu'il couvre, ce journal donne une idée des mouvements réels d'un domaine. Si l'on prend le cas du métayer Chollet, sur les années normales de 1704 à 1708, on trouve quatre comptes à périodicité irrégulière : décembre 1704, mai 1706, novembre 1706, juillet 1708. Les trois premiers sont bénéficiaires pour le métayer, de peu : 28 livres, 12 livres, 9 livres, le quatrième est déficitaire de 44 livres. Mais ces comptes ne concernent pas les résultats des ventes de bestiaux, qui ont été réglés au fur et à mesure. Globalement, chaque année, Chollet achète et vend deux bœufs, et vend un nombre variable de vaches, de veaux mâles, de porcs et de moutons (26 moutons en 1706 : c'est un cas à part). Les formulations du journal ne sont pas toujours limpides, mais il semble probable que Chollet a reçu en tout 149 livres pour sa part des bénéfices des ventes de bétail en 1704, année exceptionnelle où furent vendus 6 bœufs ; encore 86 livres en 1705-1706, uniquement sur des ventes de porcs, moutons et vaches ; sans doute 35 livres en 1707. Il n'est pas question, ces années-là, ni de déficits céréaliers, ni d'intervention du maître pour aider à payer les impôts. Par contre, ces deux postes conduisent le métayer à de lourds déficits de 1709 à 1712. Le compte métayer redevient positif en octobre 1713, mais les 15 livres de profit, y compris les ventes de bétail, n'équilibrent pas, et de loin, les 384 livres de dette accumulées auparavant.

Concluons. Au-delà des comptes d'entrée et de sortie de bail, les mouvements d'achats et de ventes sur les bestiaux sont actifs ; Chollet vend régulièrement ses deux bœufs gras chaque année. Le métayer en tire environ une centaine de livres par an, qui doivent couvrir au moins le règlement de ses impôts. Globalement, quelles que soient les formulations juridiques, les bénéfices sont partagés moitié-moitié entre bailleur et preneur (métayer), sur les bœufs comme sur les vaches, porcs et moutons. Le bétail n'est donc plus seulement, même à la fin du règne de Louis XIV, l'outil essentiel de la céréaliculture, il est devenu le poste essentiel des rentrées d'argent au compte du métayer. Il contribue aussi à la fortune du maître : aux Brosses, le propriétaire reçoit non seulement la moitié des récoltes, essentiellement du seigle, mais la même centaine de livres venues du bétail que son métayer.

A propos d'une région comparable au Bocage bourbonnais, la Gâtine poitevine, Jacques Péret écrit : « On est surpris par la place de cette économie d'échanges dans un monde rural a priori archaïque ». Quant à Jean-Pierre Delhoume, il conclut ainsi une étude sur l'élevage bovin en Limousin au XVIIIe siècle : « Le commerce, source d'échanges extra-provinciaux, contraste avec la représentation traditionnelle du Limousin, toujours vu à travers le prisme de la misère, de la routine, de l'archaïsme et de l'isolement ». Un travail sur le Bourbonnais, plus approfondi que celui-ci, irait probablement dans le même sens. Faut-il aller jusqu'à la proposition de Jacques Péret en 1999 : « La métairie n'est-elle pas plutôt construite en fonction du cheptel en général et pas seulement du train de labour ? » La faiblesse des surfaces en herbe jusqu'à la fin du XVIIIe siècle incite pour le Bourbonnais à une certaine prudence, malgré, sans doute, une évolution en cours, bien visible en tout cas au début du XIXe siècle.

14 - Comment apprécier le sort du métayer ?

On a été amené, en analysant la composition sociale de la classe propriétaire, à rendre compte de la situation de diverses catégories de notables. Mais dans tout cela, on voit très peu le métayer. C'est pourtant sur son sort que porteront les débats des années 1900.

L'étude des baux n'apporte que des indications indirectes et surtout très fragmentaires. On doit quitter ici la relative solidité du statistique pour entrer dans le cadre des impressions, appuyées sur des exemples dont on ignore la valeur de caractérisation.

L'analyse du système permet tout de même de situer le métayer sous deux angles différents, trop souvent confondus. La base même du métayage, partage « à moitié », définit une *exploitation* du travailleur qui peut passer pour intensive : le métayer ne reçoit que la moitié des fruits de son travail. On peut certes commenter le fait qu'il n'apporte aucun investissement, ni la terre, ni l'immobilier, ni le cheptel. L'outillage qu'il possède est, jusqu'au XIXe siècle, extrêmement simple ; composé essentiellement de bois, avec un peu de cuir et de corde, très peu de métal (pointe d'araire, cercles de roues, lames), le gros matériel est de peu de valeur, comme on l'a vu. En ce sens, le métayer est dans une position proche du salarié.

Il faut encore insister sur l'extrême différence entre l'exploitation du tenancier par le seigneur et celle du métayer par le propriétaire. Les droits seigneuriaux payés par le tenancier ne représentent, très généralement, que quelques % du produit brut d'une exploitation. En outre, fait plus important, le métayer est dans une position précaire. On a discuté ci-dessus de la durée réelle des baux ; quelle qu'elle soit, le métayage n'est qu'un contrat temporaire, à opposer à la « perpétuité » du rapport tenancier/seigneur, qui faisait de la tenure une véritable propriété, donc un capital.

On a pu chiffrer l'exploitation du métayer à plus de la moitié de son produit, si l'on tient compte des charrois et, surtout, de l'impôt colonique. Les servines n'ont pas une grosse valeur monétaire, mais sont parfois gênantes et portent une dimension d'atteinte à la dignité. « Manger du canard », plutôt que de les livrer au bailleur, est une des revendications de la « Chanson de Christou », vers 1890, dans la version chantée à Agonges, d'après Jacques Paris. Si l'on en reste à l'Ancien Régime, sans impôt colonique, on en restera au « mi-fruits » classique : ce n'est déjà pas rien. On sait que, avant la disparition de fait du métayage, la revendication de la livraison du tiers du produit, au lieu de la moitié, fut avancée : sa satisfaction fut considérée à juste titre comme une victoire.

Sous cet angle, le métayage est un système d'exploitation dure, et on peut considérer que le mythe correspond à la réalité, quels que soient les moyens de « tricherie » que certains propriétaires prenaient plaisir à exposer aux visiteurs.

Comment donc une famille paysanne pouvait-elle survivre en abandonnant la moitié des fruits de son travail ? Ceci est une seconde face du métayage, celle de la *misère.* La réponse ne peut venir que de deux éléments : la taille du domaine métayer, l'intensité du travail.

L'intensité du travail est peu mesurable : compare-t-on le travail du bouvier avec son attelage à celui du bêcheur ? Les baux multiplient les stipulations de travail, sur l'entretien des fossés, le tressage des haies, la réparation des torchis, qui entretiennent l'idée d'une activité continue, là où le journalier et le petit propriétaire font figure de semi-chômeurs.

Mais l'essentiel revient à la taille du domaine. Cultiver, à trois hommes, trente ou quarante hectares, avec une quinzaine de bovins, donnait certainement un produit plus considérable que le travail d'une famille sur une tenure de trois ou quatre hectares, sans attelage. Le domaine métayer a de deux à cinq paires de bœufs, il ensemence 100 à 300 boisseaux de grains. Il est hors de comparaison avec la petite propriété familiale. Même en enlevant la moitié du produit et en réservant la moitié de la semence future, un domaine métayer fournit, en condition normale, l'auto-subsistance d'une maisonnée, même avec un gendre ou un domestique et des petits bergers. A 250 boisseaux semés, on récolte au grain 4, 1000 boisseaux. Il reste au métayer, semences déduites, 375 boisseaux, soit à 60 boisseaux par tête et par an, la nourriture de 6 adultes. Au grain 5, on arrive à l'excédent. Sur un petit domaine de 100 boisseaux, le compte est déjà beaucoup plus juste. Au grain 4, il reste 150 boisseaux, assez pour un couple, mais très juste s'il y a de grands enfants, une bergère... Les comptes du domaine des Brosses, ensemencé à 130 boisseaux, montrent une situation limite : avec deux hommes (mariés ?), il faut faire appel au maître pour finir l'année. Cette aide est quasi automatique, même en fournissant de l'avoine comme en 1710. Même si elle charge le métayer de dettes (insolvables : 150 à 200 livres ...), elle est néanmoins une garantie contre la famine.

« Prendre un domaine » supposait la disposition d'une main-d'œuvre solide, une capacité d'organisation pour gérer un espace dix fois plus grand qu'une exploitation paysanne, avec du bétail, un certain esprit d'entreprise contrairement à ce qu'on a pu dire : voir d'ailleurs le type de compliments appliqué au métayer modèle du Grand Jacquet : activité, initiative.

Sous ces conditions, donc, une famille métayère était assurée de la survie. Si on se place entre 1550 et 1750, cette considération est fort importante.

Dans une paroisse, le métayer n'était nullement considéré comme un misérable, mais bien, au contraire, comme un « fort paysan ». Lui seul avait la capacité financière de supporter les lourdes impositions royales. Les registres « de taille » mettent toujours à part « les domaines », classés selon leur puissance en paires de bœufs : ils sont taxés, dès la fin XVIIe siècle, entre 50 et 100 livres. Il est vrai qu'on peut supposer que les asséeurs de la taille, membres de la paroisse, comptaient bien un peu sur la participation du propriétaire... La poussière des journaliers, locataires et autres petits paysans, classés comme « propriétaires », ne porte que des charges de quelques livres, moins de dix, qu'ils peinent à payer.

Le domaine métayer est donc, normalement, un organisme productif, de par son étendue et son organisation. Economiquement, il fournit le marché des céréales (par le fermier ou le propriétaire) et celui du bétail. Le métayer qui le dirige est supposé capable à la fois de se nourrir, de payer quelques salaires (domestique, bergères, saisonniers) et d'être chargé d'une lourde taille royale (plus tard, de l'impôt colonique). C'est en ce sens que les théoriciens bourgeois du XIXe siècle décriront des métayers qui épargnent, investissent (achat de parcelles), voire qui s'enrichissent. Cependant, moins chargés d'idéologie, les scripteurs de l'Ancien Régime font plutôt allusion au « pauvre colon »...

C'est aussi, bien entendu, la position des syndicalistes de 1905. Les uns et les autres s'appuieront sur des exemples « irréfutables ». Qu'en penser ?

Les propriétaires bourgeois du XIXe siècle ont prétendu que la misère du métayer « d'autrefois » provenait de l'arriération technique de l'agriculture, de l'apathie et l'ignorance du métayer, de la rapacité du fermier intermédiaire. Ils se dédouanaient ainsi de toute responsabilité et entreprenaient leur propre panégyrique de modernisateurs. Le tableau idyllique qu'ils tracent du métayer « associé » reste contredit par certaines « louanges » qui valorisent le sur-travail du métayer : celui du Grand Jacquet se tue au travail. L'autorité du « maître » reste la base du système ; l'essentiel du bail, dit Larminat, doit être « l'engagement de travailler et d'obéir ». Aussi ce même Larminat admet-il que « le métayer est seulement un ouvrier qui demande au colonage partiaire la rémunération de ses peines en nature au lieu de la recevoir en argent » (1881). Tel maître va jusqu'à retenir l'actif monétaire qui résulte du compte annuel pour ne le verser qu'après quinze ans d'activité. Tel autre calcule son impôt colonique de manière à ce que le métayer reçoive une rémunération correspondant à celle d'un simple journalier, toutes charges de famille étant prises en compte. Ces exemples sont cités par des propriétaires et sont présentés comme des pratiques à suivre – et non comme des abus.

Ces personnages connaissaient très mal la situation du XVIIIe siècle. L'auteur du Grand Jacquet (1868) présente ainsi le métayer « d'autrefois » : « Il se cachait du maître pour faire des charrois dont il mettait le prix dans sa poche... C'était voler ! » (p. 4). Les baux autorisaient, au contraire, le charroi pour le compte personnel du métayer, le limitant seulement à une fois par semaine ou par mois.

Il vaut mieux ne pas compter sur les écrits du XIXe siècle pour apprécier le sort du métayer d'Ancien Régime. Cette appréciation reste délicate pour nous, et ne peut se nourrir que de cas particuliers. Aux débuts du système, disons avant 1650, le métayage porte assez souvent sur une réserve châtelaine (« métairie de la Porte » ou « du château »). Le métayer (« mistier ») qui exploite le domaine semble un personnage important et bien considéré. Chocheprat, métayer du château de Brugheas, représente son maître sur l'acte d'achat d'un pré en 1627. Plus tard, Chollet, métayer du château des Brosses (1704-1714) est l'intermédiaire habituel entre son maître et l'autre métayer de la seigneurie.

Certains des métayers de l'époque Louis XIII sont propriétaires ailleurs dans le terroir. A La Condemine, un des parsonniers de la riche communauté de la Vye est métayer au château de Pravier. Propriétaires, ces métayers apparaissent dans les terriers seigneuriaux, comme un Guillaumin à Livry (1587). On trouve encore trace en 1746 d'un Jean Acheron, qui est à la fois propriétaire du « petit domaine de Bigut » et métayer aux Carrons. D'ailleurs, on trouve des baux de métayage qui autorisent le métayer à cultiver ses propres terres (ou le lui interdisent !) : « le preneur pourra labourer en son lieu et thénement de la paroisse de Neufville la quantité de quinze boisselées de terre, icelles ensemencer et cueillir ses moissons sans que led. Sr bailleur y preigne aucune chose et led. labourage il fera avec les bœufs de lad. mestairie » (Dornes, 1580).

On peut penser que, dans ces cas, le métayer *a choisi* son sort, à cause de la taille du domaine baillé et, peut-être, de la proximité du château.

Vers 1650-1660, la tonalité paraît moins favorable. On rencontre communément les plaintes de propriétaires fonciers (ici, des établissements religieux) qui se plaignent de la charge que représente un domaine, et qui accusent les métayers d'inefficacité, de paresse, de malhonnêteté, et surtout d'être insolvables. On a vu ci-dessus les hésitations du gestionnaire des Jésuites entre bail à cens et bail à métayage.

Les comptes de fin de bail se soldent souvent par un bilan négatif pour le métayer, à qui on a avancé du grain, le montant de la taille, des secours divers. Reste à apprécier si cette situation est générale. Sur sept comptes enregistrés chez Barbara à Moulins en 1736, un seul métayer est endetté. Tout dépend sans doute de la conjoncture. Aux Brosses, le compte du métayer Chollet, calculé annuellement, est légèrement positif après 1704, mais s'effondre lors de la crise de 1709-1710, pour se relever en 1714. Mais Chollet est le métayer du château. Son collègue d'un domaine excentré, lui, a un compte toujours négatif : il « entre » déjà avec une dette envers son maître précédent, que le nouveau prend en compte. Ceci dit, on rencontre des situations catastrophiques, avec des dettes dépassant 1000 livres. Ainsi de ce métayer de Mme d'Orvilliers : la vente de ses biens, récoltes (on est fin octobre), mobilier, deux charrettes et outillage rapporte 240 livres... qu'on lui laisse pour un loyer de 4 livres ; la dame laisse aussi « par comisération » la réserve de grain restée dans la grange du domaine (1749).

On trouve trace, pourtant, de ventes de céréales ou de vin par des métayers, qui auraient donc des excédents ; ainsi à la mort du boulanger Nourissat, trouve-t-on une dette de 83 livres en faveur du métayer du Boulet, pour une livraison de 174 boisseaux de froment (1752). Le compte des Brosses montre que certaines transactions du métayer se font pour le compte du maître ; il est donc délicat d'apprécier exactement la réalité de créances métayères.

Seule une vision statistique de ces comptes de fin de bail permettrait une appréciation plus fondée. Mais leur nombre est beaucoup moins grand que celui des baux.

Si on compare pourtant le sort du métayer à celui du journalier et de toutes les « petites gens », nul doute que le métayer n'apparaisse relativement favorisé. Le curé de Chirat l'Eglise se plaint en 1770 de la misère et de la cherté du blé, mais ajoute « Les métayers se tirent bien d'affaire, mais tous les locataires, sabotiers, journaliers étaient réduits à la dernière misère ». Voilà sans doute l'essentiel.

Qui devenait métayer ? Pour le début de la période, on a évoque un choix, celui de petits ou moyens tenanciers choisissant l'aventure d'un domaine plus grand à gérer. Mais dès 1650 il est probable que les paysans entreprenants ont plutôt recherché la ferme intermédiaire que le métayage. Dans les « lignées » Boutry-Parent-Depligeon, au XVIIIe siècle, on a vu le rôle du fermage dans les stratégies sociales. Se retrouvent métayers, soit des journaliers ambitieux, soit, plus massivement, les propriétaires dépossédés. Pierre

Malbrunot, dans une étude exemplaire de généalogie, montre la décadence d'une communauté prospère, les Malbrunot, dans la région du Donjon. Malgré leurs stratégies subtiles de fermage réciproque pour éviter la division de leurs domaines, les diverses branches Malbrunot perdent leurs terres en 1647, 1669, 1734, et on les retrouve comme métayers, plus rarement comme fermiers ; un seul tente sa chance comme tailleur d'habits... Au XVIIIe siècle, les Malbrunot sont, sauf exception, métayers. Et il apparaît bien difficile de sortir de cette condition.

Parmi les « avantages » du métayage, les théoriciens du XIXe siècle et certains littérateurs ont insisté sur la fidélité réciproque du maître et du métayer : une lignée de métayers, de père en fils, ou de beau-père à gendre se succédaient sur le même domaine, dans un climat de paternalisme. Les baux, pourtant, ne sont au mieux que de 3, 6, 9 ans, reconductibles à la fin de chaque période de trois ans. Encore s'agit-il de la situation théorique. La plupart des baux, au XVIIIe siècle, stipulent une période d'essai de un an, à l'issue de laquelle l'un ou l'autre des parties peut rompre le contrat. Début XIXe, de nombreux contrats sont carrément d'un an, certes reconductible.

Le bail indique rarement si le preneur entrant est le métayer déjà en place. Mais le travail conduit domaine par domaine montre qu'on peut retrouver, pour le même domaine, des baux très proches avec des preneurs différents. Il a sans aucun doute existé des situations stables ; sans aucun doute non plus, on rencontre un turnover rapide. Le compte des Brosses, plusieurs fois évoqué, montre sur dix ans, 1704-1714, la stabilité du métayer du château, Chollet, mais enregistre cinq preneurs successifs pour l'autre domaine... Là aussi, la variété des situations semble la règle.

CONCLUSION

Le traitement conjoint de terriers seigneuriaux, de baux de métayage et d'archives familiales nous a permis de mesurer l'ampleur des changements sociaux qui caractérisent le Bourbonnais d'Ancien Régime.

Cette histoire a été analysée successivement en termes de modification sociologique du rapport seigneurial, de mise en place du système rentier, de son expression territoriale (le domaine) et de son expression juridique. Elle résulte d'un fait central, la dépossession paysanne, qui s'est opérée au profit de notables (nobles ou roturiers). Au XVIe et début XVIIe, une catégorie de notables, inconnue du régime seigneurial, vient s'interposer entre le seigneur « féodal » et le paysan travailleur. Le système seigneurial, système de prélèvement plutôt que système de production, voit la transformation sociologique profonde de sa classe dominée : le seigneur ne trouve plus devant lui le paysan-travailleur, mais un propriétaire-notable-rentier.

La nouvelle classe rentière se fonde désormais sur la Propriété foncière et non plus sur le pouvoir « politique » d'un petit chef local. Elle relègue la paysannerie, dans sa globalité, au rang de dominés du MPR, métayers ou journaliers, sur la base territoriale du domaine. Le paysan échappe ainsi au contact direct avec le système seigneurial.

A une structure sociale simple, celle du rapport MPS (seigneur-paysan), se substitue ainsi une structure complexe, car composée de deux modes de production, articulés sur le propriétaire foncier. Trois personnages sociaux se sont alors partagé la vedette de cette étude : le seigneur, le propriétaire, le métayer. Plus à fond encore, on a méconnu le domestique.

Cette structure complexe a été sans cesse en évolution. Le MPS s'est peu à peu affaibli, par l'action de seigneurs eux-mêmes quand ils achètent dans leur propre directe (des rassembleurs comme les Meschatin et les Raquin se pillent eux-mêmes), par l'action aussi d'affranchissements imposés parfois par la contestation des tenanciers notables. Il s'est adapté à la monétarisation dans ses formes juridiques, par l'entrage, les lods et ventes. Des formes de durcissement, dites « réaction seigneuriale », s'essayent après 1750. Pourtant, le seigneur, tout en s'affirmant idéologiquement comme tel, n'en dérive pas moins vers la situation sociale de propriétaire foncier.

Les révolutions sociales ne se traduisent pas forcément par une violence politique, imposant un changement complet du personnel dominant, ou par l'intrusion d'ambitieux « nouveaux venus ». Pour quelques personnages emblématiques nouveaux, combien de lignées ont su prendre le vent et passer d'un système à l'autre avec le minimum de casse : « puissants » carolingiens devenus barons féodaux, seigneurs châtelains passant à la propriété foncière, grands propriétaires acheteurs d'actions des grandes entreprises capitalistes… « Que tout change pour que rien ne change »… Le flou des dénominations sociales aidant, l'historien a eu souvent peine à distinguer des changements de système s'il en restait à la permanence des noms propres. Seule l'analyse sociale permet de situer correctement un marquis de Fourilles, tantôt seigneur, dominant du MPS, tantôt propriétaire terrien, dominé du MPS, dominant du MPR.

Mais cette analyse doit découper le réel, pour mieux le comprendre. Il a fallu traiter successivement des terriers, des actes d'achat, des baux, au risque de perdre la substance complexe de l'évolution. Rappelons donc les grandes directions de cette évolution, avant d'en présenter une synthèse chronologique :

1. Affaiblissement du MPS, miné par la monétarisation et surtout par le glissement de la propriété foncière et des classes sociales.
2. Constitution de propriétés foncières de grande taille, tant sur les anciennes réserves châtelaines que sur les directes seigneuriales ; propriétés s'organisant en grappes d'exploitations de 30 à 50 ha, les domaines, au lieu des tenures paysannes anciennes ; propriétés servant dès 1600 de référence dans la structure territoriale des campagnes.
3. Ces propriétés sont fabriquées à coups d'achats onéreux, et non par la violence nue. Cette intervention de l'argent contribue à délimiter la nouvelle classe dominante et à caractériser la nouvelle société.
4. Mise en place d'une expression juridique propre au nouveau système, le bail à mi-fruits, globalement semblable à lui-même pendant plusieurs siècles, et fondamentalement différent de l'ancien bail à cens (seigneurial).
5. Conséquences sociologiques. D'une part, la paysannerie, généralement propriétaire de la terre et maîtresse de son travail en MPS, tombe au statut de travailleurs précaires, soumis à un contrat à durée déterminée et courte, surveillés dans leur travail et réduits, de fait, à une auto-subsistance

sans espoir. C'est le MPR qui a créé le « Jacques-Sans-Terre » évoqué par Brizon, et non le régime seigneurial. D'autre part, s'affirme une classe de dominants rentiers qui rassemble indistinctement les anciens seigneurs et les nouveaux notables ruraux, issus beaucoup plus des petits offices et de l'usure que de la « marchandise » urbaine.

6. La monétarisation semble le moteur du mouvement. Elle implique l'Etat fiscal, dont l'impôt oblige le paysan à gagner quelque argent. Elle pousse en avant ceux qui disposent d'argent pour acheter les terres. Elle donne naissance à la catégorie des fermiers, intermédiaires entre le producteur et le marché quand les dominants réels ont besoin d'argent.

Il s'impose maintenant de replacer ces changements dans leur scansion chronologique.

On a pris le Bourbonnais de 1450/1550 dans une société largement caractérisée par le mode seigneurial. La « reconstruction », après la guerre de Cent Ans, nous fournit des terriers abondants et renouvelés, où les tenures sont massivement aux mains de la paysannerie, comme il sied au MPS. Ces tenures sont certes de taille inégale. On devine, à travers l'existence des « max », ces grosses unités en bloc bien délimité, l'existence de propriétés de 200 à 300 boisselées (10 à 20 ha) aux mains de « paysans riches », et la persistance de vastes terres tenues par des communautés, très visibles près de Moulins. Si ces masses couvrent 30 à 50 % de la surface d'une directe, le reste est inscrit sous une multitude de patronymes, ce qui semble impliquer une petite propriété. L'exploitation habituelle semble bien être le FVD, même si des amodiations occasionnelles apportent des retouches.

Quant aux terres proprement seigneuriales, les descriptions de seigneuries, les états de fiefs montrent des unités à faible noyau immobilier et foncier, quelques prés, un moulin, outre la possession des incultes. Les directes, sur quoi portent les « droits seigneuriaux », sont plus étendues que ces réserves.

Il est possible que dès les années 1470 interviennent des regroupements fonciers à l'initiative de lignées mi-paysannes, mi-notables, à l'image des Aujohannet (1479-1520), les uns « laboureurs », les autres notaires ou « marchands », dans la seigneurie de La Faye. Aux Gouttes, la parsonnerie des Coulons paraît également avoir rassemblé des parcelles après 1468. Ces structures sont connues indirectement, quand leurs archives ont été reprises par les notables qui ont ultérieurement acheté leurs terres. Autour de

Moulins, des officiers comme les Billonnat et les Bonitat ont procédé aussi à des achats fonciers successifs entre 1490 et 1530.

Le métayage ou le fermage ne sont pas inconnus de cette société, mais leur fréquence reste faible. Début XVIe, ils touchent les réserves seigneuriales quand elles sont vastes, ainsi que quelques unités prises sur des terres en directes ou sur des censives transformées, par la grâce du duc, en fiefs (domaines-fiefs). On ne parvient pas à en trouver plus de quelques unités autour de Moulins vers 1520.

Les seigneurs sont en grande partie des nobles classiques, comme le suggèrent les états des fiefs de 1503. Mais on trouve aussi parmi eux des officiers roturiers, voire des paysans. La « bourgeoisie » urbaine, entrée dans les offices, n'a pas manqué d'acheter des droits seigneuriaux, comme on voit faire aux Bergeron, qui finissent par rassembler aux portes de St-Pierre-le-Moûtier, un terrier non négligeable (1538). Mais beaucoup se contentent de quelques droits, sans acheter le noyau châtelain ni une directe suffisante pour en faire de véritables seigneuries au sens classique. Olivier Matteoni, grand connaisseur des officiers du duché de Bourbon, note que leurs fiefs « consistent souvent en droits dispersés et en dîmes » et que, finalement, même autour de Moulins « le nombre d'officiers bourgeois titulaires de fiefs ne dépasse pas la trentaine et que ces fiefs sont souvent de très faible valeur » (p. 417).

Tout cela plaide pour le maintien d'un MPS des plus classiques, à peine constellé de quelques rares domaines en métayage.

Au fur et à mesure que l'on progresse dans le XVIe siècle, le voile se lève peu à peu du fait de documents nouveaux : les minutes notariales. Celles-ci ne présentent pas seulement des baux de métayage, mais des actes précis touchant la pratique du mode seigneurial. Par contre, l'appui de synthèses d'historiens, du type Germain ou Matteoni fait complètement défaut pour notre province : le Bourbonnais est, jusqu'à la Révolution, une friche scientifique presque totale.

Les terriers de 1531 à Issards, de 1561 à La Condemine, de 1570 à La Barre restent témoins d'une propriété paysanne massive. Les grosses tenures sont fortement attestées, comme celles des de La Vye à La Condemine, des Henry et des Minard à Issards, et les communautés restent inentamées autour d'Yzeure ou, à Rocles, celle des Ardz.

La fin du siècle est pourtant difficile pour les structures seigneuriales, particulièrement pour les seigneuries d'Eglise. C'est alors que le prieuré de St-Vincent de Chantelle est pillé par les lignées nobles locales, qui ont mis la main sur le poste de « prieur ». A propos de ses biens de la région de Brugheas, un scripteur explique en 1626 au nom du chapitre de la cathédrale de Clermont : « Le chapitre considérant que depuis 40 à 50 ans en ça, tant par les troubles et guerres arrivés en ce royaume, que par le décès de presque tous leurs tenanciers et censitaires, l'intervertion de tous les confins des héritages sur lesquels ils avoient dixmes, cens ou rentes, tous leurs droits étoient considérablement diminués et pour ainsi dire annéantis ».

Il ne faut pas négliger aussi le fait qu'une partie des achats des rassembleurs, lorsque ce sont des seigneurs, conduisent à des « abrègements » de la directe.

C'est que le mouvement de rassemblement des terres s'accentue assez soudainement autour de 1570, si l'on n'est pas victime ici de l'étroitesse des séries traitées. Aux Gouttes à partir de 1571, à La Faye, Claude de Meschatin à partir de 1572, voilà nos seigneurs lancés dans des achats fonciers réguliers et suivis. A Yzeure, les communautés s'effondrent depuis 1570 : les Judets, la Sollée entre 1560 et 1600, jusqu'en 1608 avec le partage des Vergers. Une liève de Chantelle, tenue entre 1560 et 1600 montre l'apparition de nouveaux censitaires mi-paysans, mi-notables comme les Bord et les Gobert, mais aussi Rouher, officier au Grenier à Sel de Moulins, dès 1560. Autour de Theneuille, les Preslier, laboureurs puis notaires construisent leur « seigneurie » des Rochères (1540-1588), avec quelques droits seigneuriaux.

En Basse-Normandie, le commissaire Antoine Séguier a observé la même rapacité des rassembleurs. « Ils espient avec l'escu en la bourse la nécessité des contribuables pour avoir leur héritage à bon marché. Quand ils l'ont, ils ne démordent jamays, c'est autant de perte et de diminution pour le paiement de la taille » (1579).

C'est que, bien entendu, ces achats se font au détriment de la propriété paysanne : on a reconnu les paysans dans la formule « la nécessité des contribuables »...

On pense immédiatement, comme les textes nous y invitent, aux conséquences des guerres de religion, sensibles en effet dans le Sud-Bourbonnais et à Moulins. Plus généralement, il faut mettre en cause le trouble apporté dans l'Etat et la Société par les contestations du pouvoir royal et le désordre général. Bien entendu aussi les fortes fluctuations monétaires et les hausses de prix. Peut-être encore une hypothétique pression démographique qui aurait fragilisé les patrimoines paysans ? Le mouvement de dépossession continuant largement après la fin des « troubles », on peut voir dans ceux-ci un phénomène déclencheur ou accélérateur plutôt qu'une explication de fond.

La période 1600-1640 bénéficie de bonnes séries de terriers, de baux et d'actes d'achats, ce qui permet de faire le point.

On en garde l'idée d'une très forte action des rassembleurs. Si les terriers de Balaine (la Barre – 1600) et de La Condemine (1622) n'enregistrent que peu de changements, celui de Chantelle (1618) porte trace des grosses modifications du XVIe siècle : les paysans ne disposent plus que de 25 à 30 % des surfaces, ils sont relayés par des notables et surtout par les deux gros rassembleurs nobles que sont Blanzat et Chaumejean, marquis de Fourilles. A La Barre, les terriers des années 1650 montrent une importante dépossession paysanne, au profit des officiers de St-Pierre-le-Moûtier.

Nos trois familles de rassembleurs, Rollat à Brugheas, Raquin aux Gouttes, Meschatin à La Faye, sont en pleine action. Ils pillent les grosses communautés et les grosses tenures paysannes, les Tains, les Moussons. Ils absorbent des proto-rassemblements comme la « Sieurie des Rochères » (vers 1630). Beaucoup de ces achats se font dans leur directe même.

Cette société semble vivre une véritable coexistence entre MPS et MPR. Le MPS est toujours bien vivant, il a adapté ses droits seigneuriaux par l'intrage, les lods et ventes, les rentes seigneuriales ; les péréquements détruisent les unités médiévales complexes. Par ailleurs, vers 1610-1620, il n'est guère de petits notables roturiers qui ne s'enorgueillissent de posséder quelques droits seigneuriaux.

C'est toutefois un MPS sociologiquement différent puisque ses dominés sont maintenant en majorité des notables non travailleurs. Les « domaines » prennent une place décisive dans le territoire. Ils sont cultivés par des preneurs en bail à mi-fruits. Dans quelques cas, en particulier sur les réserves seigneuriales, le métayer peut être un paysan relativement prospère, parfois propriétaire lui-même. Ce ne semble pas être la situation générale. Les baux, d'ailleurs, se font moins favorables. Les indemnités de ferrements, coutumiers donc obligatoires jusqu'alors, tendent à disparaître autour de 1615, surtout en campagne profonde. Presque tous les domaines fonctionnent en métayage direct, par un rapport immédiat propriétaire-métayer, sans fermage. Le fermage reste cantonné sous la forme du fermage de seigneurie. De tels fermiers sont déjà des personnages, tels ce Jean David, fermier, et « sieur de Paraize ».

Dans ce monde, le propriétaire devient le personnage central, dans son ambiguïté même : dominant dans le mode productif qu'est le MPR, dominé par les prélèvements du MPS, parfois lui-même à la fois seigneur et propriétaire.

On sait, au niveau national, que la période large 1570-1650 est celle d'une fermentation politico-sociale importante, la noblesse défendant ses positions contre des officiers entreprenants. Ces derniers, propriétaires plutôt que nobles seigneurs, pourraient passer pour des porte-parole du MPR. Si cette situation est à la racine de leur agitation, elle n'en est pas le sujet car elle s'exprime, sur le thème de la nature de la Monarchie, dans le vieux langage des Ordres. On n'en remarquera pas moins qu'un théoricien précurseur, révélé par Roland Mousnier, Turquet de Mayerne, traçait dès 1600 le dessin d'une monarchie politiquement dirigée par les *agripossessores*.

Une série de terriers, 1676, Fourilles ; 1690-1700, La Barre, Issards, La Condemine ; le point fait pour 1695-1700 sur les baux de métayage ; tout cela confirme qu'à la fin du règne de Louis XIV la société MPS/MPR est maintenant bien en place.

La dépossession paysanne se termine alors : il n'y a plus beaucoup à grapiller et la situation des acheteurs potentiels a peut-être changé (la phase b des historiens de l'économie ?). Aux Gouttes, à La Faye, l'activité de rassemblement cesse vers 1660 ; elle dure à Brugheas jusqu'en 1694. Désormais ces trois séries d'archives sont occupées par des baux ou des procès, non par des actes d'achat.

Terriers et baux confirment la domination foncière conjointe d'une couche de propriétaires nobles ou quasi-nobles (officiers importants) et d'une couche de notables locaux, souvent décorés du faux titre de « sieur de … ». Si l'on tient compte d'un reliquat de propriété paysanne, important dans le vignoble de Livry-la Barre, très faible dans le Bocage, la terre censivière est à 40 % aux grands notables, 40 % aux notables locaux, valeurs de repère globales.

Mais ces notables sont des tenanciers difficiles pour les seigneuries. L'avocat Meure cause de gros soucis au comte d'Escorailles, le marquis de Fourilles refuse de payer les Jésuites de 1618 à 1679, Petitjean de Landonnières contraint le comte de Dreuille à abandonner ses droits en 1712. Des affranchissements, comme ceux que les Jésuites accordent aux Blanzat en 1639, puis en 1661, complètent le tableau.

Les efforts de réfection des terriers obtiennent des résultats peu satisfaisants. Pourtant, que d'acharnement ! Le comte d'Escorailles, à la Barre, « produit » des liasses considérables d'instructions, de brouillons, d'essais informes, où se noie l'historien, pour aboutir à quatre volumes de terriers qui n'arrivent pas, et de loin, à retrouver la totalité des directes de 1650.

Le MPS enregistre un déclin territorial mesuré, mais certain. Les rédacteurs des nouveaux terriers ducaux de 1680 s'offusquent de voir l'étendue des fiefs se réduire jusqu'à, craignent-ils, ne plus dépasser les châteaux et leurs parcs. Ailleurs, les feudistes du duché d'Alençon prétendaient refuser la prescription des cens, car autrement « on perdrait la moitié du duché ».

Du côté de la propriété rentière, maintenant fortement constituée, on utilise de plus en plus le fermage intermédiaire. Beaucoup de ces fermiers restent de simples paysans, mais d'autres réussissent, comme Jacques Tamisier, sieur de Marcassat ou les Barathon, sieurs de Bonnefont. On ne saurait généraliser le phénomène : on a eu l'occasion de décrire, entre 1704 et 1714, les relations directes du châtelain des Brosses avec ses deux métayers.

Le XVIIIe siècle marque une stabilisation du système : les baux de métayage ont pris leur forme traditionnelle, la dépossession paysanne est achevée. Les lièves des années 1770 montrent, sauf à La Barre, la forte emprise des grands notables, par exemple les marquis de Fourilles et d'Ussel, aussi bien que des notables locaux, comme les Chevalier, sieurs de La Montée, ou des marchands-fermiers comme Berthet et Méténier de Montifaud. On retrouve cette diversité, en quelque sorte statistiquement, dans la liste des tenanciers de la châtellenie ducale de Bourbon. Nobles et grands officiers portent 44 % du total des droits seigneuriaux, les notables 30 à 40 % selon les rubriques, les marchands-fermiers 6 à 10 %. Dans cette châtellenie purement bocagère, les paysans n'interviennent que pour 6 % au maximum, sauf à leur ajouter quelques personnages mal qualifiés. L'opposition aux droits seigneuriaux, s'il y en avait une, ne dresserait donc pas ici les « paysans » contre les « nobles » : ces derniers sont aussi chargés que les autres. Roux, bourgeois rural, et la dame de Bron, noble, sont les plus imposés à ce terrier ducal…

Tous ces propriétaires passent le même type de baux de métayage. Le fermage intermédiaire est devenu une institution, surtout pour les grands notables. 69 % des métayers ont affaire à un fermier intermédiaire, selon un pointage pour 1745-1752. Et les cheptels prennent le même chemin : possédés par les propriétaires, cédés en « appréciation » aux fermiers, et exploités à mi-croît par le tandem fermier-métayer.

Cependant, cette société voit des reclassements idéologiques importants. Le principal me semble être, de la part d'une frange de « paysans riches », la revendication d'un titre nouveau, porté comme une distinction personnelle, celui de « propriétaire ». Ne pouvant encore se dire « sieur de », ni « bourgeois », ces laboureurs, parfois fermiers, veulent se distancier du laboureur ordinaire, qui est métayer. Le terme par lequel ils se désignent manifeste de façon éclatante qu'on ne se réfère plus au langage de la société d'Ordres, mais à une autre valeur, *la Propriété.* Dès 1730-1740, nous sommes en quelque sorte, idéologiquement, au XIXe siècle.

Le XVIIIe siècle se présenterait-il donc comme déjà une société MPR ? On peut défendre cette proposition en ce qui concerne la province bourbonnaise.

Certes la façade d'Ancien Régime persiste. Mais les seigneurs sont également, sinon davantage, des propriétaires terriens et la seigneurie *in concretto* est désormais un ensemble de domaines plutôt qu'un terrier de droits. Il est hors de doute que l'on se posait le problème du choix entre propriété foncière et droits seigneuriaux. Disposant de terres, le seigneur doit-il les accenser (MPS) ou les bailler en métayage (MPR) ? J'ai eu l'occasion de rendre compte des termes du débat, vus par le gestionnaire des Jésuites à Chantelle (1742).

Ce qui subsiste de directes au XVIIIe siècle n'est pas pour autant négligé. Sans doute, de nombreuses micro-directes ont-elles sombré depuis le XVIe siècle. Mais tous ceux qui disposaient de terriers sérieux ont cherché à maintenir leurs droits, que l'idéologie nouvelle tend à recouvrir du manteau de la propriété. Peu importe que dans certains cas, comme celui du comte de Dreuille, une recherche de tenanciers, menée pourtant par un feudiste spécialisé, n'aboutisse pas (1783). D'autres entreprises du même ordre sont menées à bien, comme la réfection du terrier d'Issards, datée de 1775. Des arpentages sont réalisés, faisant passer les mesures agraires de l'ancienne appréciation « réelle » à la rigueur géométrique : c'est alors que la boisselée se définit comme 1/8 de l'arpent de Paris, ou mieux, à 168 toises carrées. Les documents sont archivés, analysés, cotés, comme on voit dans les archives des Rollat, à Brugheas. Par ailleurs, certains comme le marquis de Tilly ou certains fermiers du duché, mènent de véritables entreprises de « réaction féodale ». La rénovation des terriers permet de présenter au fermier des documents fonctionnels et imparables, donc d'exiger de lui un loyer plus important. Les registres de la châtellenie de Bourbon (1787-90) témoignent de ces efforts des deux parties, le seigneur de présenter des papiers en ordre, le fermier de les exploiter au mieux. Il n'empêche que, partout, les terriers sont beaucoup plus minces en 1770 qu'en 1540...

Il est hors de doute que la propriété est maintenant plus importante que la seigneurie. On appréciera le recours à l'idéologie nouvelle pour se défendre contre la prescription des cens, qui apparaît dans ce texte de 1759 : « Il faut écarter la faveur qu'on prétend attribuer à la prescription comme un moyen de s'affranchir des droits seigneuriaux qu'on annonce comme odieux et propres à retracer l'image de l'ancienne servitude. Les droits seigneuriaux au contraire sont une reconnaissance de la part du censitaire à qui l'on a fait une concession primitive, et dès l'origine le seigneur a été le bienfaiteur

(…) Ainsi, c'est la prescription contre ces sortes de droits qu'on peut regarder comme odieux ».

La discussion n'a pas été portée ici sur la place respective des droits seigneuriaux et des revenus fonciers dans les patrimoines. Plus profondément, sur la classe productive des paysans travailleurs, sur la richesse réellement créée, la ponction de l'exploiteur oisif est celle du propriétaire rentier. Et cette ponction s'opère par le jeu économique de la propriété foncière et non par le jeu politique du seigneur. Le prélèvement seigneurial se présente maintenant comme un partage forcé de la rente foncière, celle-ci prélevée sur le métayer ; le seigneur est devenu le parasite du propriétaire rentier. C'est pourquoi la seigneurie ne se justifie plus idéologiquement, et apparaît comme on l'a cité ci-dessus comme « odieuse et propre à retracer l'image de l'ancienne servitude ». Le seigneur n'est plus l'organisateur central de la société. C'est le propriétaire rentier, exploiteur direct de la production, qui représente désormais la classe véritablement dominante de la société française, bien qu'elle n'ait pas (encore) le pouvoir politique.

Pourtant la prégnance du MPR amène à se poser la question de l'Etat-Nation, compris justement comme forme politique du MPR. La Révolution n'aurait fait qu'officialiser la réalité d'un Etat nouveau, et le débarrasser de ses scories seigneuriales et de la mainmise d'un groupe trop étroit, la noblesse, au détriment d'un groupe large, les propriétaires fonciers.

Dans le cadre bourbonnais, il reste difficile d'accepter le thème classique de l'opposition universelle bourgeoisie/noblesse, ou même noblesse/paysannerie. Les propriétaires fonciers bourbonnais, redevables de droits seigneuriaux, sont autant des nobles que des notables roturiers, et en tout cas très peu des paysans. L'opposition *de classe* propriétaire/seigneur ne recouvre pas les querelles idéologiques et de statut contre la noblesse et le privilège. La succession féodalisme-capitalisme est encore plus trompeuse, le « bourgeois d'Ancien Régime » n'étant pas un capitaliste.

La société qui s'annonce dès 1600, qui s'affirme pleinement au XVIIIe, est, derrière ses masques idéologiques, ses habitudes culturelles et sa forme politique, déjà une société du MPR. La suppression du système seigneurial et la Monarchie constitutionnelle (1789-1792) laissent seuls en place le MPR et son Etat-Nation, cet Etat-Nation qui se fonde sur la prépondérance politique des rentiers fonciers, avec leurs connotations idéologiques fortes : Propriété, Patrie, Sol, Citoyenneté.

La prise en compte d'un concept aussi totalisant que celui de Mode de Production permet une vision globale de la société. Ce traitement holistique soulève souvent beaucoup de réticences, surtout en période d'individualisme libéral où la décision personnelle semble autonome, première et quasi souveraine. Mais la vision globale apporte aussi des résultats pertinents et, surtout, permet de formaliser les problèmes sociaux en dehors de la « qualité humaine » des « décideurs ». Elle met aussi en avant des problèmes de fond.

Le métayage, par exemple, a été souvent connoté avec l'arriération culturelle et politique. En Vendée, on oppose le métayage gâtineau, soumis au curé, au maître et au roi, au propriétaire de la Plaine, républicain et déchristianisé. L'exemplarité et l'acharnement des guerres de Vendée ont conduit cette remarque à la force d'un archétype, qu'on a repris pour opposer, par exemple, l'ouest et l'est de la Sarthe. Les contre-exemples du centre et du sud-ouest sont rarement évoqués. Cependant, en Bourbonnais, on est très sensible à l'image d'une société à la fois métayère et politiquement « rouge ». Les mythes locaux, à l'inverse d'autres, unissent d'un lien fort le métayer et le « rouge », en font le métayer rouge... Le métayage produit-il la soumission ou la révolte ? Siegfried, considéré comme le théoricien du « métayer blanc », apportait pourtant à cette image des nuances non négligeables : le poids du propriétaire, dit-il, est idéologiquement faible s'il n'est relayé par celui de prêtres ouvertement « cléricaux » et engagés dans la lutte politique. Là où le prêtre a peu de pouvoir, le paysan est plus libre. Faut-il, alors, reprendre pour le Bourbonnais le thème de la déchristianisation ? Et comment expliquer celle-ci ? par la faiblesse de la Contre-Réforme ? Par ailleurs, faut-il remarquer qu'en Bourbonnais, comme ailleurs, il n'y a pas que des métayers... La population agricole a connu des mouvements syndicaux de bûcherons et de domestiques avant la création du syndicat de Bourbon, lui-même composite. Le « mythe métayer » a-t-il supprimé de la mémoire collective des attitudes plus complexes ?

Si l'on en reste à la société d'Ancien Régime, la dépossession paysanne et l'organisation nouvelle en « domaines » pose le problème du passage de la tenure de type médiéval (5 ha ?) à l'exploitation en unités de 30 à 50 ha. Il y a là une nécessaire intensification du travail, avec orientation vers une association seigle-élevage. Les implications techniques et économiques restent à étudier. On ne peut en rester à l'idée d'un métayage totalement sclérosant et économiquement inefficace, comme le dit trop crûment Merle dans sa conclusion. Des structures agraires modernisées (bocage à grandes mailles), le passage progressif à un élevage bovin performant, sont, en Bourbonnais, à mettre au crédit de la société rurale ancienne.

Le passage des hameaux à un domaine unique, même escorté d'une locaterie, pose aussi un problème démographique : que sont devenus les paysans ruinés ? On ne voit clairement ni émigration, ni gonflement des villes. Le maintien de la population sur place, comme domestiques ou journaliers, était-il possible ? Les communautés anciennes comportaient plusieurs ménages, le domaine qui parfois leur succède n'en abrite qu'un seul…

Et puis, ce problème plus global, effleuré avec l'étude des rassembleurs : comment ont pu être payés ces millions d'hectares achetés aux paysans ? Où a-t-on trouvé l'argent ? Il s'agit du problème de la monétarisation des couches de notables, ces petits nobles, certes soldats du Roi, ces multiples officiers… Ici, pas de grand commerce « atlantique », pas de « bourgeoisie conquérante ». Pourtant, on paye couramment, fin XVIe, en pièces espagnoles, ces dollars de l'époque. Il faut supposer un relais par le Trésor royal. Mais enfin d'où sont venus ces écus qui leur ont permis d'acheter la terre de France ?

Ainsi vont synthèses et questions, les unes débusquant les autres ; ainsi va le mouvement sans fin de la recherche historique.

Sources et bibliographie utilisées

(Les cotes d'Archives sont toutes aux Archives départementales de l'Allier)

Introduction

BRIZON (Pierre) *Le blé rouge* –Montluçon 1909
BERNARD (Léopold) *Les idées révolutionnaires dans les campagnes du Bourbonnais* - Montluçon 1911
MONTUSES (Ernest) *Les ennemis du paysan* - Paris – Bureau d'éditions 1927
MERLE (Louis) *La métairie et l'évolution agraire de la Gâtine poitevine de la fin du Moyen Age à la Révolution* - Paris Sevpen 1958
RAVEAU (Paul) L'agriculture et les classes paysannes dans le Haut-Poitou au XVIe Siècle – *Revue d'Histoire Economique et Sociale* n° 1 – 1924
ANTOINE (Annie) La seigneurie en France à la fin de l'Ancien Régime, dans BEAUR (G) *Les sociétés rurales en Allemagne et en France XVIIIe et XIXe Siècles – Actes du Colloque de Göttingen, nov. 2000* – Rennes 2004

Catégories

MOUSNIER (Roland) *La plume, la faucille et le marteau. Institutions et société en France du Moyen Age à la Révolution* – Paris, PUF, 1970.

Dépossession

GERMAIN (René) *Les campagnes bourbonnaises à la fin du Moyen Age* – Clermont-Ferrand, 1987.

La Condemine	E 1244 à 1246 - 1979	3 E 2556 à 2558
Issards	E 161 à 175	
La Barre	E 1 à 89	

Fourilles D 88 à 140
Yzeure LELONG (Jacques) Seigneurs, propriétaires, paysans à Yzeure 1450 – 1790 dans DESGRANGES (Jean-Paul) (dir.) *Yzeure : 2000 ans d'histoire* – Yzeure 2000

Actes de la seigneurie

Minutes de notaires – 3 E 119 – 289 à 292 – 559 – 622 – 713 – 714 – 770 – 771 – 2311 – 2423 – 2511 – 2904 à 2910
Editions des *Coutumes du Bourbonnais* par Potier (1654), Berroyer (1699), Rouyer (1779)
Encyclopédie Diderot aux mots *seigneur, seigneurie, rente*
DUBY (Georges) – *L'économie rurale et la vie des campagnes dans l'Occident médiéval* – Paris, PUF-Aubier, 1962
POITRINEAU (Abel) – *La vie rurale en Basse Auvergne au XVIIIe siècle* – Paris, PUF, 1965
SAGNAC (Philippe) et CARON (Pierre) – *Les comités des droits féodaux et de législation et l'abolition du régime seigneurial 1789 - 93* – Genève, Reprints Megariotis sur l'édition de Paris de 1907
SCHNAPPER (Bernard) *Les rentes au XVIe siècle* – Paris, Sevpen, 1957

Recherche des tenanciers

Liasse E 49
ANTOINE (Annie) *Fiefs et villages du Bas Maine au XVIIIe siècle* – Mayenne 1994

Qui payait les droits seigneuriaux ?

Liasse A 43
LEFEBVRE (Georges) *Etudes sur la Révolution française* – Paris, PUF, 1963, reprise de textes de 1932
GALLET (Jean) *Seigneurs et paysans en France 1600 – 1793* – Rennes 1999

ADO (Anatoli) *Paysans en révolution – Terre, pouvoir et jacqueries 1789-1794* Paris, Société des études robespierristes – 1996
GINDIN (SALLMANN, cité par WARTELLE ; VILLAVERDE) – Contributions à la Révolution Française, modèle ou voie spécifique. Colloque de Paris, mai 1987 – *Cahiers d'Histoire de l'IRM* n° 32, 1988.

Les hésitations

Archives du collège de Moulins. Arch. Dép. Allier D 42 à 101 – D 139 – 140.
FAZY et GENERMONT *L'abbaye St-Vincent de Chantelle* – Moulins 1937
GREGOIRE (Camille) *Le canton de Chantelle* – Moulins 1909
BOUCHARD (Ernest) *Histoire du collège de Moulins* – Moulins 1872
SOBOUL (Albert) La Révolution française et la féodalité. Notes sur le prélèvement féodal – *Revue Historique* n° 487 - 1968
C-r. sur les Saulx-Tavannes – *Annales ESC* n° 3 - 1973
LOUBLINSKAIA (Mme) Intervention au Colloque du CERM – 1968 – *Sur le féodalisme* Paris, Editions sociales, 1971.

Les rassembleurs

10 J : Sommier des Fiefs (1789).
Répertoire des Gozis (Archives Départementales).
Les Rollat de Brugheas : E 98 à 104
Les Gouttes : 21 J 1 à 94 – 108 – 113
La Faye : E 595 à 618 – 577 – 588 – 589 - 1 Q 32 – 78 - 1664 A 52
PORCHNEV (Boris) *Les soulèvements populaires en France de 1623 à 1648* – Paris, Sevpen, 1963

Structure sociale de la propriété rentière

Minutes notariales :
1535-1640 : Moulins, Montmarault, Bressolles, Noyant, Franchesse, Bourbon-l'Archambault, Cressanges, Dornes
1690-1720 : Moulins, Le Montet, Lafeline, Cressanges, Agonges, Ygrande
1745-1752 : Moulins, Besson, Souvigny, Saint-Hilaire, Buxières, Bourbon-l'Archambault, Ygrande, Le Montet, Tronget
1825-1830 : Moulins, Ygrande, Bourbon-l'Archambault, Cressanges, Le Montet
GRANDCOING (Philippe) *Les demeures de la distinction. Châteaux et châtelains au XIXe siècle en Haute-Vienne.* Limoges, 1999

Etre propriétaire

2 C 1596 – 1664 – 1667 – 1671 – 1729
3 Q 6280
4 Q 6048
Rôles de tailles : E 35 – E dépôt 258 – 72 J 7 – C 105
Registres paroissiaux et minutes notariales
LELONG (Jacques) Aspects sociaux des élections de mars 1789 dans la sénéchaussée de Moulins – *Etudes Bourbonnaises* n° 249 - 1989

L'exemple des Boutry

Minutes notariales de la région de Cressanges
E 799 - 1591
A 154
PERET (Jacques) *Les paysans de Gâtine au XVIIIe siècle* 79260 La Crèche – 1998
VALLAT (François) Les épizooties en France de 1700 à 1850 – *Histoire des sociétés rurales* n° 15 - 2001
LEMAITRE (Nicole) *Le scribe et le mage. Notaires et société rurale en Bas Limousin aux XVIe et XVIIe siècles* - Ussel, 2000

Les domaines

Série D – Jésuites de Moulins, en particulier D 27 et D 62
Terrier de l'Espine – E 177
Baux anciens : E 58 – E 78 – 3 E 144 – 396
Rapport de 1809 : Md 10 (anc.cote)
MATTEONI (Olivier) *Servir le prince. Les officiers des ducs de Bourbon à la fin du Moyen Age – 1356-1523* Paris, Publications de la Sorbonne, 1998
MINARD (Daniel) *Etude de la société rurale et des conséquences de la Fronde en Bourbonnais au milieu du XVIIe siècle* – Mémoire de maîtrise, Clermont, 1968
BARRAUD (Jean-Noël) *Le métayage dans l'élection de Moulins 1700 – 1789* Mémoire de maîtrise, Clermont, 1984
GRENIER (Suzanne) *La châtellenie de Souvigny 1750-1789* Mémoire de maîtrise, Clermont, 1971
MEPLAIN (Etienne) *Essai sur la condition sociale des métayers* – Moulins, 1848
MEPLAIN aîné et TAIZY *Histoire d'un domaine du département de l'Allier et du Grand Jacquet, métayer. Livre de lecture destiné aux écoles primaires* – Moulins, 1868
LARMINAT (M.L. de) *Etude sur le métayage dans le département de l'Allier* – Moulins 1881
GARIDEL (J. de) *Lettres sur la pratique du métayage dans le département de l'Allier* – Moulins, 1881
MEPLAIN (Abel) *Dialogue sur le métayage* – Moulins 1885
VERNAISON (Paul) *Le métayage en France* – Paris 1902
LASSIMONNE (S.E.) *Correspondance sur le métayage en Bourbonnais* – Montluçon, 1897
GAGNON (Camille) *Histoire du métayage en Bourbonnais depuis 1789* – Moulins, 1921
FRAIX DE FIGON (Pierre de) *Le métayage en Bourbonnais au point de vue économique et social.* Paris – Arthur Rousseau, 1911
GAUME (Isabelle) *Les métayers en Bourbonnais 1900- 1914* Mémoire de maîtrise – UER de Sciences juridiques – St-Etienne, 1978

Les baux

Voir structure sociale de la propriété rentière

Le métayer

Domaine des Brosses E 612
MALBRUNOT (Pierre) *Les Malbrunot. Une famille en Val de Bourgogne aux Basses Marches du Bourbonnais du XVe au XIXe* – St Cloud, chez l'auteur, 2002

Le problème des cheptels

VIRLOGEUX (René) *Les plus-values de cheptel en Bourbonnais* – Paris, Jouve et Cie, 1921
PERET (Jacques) Cheptel et hiérarchies sociales en Gâtine poitevine au XVIIIe siècle, dans ANTOINE (Annie) (dir.) *Campagnes de l'Ouest. Stratégie et relations sociales dans l'histoire.* Rennes, 1999
MASSE (Pierre) Baux à cheptel dans la Vienne sous la Révolution, dans SOBOUL (Albert) *Contributions à l'histoire paysanne de la Révolution française* – Paris, Editions Sociales, 1977
MAILLARD (Brigitte) *Les campagnes de Touraine au XVIIIe siècle. Structures agraires et économie rurale* – Rennes, 1998
DELHOUME (Jean-Pierre) L'élevage bovin en Limousin au XVIIIe siècle. *Histoire et Sociétés Rurales* n° 22, 2004

Table des matières

Cartes et tableaux

613560 - Juillet 2015
Achevé d'imprimer par

1livre.com
du rêve à la réalité !

www.ingramcontent.com/pod-product-compliance
Lightning Source LLC
LaVergne TN
LVHW011251061026
849535LV00005B/1221